中国矿业大学卓越采矿工程师教材

矿山工程项目管理

刘志强　王　博　主编

中国矿业大学出版社

内容提要

本书主要介绍矿山工程施工项目的特征和管理特点，矿山井巷工程施工技术，矿山工程项目施工组织管理、进度管理、质量管理、成本管理、安全管理以及现场管理等知识。在内容上以矿山工程施工技术和工程项目三大目标控制及安全管理为重点，兼顾介绍目前我国矿业工程专业注册建造师执业相关内容。

本书是高等学校土木工程、采矿工程、工程管理等专业的选修课程教材，也可供从事与矿山工程建设与管理相关的各专业技术与管理人员学习和参考。

图书在版编目(CIP)数据

矿山工程项目管理/刘志强，王博主编. —徐州：中国矿业大学出版社，2018.5

ISBN 978-7-5646-3944-0

Ⅰ. ①矿… Ⅱ. ①刘… ②王… Ⅲ. ①矿山—矿业工程—工程项目管理—高等学校—教材 Ⅳ. ①TD

中国版本图书馆 CIP 数据核字(2018)第077403号

书　　名 矿山工程项目管理
主　　编 刘志强　王　博
责任编辑 杨　洋
出版发行 中国矿业大学出版社有限责任公司
(江苏省徐州市解放南路　邮编 221008)
营销热线 (0516)83885307　83884995
出版服务 (0516)83885767　83884920
网　　址 http://www.cumtp.com　**E-mail**:cumtpvip@cumtp.com
印　　刷 江苏凤凰数码印务有限公司
开　　本 787×1092　1/16　**印张** 13.25　**字数** 330千字
版次印次 2018年5月第1版　2018年5月第1次印刷
定　　价 24.00元

前　言

为了加强建设工程项目管理，规范施工管理行为，保证工程质量和施工安全，我国自2002年开始推进注册建造师执业资格制度。注册建造师是以专业技术为依托，以工程项目管理为主的注册执业管理人员。我国注册建造师共分10个专业，每个专业的注册建造师可以担任相应专业的工程项目施工管理的负责人，从事法律、行政法规或标准规范规定的相关业务。实施建造师执业制度后，我国各类工程建设项目施工管理水平不断得到提升，有效保证了工程质量和安全，并为我国工程建设拓展国际建筑市场开辟了广阔的道路。

矿山工程建设是矿产资源开发的先导，矿山建设工程项目包括矿建、土建和机电安装三类工程项目，涉及地面和地下两大工程内容，工程建设的环境条件差、施工条件复杂，安全要求高，因此必须十分重视矿山工程项目的施工管理工作。近年来，随着我国矿山建设技术水平的不断发展，矿山建设施工技术已位居国际领先或先进水平，但矿山工程建设管理有待进一步提升。

矿山工程建设属于土木工程专业的一个重要方向，是矿业工程注册建造师专业的主要组成部分。对于高等学校土木工程专业学生来讲，通过相关课程的学习，已基本掌握了工程项目管理的基本知识，但如何结合专业知识进一步提升专业工程管理水平，有必要进一步学习所执业的相关专业实务内容，这是将来具备从事相关专业执业能力的需要。本书结合矿业工程专业注册建造师执业工程管理和实务的要求，从矿山工程专业实际出发，系统介绍了矿山工程项目的特点、矿山井巷工程施工技术、矿山工程施工组织管理、进度管理、质量管理、成本管理、安全管理以及现场管理等知识，是工程项目管理知识的进一步补充和完善。本书对于土木工程、采矿工程、工程管理等矿业工程相关专业学生和工程技术人员从事矿业工程项目建设和管理具有十分重要的学习、应用和参考价值。

本书由中国矿业大学刘志强、王博担任主编，全书共8章，编写人员由中国矿业大学教师和矿山建设施工企业技术或专家组成。编写分工为：第1章、第2章、第4章由中国矿业大学刘志强、王博编写，第3章由中煤第五建设有限公司王鹏越编写，第 5 章由中煤第一建设有限公司李艮桥编写，第 6 章由中国矿业大学石晓波编写，第 7 章由中煤矿山建设集团公司单卫雪和山西能源学院吕建青编写，第 8 章由中国矿业大学王文顺和中煤矿山建设有限责任公司刘长安编写。

由于编者水平有限，在编写过程中，编写的内容虽经反复核证，但仍难免有不妥和疏漏之处，恳请广大读者提出宝贵意见。

作　者

2018 年 2 月

目　录

1　矿山工程项目及其特征

1.1　矿山工程项目组成

矿山工程是以矿产资源为基础，在矿山进行资源开采作业的工程技术学科。矿山工程目前主要涉及煤炭、冶金、建材、化工、有色金属、铀矿、黄金等七大行业。一般来说，矿山工程包括矿建工程、土建工程和机电安装工程三大类。矿建工程包括井工矿或露天矿的建设工作；土建工程指矿区地面的工业广场、生活区的房屋建筑和工业厂房建筑工程以及井下的土建工程，包括准备开采矿产资源及矿产资源采出后为矿物输运、加工、存储和外运过程中的各种设施、厂房建设和办公、居住等生活用房建设；安装工程包括矿山建设、采矿及采矿生产过程中的通风、排水、提升运输、供电等各种机电设备安装以及针对不同选矿方法所用的选矿设备的安装内容。

矿山工程项目目前可划分为单项工程、单位工程、分部工程和分项工程。工程项目组成的合理、统一划分对评价和控制项目的成本、进度、质量、验收以及结算等方面管理工作是必不可少的。

1.1.1　单项工程

单项工程是建设项目的组成部分。一般指具有独立的设计文件，建成后可以独立发挥生产能力或效益的工程，如矿区内矿井、选矿厂，机械厂的各生产车间；非工业性项目一般指能发挥设计规定主要效益的各独立工程，如宿舍楼、办公楼等。

1.1.2　单位工程

单位工程是单项工程的组成部分。一般指不能独立发挥生产能力或效益，但具有独立施工条件并能形成独立使用功能的单元为一个单位工程。通常按照单项工程中不同性质的工程内容，可独立组织施工、单独编制工程预算的部分划分为若干个单位工程。如矿井单项工程分为立井井筒、斜井井筒和平硐、巷道、硐室、通风安全设施、井下铺轨等单位工程。

根据《煤矿井巷工程质量验收规范》(GB 50213—2010)，单位(或子单位)工程的划分应按下列原则确定：具备独立施工条件并能形成独立使用功能的单元为一个单位工程；对于跨年度施工的井筒、巷道等单位工程，可按年度施工的工程段划分为子单位工程。子单位工程的划分主要是工程量较大且比较容易分开的立井、斜井、巷道等工程按年度施工量进行子单位工程的划分。

1.1.3　分部工程

分部工程按工程的主要部位划分，它们是单位工程的组成部分；分部、分项工程不能独立发挥生产能力，没有独立施工条件，但可以独立进行工程价款的结算。如立井井筒工程的分部工程为井颈、井身、壁座、井窝、防治水、钻井井筒、沉井井筒、冻结、混凝土帷幕等。对工程量大、工期长的井筒井身工程和平硐硐身、巷道主体工程，可以按每月实际进尺作为一个分部工程。组成房屋工程的分部工程有基础、墙体、屋面等，或按照工种不同划分为土方、钢筋混凝土、装饰等分部工程。

根据《煤矿井巷工程质量验收规范》(GB 50213—2010)，分部（或子分部）工程的划分应按下列原则确定：

① 分部工程可按井巷工程部位功能和施工条件进行划分；

② 对于支护形式不同的井筒井身、巷道主体等分部工程，可按支护形式不同划分为若干个子分部工程；

③ 对于支护形式相同的井身、巷道主体等分部工程，可按月度验收区段划分为若干个子分部工程。

1.1.4 分项工程

井巷工程的分项工程主要按施工工序、工种、材料、施工工艺等划分，是分部工程的组成部分。分项工程没有独立发挥生产能力和独立施工的条件；可以独立进行工程验收和价款的结算。一般常根据施工的规格形状、材料或施工方法不同，分为若干个可用同一计量单位统计工作量和计价的不同分项工程。如井身工程的分项工程为掘进、模板、钢筋、混凝土支护、锚杆支护、预应力锚索支护、喷射混凝土支护、钢筋网喷射混凝土支护、钢纤维喷射混凝土支护、预制混凝土支护、料石支护等。墙体工程的分项工程有基础、内墙、外墙等分项工程。

表 1-1　煤矿井巷工程项目的划分

序号	单位工程	子单位工程	分部工程	子分部工程	分项工程
1	立井井筒（含暗井、60°以上的煤仓）	××年度立井井筒	井颈	—	冲积层掘进、基岩掘进、模板、钢筋、混凝土支护*
			井身*（含井窝）	无支护井身*	基岩掘进*
				锚喷支护井身*	基岩掘进、锚杆支护*、预应力锚杆支护*、喷射混凝土（含砂浆）支护*、金属网（含塑料网、锚网背）喷射混凝土支护*、钢架喷射混凝土支护*
				砌块支护井身*	冲积层掘进、基岩掘进、模板、钢筋混凝土弧板支护*、预制混凝土块、料石支护*
				混凝土支护井身*	冲积层掘进、基岩掘进、模板、混凝土支护*
				钢筋混凝土支护井身*	冲积层掘进、基岩掘进、模板、钢筋、混凝土支护*、夹层铺设*
			冻结	—	冻结钻孔、制冷冻结*
			钻井	—	井筒钻进、预制井壁、井壁漂浮下沉*、固井
			防治水	—	地面预注浆、工作面预注浆、壁后注浆、卷材防水层
			壁座	—	基岩掘进、模板、钢筋、混凝土支护*

续表 1-1

序号	单位工程	子单位工程	分部工程	子分部工程	分项工程
2	斜井（含暗斜井）井筒、平硐	××年度斜井井筒、××年度平硐	斜井井口* 平硐硐口*	—	冲积层掘进、明槽开挖、基岩掘进、模板、钢筋、混凝土支护*、砌块支护*
			斜井井身* 平硐硐身*	无支护井身（或硐身）*	基岩掘进*
				锚喷支护井身（或硐身）*	基岩掘进、锚杆支护*、预应力锚杆支护*、喷射混凝土（含砂浆）支护*、金属网（含塑料网、锚网背）喷射混凝土支护*、钢架喷射混凝土支护*
				砌块支护井身（或硐身）*	基岩掘进、模板、钢筋混凝土弧板支护*、预制混凝土块、料石支护*
				混凝土支护井身（或硐身）*	冲积层掘进、基岩掘进、砌块支护*、防水夹层铺设*
				钢筋混凝土支护井身（或硐身）	冲积层掘进、基岩掘进、模板、钢筋、混凝土支护*、防水夹层铺设*
		××年度斜井井筒、××年度平硐	斜井井身* 平硐硐身*	支架支护井身（或硐身）*	基岩掘进、刚性支架支护*、可缩性支架支护*
			连接处（或交岔点）*	—	基岩掘进、模板、钢筋、混凝土支护*、锚杆支护*、预应力锚杆支护*、喷射混凝土（含砂浆）支护*、金属网（含塑料网、锚网背）喷射混凝土支护*、钢架喷射混凝土支护*、砌块支护*、刚性金属支架支护*、可缩性支架支护*
			水沟	—	冲积层掘进、基岩掘进、模板、混凝土砌筑、预制混凝土砌筑、水沟盖板
			附属工程	—	混凝土台阶、砌块台阶、混凝土地坪、砂浆地坪、喷刷浆
			防治水	—	地面预注浆、工作面预注浆、壁后注浆、砂浆防水层、卷材防水层

续表 1-1

序号	单位工程	子单位工程	分部工程	子分部工程	分项工程
3	巷道(含平巷、斜巷)	××年度巷道、××年度石门	主体*	无支护主体*	基岩掘进*
				锚喷支护主体*	基岩掘进、锚杆支护*、预应力锚杆支护*、喷射混凝土(含砂浆)支护*、金属网(含塑料网、锚网背)喷射混凝土支护*、钢架喷射混凝土支护*
				砌块支护主体*	基岩掘进、模板、钢筋混凝土弧板支护*、预制混凝土块、料石支护*
				混凝土支护主体*	基岩掘进、模板、混凝土支护*
				钢筋混凝土支护主体*	基岩掘进、模板、钢筋、混凝土支护*
				支架支护主体*	基岩掘进、刚性支架支护*、可缩性支架支护*
			防治水	—	地面预注浆、工作面预注浆、壁后注浆、砂浆防水层、卷材防水层
			水沟	—	基岩掘进、模板、混凝土砌筑、预制混凝土砌筑、水沟盖板
			附属工程	—	混凝土台阶、砌块台阶、混凝土地坪、砂浆地坪、喷刷浆
4	硐室(含井筒与井底车场连接处、交岔点、风道、安全出口)	—	主体*	锚喷支护主体*	基岩掘进、锚杆支护*、预应力锚杆支护*、喷射混凝土(含砂浆)支护*、金属网(含塑料网、锚网背)喷射混凝土支护*、钢架喷射混凝土支护*
				砌块支护主体*	基岩掘进、模板、钢筋混凝土弧板支护*、预制混凝土块、料石支护*
				混凝土支护主体*	基岩掘进、模板、混凝土支护*
				钢筋混凝土支护主体*	基岩掘进、模板、钢筋、混凝土支护*
				支架支护主体*	基岩掘进、刚性支架支护*、可缩性支架支护*
			水沟(含沟槽)	—	基岩掘进、模板、混凝土砌筑、预制混凝土砌筑、水沟盖板
			设备基础	—	基槽、模板、钢筋、混凝土*
			附属工程	—	混凝土台阶、砌块台阶、混凝土地坪、砂浆地坪、木地板、喷刷浆
			防治水	—	地面预注浆、工作面预注浆、壁后注浆、砂浆防水层、卷材防水层

续表 1-1

序号	单位工程	子单位工程	分部工程	子分部工程	分项工程
5	井下安全构筑物	—	风门	—	基槽开挖、墙体*、门框及门扇安装
		—	防火门	—	基槽开挖、墙体*、门框及门扇安装
		—	防爆门	—	基槽开挖、墙体*、门框及门扇安装
		—	密闭门	—	基槽开挖、墙体*、门框及门扇安装
		—	防水闸门	—	基槽开挖、墙体*、门框及门扇安装
		—	密闭墙	—	基槽开挖、墙体*
6	井下铺轨	—	道床、轨枕	—	基底、道床、轨枕、岔枕
		—	轨道*、道岔*	—	轨道*、道岔*
		安全防护设施		—	轨距杆、防爬器、防轨道滑移设施、托辊、托绳轮、安全标志桩(或线)

注：表中分项、分部工程名称后带有符号“*”的为指定分项工程、指定分部工程；

1.2　矿山工程项目管理内容

1.2.1　业主的项目管理

① 矿山工程项目业主对项目的管理是全过程进行的，包括项目决策和实施阶段的各个环节，即从编制矿井建设项目的建议书开始，经可行性研究、设计和施工，直至项目竣工验收、投产使用的全过程管理。

② 在市场经济体制下，矿山工程项目的业主可以依靠社会化的咨询服务单位，为其提供项目管理方面的服务。工程监理单位可以接受业主的委托，在工程项目实施阶段为业主提供全过程的监理服务。此外，监理单位还可将其服务范围扩展到工程项目前期决策阶段，为工程业主进行科学决策提供咨询服务。

1.2.2　工程建设总承包单位的项目管理

矿山工程项目在设计、施工总承包的情况下，业主在项目决策之后，通过招标择优选定总承包单位全面负责工程项目的实施过程，直至最终交付使用功能和质量标准符合合同文件规定的工程项目。由此可见，总承包单位的项目管理是贯穿项目实施全过程的全面管理，既包括工程项目的设计阶段，也包括工程项目的施工安装阶段。总承包方为了实现其经营方针和目标，必须在合同条件的约束下，依靠自身的技术和管理优势或实力，通过优化设计及施工方案，在规定的时间内，按质、按量地全面完成工程项目的承建任务。

1.2.3　设计单位的项目管理

设计单位的项目管理是指矿山工程设计单位受业主委托承担工程项目的设计任务后，根据设计合同所界定的工作目标及责任义务，对建设项目设计阶段的工作所进行的自我管理。设计单位通过设计项目管理，对建设项目的实施在技术和经济上进行全面且详尽的安排，引进先进技术和科研成果，形成设计图纸和说明书，以便实施，并在实施过程中进行监督和验收。由此可见，设计项目管理不局限于工程设计阶段，而是延伸到施工阶段和竣工验收阶段。

1.2.4 施工单位的项目管理

矿山工程项目施工单位可通过投标获得工程施工承包合同，并以施工合同所界定的工程范围组织项目管理，简称施工项目管理。施工项目管理的目标体系包括工程施工质量(Quality)、成本(Cost)、工期(Delivery)、安全和现场标准化(Safety)，简称 QCDS 目标体系。显然，这一目标体系既与整个工程项目目标相联系，又带有很强的施工企业项目管理的自主性特征。

1.3 矿山工程项目管理特征

1.3.1 矿产资源的属性

矿产资源的开发首先受到矿产资源条件的约束。资源的分布地域和赋存条件决定了资源开发的可行性及其规模、地点、范围等重要决策问题。

国家矿产资源法规定，矿产资源属于国家所有。无论地表或地下的矿产资源，其所属权不因其所依附的土地所有权或使用权的不同而改变。矿产资源的开发，必须符合国家矿产资源管理等有关法律条款规定和国家关于资源开发的政策。根据国家资源法规定，勘查和开采矿产资源，必须依法分别申请，经批准获得探矿权、采矿权，并按规定办理登记；资源法还规定，国家实行探矿权和采矿权的有偿取得制度，开采矿产资源必须按照国家有关规定交纳资源税和资源补偿费。

国家矿产资源法规定，凡国家规划矿区、对国民经济具有重要价值的矿区和国家规定实行保护性开采的特定矿种，国家实行有计划开采。矿产资源法规定，国家对矿产资源的开采实行采矿许可证制度，并且从事矿产资源勘查和开采的，必须符合规定的资质条件。

多数矿产资源赋存在一定深度的地表下面。矿产资源赋存在地下的特点，给矿产资源的开发带来了许多困难。目前，了解地下矿产资源赋存状况的唯一办法就是地质勘查。因此，资源的勘探工作是进行矿山建设设计、实现矿山工程项目和矿产资源开采的前提条件。国家矿产资源法规定，供矿山建设设计使用的勘查报告，必须经国务院或省级矿产储量审批机构审查批准；未经批准的勘查报告，不得作为矿山建设的依据。

1.3.2 矿山工程项目管理特点

① 矿山工程项目管理是综合性管理。

矿山工程一般都是综合性建设项目，涉及勘探、设计、建设、施工、材料设备提供等方面的共同工作；矿山工程建设通常包含有生产系统、通风系统、提升运输系统、排水系统、供水系统、压风系统、排矸系统、安全监测系统、通讯系统、供电系统、动力照明系统、生活办公系统等工程内容，以及选矿工程系统、矿产品的储运系统等，建设好这些系统才能构成完整的矿山生产系统。矿山工程还具有投资大、周期长、组织关系复杂的特点。由此可见，矿山工程项目管理工作是一项综合性管理工作。

② 矿山工程项目管理内容十分复杂。

矿山工程建设的环境条件存在大量复杂和不确定因素。目前工程地质和水文地质的勘查水平还无法提供满足生产、施工所需的详尽、准确的地质资料，这就使项目建设会有更多的可变因素。因此，在项目建设中，无论是建设、设计、施工或其他管理单位，不仅必须要对这种情况有充分的估计和应对准备，尽量对可能出现的问题考虑周全、细致，而且还要充分利用管理、技术、经济和法律知识与经验，对这些已经出现的变化做好协调和“善后”工作，以避免自己利益的损失。

矿山工程的主体工程在地下，环境条件的复杂和不确定性还对项目建设的本身带来大量安全问题。地下工作条件恶劣，或是突发性的事故，或是因为稍有的疏忽，水、火、瓦斯、冒顶塌方等各种矿井灾害会对项目和人员造成灾难性的损失；有害物质对环境污染所造成的社会影响和对作业人员的伤害也是矿山工程建设中的一个严重问题。因此，考虑对这些重大突发事故的防范和必要的应急措施是实施矿山工程不可忽视的内容。矿山工程项目的管理人员必须十分重视安全管理和环境保护工作。

③ 矿山工程管理涉及的各个系统相互联系和相互制约。

矿山工程是一个包含地上、地下内容的综合性工程。地下生产系统本身是一个比较完整的系统，必须具有包括生产、运输、通风、排水、供变电、通讯、监控监测等各种功能的专有场所（硐室）和设备，形成一个与地面有充分联系的地下生产系统。系统布局不仅要求各个生产环节之间，而且还要求不同生产水平（高程）之间和不同生产水平（高程）与地面之间有合理的联系。地下工程施工还具有明显的方向性，因此，施工顺序排队与选定施工方案、确定工期长短问题之间是密切相关的。一条关键线路上的巷道施工质量与速度或者调整，会对整个工程产生重要影响。

地下产生系统决定了地面生产系统的布局，同样也影响了施工设施的布局。一个矿山工程整体项目还包括井巷工程、土建工程以及采矿、选矿设备，甚至大型施工设备的安装工程内容。因此，矿山工程项目不仅存在各个环节之间的协调关系，而且还要考虑井上、井下工程的空间关系和地面工程与地下工程间的制约关系，矿（建）、土（建）、安（装）工程间的平衡关系，这些关系的影响贯穿于项目建设过程的各个环节。在项目具体实施时，这些错综复杂的关系又会影响项目的顺利进展，协调这些关系是矿山工程施工管理（包括现场调度）的特有的也是重要的内容。因此，矿山工程管理工作必须对这些关系有明确的认识，从项目的整体上和每一个细节上把握和协调这些关系。

④ 矿山工程项目管理施工与生产联系紧密。

由地下工作的特点所决定，矿山工程建设期的井巷施工内容与投产后的采矿作业形式、施工设备有许多类似之处。因此，矿山工程的施工是可以利用部分永久（生产）设施或设备来完成的。利用永久设施施工，既有利于建设单位尽早发挥设施与设备的效益，又利于减少施工单位的投入和大临工程的建设。反之，施工过程又是建设单位培训生产人员的一个很好机会。因此，建设单位与施工单位处理这类设施的租赁和人员培训问题，也是矿山工程管理中有特色的内容。

2 矿山工程施工技术

2.1 立井井筒施工技术

2.1.1 立井井筒表土施工方法

在立井井筒施工中，覆盖于基岩之上的第四纪冲积层和岩石风化带统称为表土层。工程中按表土稳定性将其分成两大类：稳定表土层主要包括含非饱和水的黏土层、含少量水的砂质黏土层、无水的大孔性土层和含水量不大的砾（卵）石层等；不稳定表土层包括含水砂土、淤泥层、含饱和水的黏土、浸水的大孔性土层、膨胀土和华东地区的红色黏土层等。

根据表土的性质及其所采用的施工措施，井筒表土施工方法可分为普通施工法和特殊施工法两大类。稳定表土层一般采用普通施工法，而不稳定表土层可采用特殊施工法或普通与特殊相结合的综合施工方法。

2.1.1.1 井筒表土普通施工法

（1）井圈背板普通施工法

井圈背板普通施工法是采用人工或抓岩机（土硬时可爆破）出土，下掘一小段后（空帮距根据土层的稳定性来确定，一般不超过 1.2 m），即用井圈、背板进行临时支护，掘进一长段后（一般不超过 30 m），再由下向上拆除井圈、背板，然后砌筑永久井壁，如图 2-1 所示。如此周而复始，直至基岩。这种方法适用于较稳定的土层。

（2）吊挂井壁施工法

吊挂井壁施工法是适用于稳定性较差的土层中的一种短段掘砌施工方法。为保持土的稳定性，减少土层的裸露时间，段高一般取 0.5～1.5 m。并按土层条件，分别采用台阶式或分段分块，并配以超前小井降低水位的挖掘方法。吊挂井壁施工中，因段高小，不必进行临时支护。但由于段高小，每段井壁与土层的接触面积小，土对井壁的围抱力小，为了防止井壁在混凝土尚未达到设计强度前失去自身承载能力，引起井壁拉裂或脱落，必须在井壁内设置钢筋，并与上段井壁吊挂，如图 2-2 所示。

这种施工方法适用于渗透系数大于 5 m/d，流动性小，水压不大于 0.2 MPa 的砂层和透水性强的卵石层，以及岩石风化带。吊挂井壁法使用的设备简单，施工安全。但它的工序转换频繁，井壁接茬多，封水性差，故常在通过整个表土层后，自下而上复砌第二层井壁。为此，需按井筒设计规格，适当扩大掘进断面。

（3）板桩施工法

对于厚度不大的不稳定表土层，在开挖之前可先用人工或打桩机在工作面或地面沿井筒荒径依次打入一圈板桩，形成一个四周密封的圆筒，用以支承井壁，并在其保护下进行掘进。

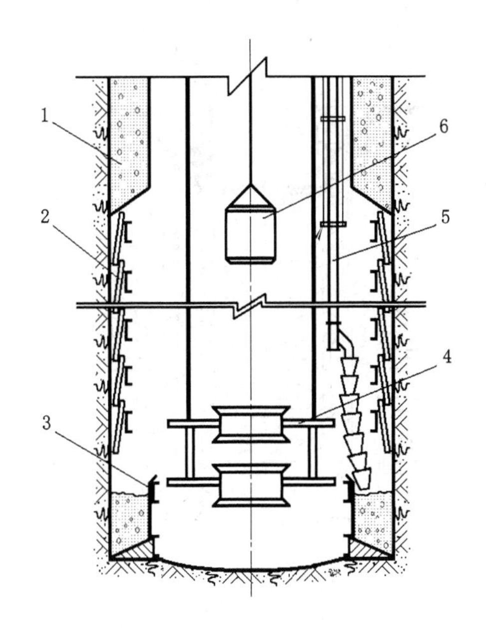

图 2-1　井圈背板普通施工法

1——井壁；2——井圈背板；3——模板；4——吊盘；
5——混凝土输送管；6——吊桶；

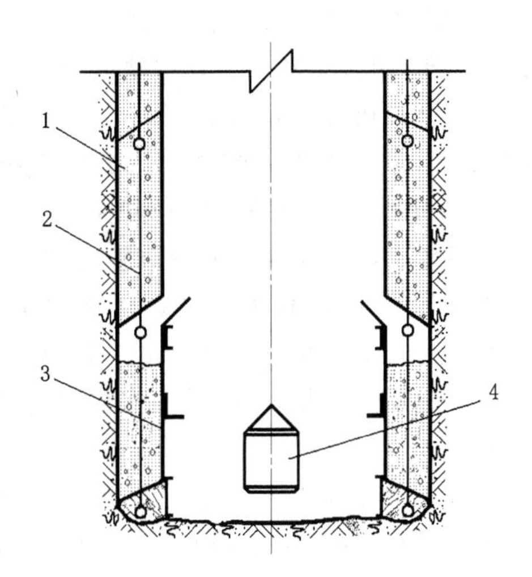

图 2-2　吊挂井壁施工法

1——井壁；2——吊挂钢筋；3——模板；4——吊桶

板桩材料可采用木材和金属材料两种。木板桩多采用坚韧的松木或柞木制成，彼此采用尖形接榫。金属板桩常用 12 号槽钢相互正反扣合相接。根据板桩入土的难易程度可逐次单块打入，也可多块并成一组，分组打入。木板桩一般比金属板桩取材容易，制作简单，但其刚度小，入土困难，板桩间连接紧密性差，故用于厚度为 3～6 m 的不稳定土层。而金属板桩可根据打桩设备的能力条件，适用于厚度 8～10 m 的不稳定土层，若与其他方法相结合，其应用深度可较大。

(4) 表土施工降水工作

井筒表土普通施工法中应特别注意水的处理，一般可采用降低水位法增加施工土层的稳定性。

① 工作面降低水位法

在不稳定土层中，常采用工作面超前小井或超前钻孔两种方法来降低水位。它们都是在井筒中用泵抽水，使周围形成降水漏斗，变为水位下降的疏干区，以增加施工土层的稳定性。工作面降低水位法包括工作面超前小井降低水位法和工作面超前钻孔降低水位法两种。

② 井外疏干孔降低水位法

这种方法是在预定的井筒周围打钻孔，并深入不透水层，然后用泵在孔中抽水，形成降水漏斗，使工作面水位下降，保持井筒工作面在无水情况下施工。

2.1.1.2　井筒表土特殊施工法

在不稳定表土层中施工立井井筒，必须采取特殊的施工方法才能顺利通过，如冻结法、钻井法、沉井法、注浆法和混凝土帷幕法等。特殊法施工表土的工期长、成本高，但适应性强。应根据实际条件，正确地选择不稳定表土层的施工方法，安全可靠、快速经济地通过表土层。目前以采用冻结法和钻井法为主。

(1) 冻结法

冻结法凿井就是在井筒掘进之前在井筒周围钻冻结孔,用人工制冷的方法将井筒周围的不稳定表土层和风化岩层冻结成一个封闭的冻结圈(图 2-3),以防止水或流砂涌入井筒并抵抗地压,然后在冻结圈的保护下掘砌井筒。待掘砌到预计的深度后,停止冻结,进行拔管或充填工作。井筒的冻结深度,应根据地层埋藏条件确定,并应深入稳定的不透水基岩 10 m 以上;基岩下部涌水量大于 30 m^3/h 时,应延长冻结深度至含水层底部 10 m 以上。

冻结法凿井的主要工艺过程有冻结孔钻进和冻结站安装、井筒冻结(积极冻结)、井筒掘砌和套内层井壁(消极冻结)等主要工作。

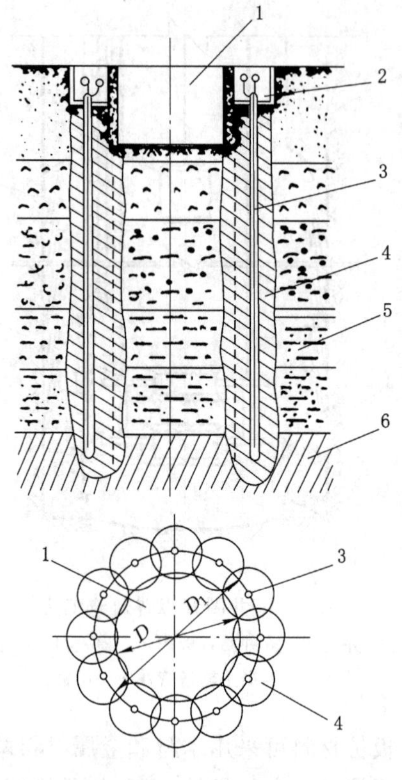

图 2-3 冻结法凿井示意图

1——立井井筒;2——冻结沟槽;3——冻结管;4——冻结壁;5——表土地层;6——不透水基岩层

① 冻结孔的钻进

冻结法凿井所钻的钻孔按用途可分三种:冻结孔、水位观察孔和测温孔。

为了形成封闭的冻结圈,先要在井筒周围钻一定数量的冻结孔,以便在孔内安设带底锥的冻结管和底部开口的供液管。冻结孔一般等距离地布置在与井筒同心的圆周上,其圈径依冻结井筒掘进直径、冻结壁厚度、冻结深度及钻孔允许偏斜率而定。冻结孔间距一般为 1.2～1.5 m,孔径为 200～250 mm,孔深应比冻结深度大 5～10 m。冻结孔的圈数根据要求的冻结壁厚度确定,表土较浅时一般采用单圈冻结,对于深厚表土可采用双圈或三圈冻结。

水位观察孔一般在距井筒中心 1～2 m 的位置,以不影响掘进时井筒测量和施工为宜。水位观察孔根据含水层的赋存情况而定,当井筒穿过若干个含水层时,最好每组含水层设置一个水文孔,其深度不应大于冻结深度或偏出井筒。水位观察孔的作用是:当冻结圆柱交圈后,井筒周围便形成一个封闭的冻结圆筒,由于水变成冰后体积膨胀作用,使水位观察孔内水位上升,以致溢出地面。水位观察孔溢水是冻结圆柱交圈的重要标志。

为了确定冻结壁的厚度和开挖时间,在冻结壁内外必须打一定数量的测温孔,根据测温结果分析判断冻结壁峰面即零度等温线的位置。测温孔数量根据需要而定,一般冻结壁外侧宜布置 1～2 个,内侧 1～3 个测温孔应分别布置于各冻结圈孔间距最大部位,测温孔的允许偏斜率与冻结孔相同。

某矿井主井冻结孔布置如图 2-4 所示。设计冻结深度为 615 m,外圈孔采用差异冻结,孔数 40 个,深 615 m/575 m;中圈孔 13 个,深 538 m;内圈孔 13 个,深 160 m;设计测温孔 5 个,水文孔 3 个。

② 井筒冻结

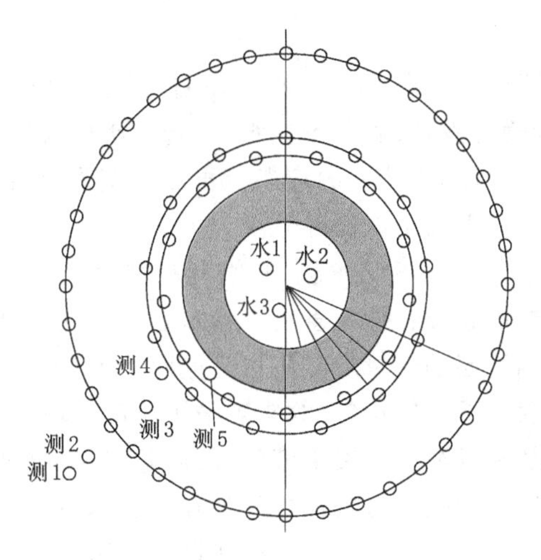

图 2-4　冻结孔、水位观察孔和测温孔布置示意图

井筒周围的冻结壁，是由冷冻站制出的低温盐水在沿冻结管循环流动过程中不断吸收孔壁周围地层的热量，使水、土逐渐冷却冻结而成。盐水起传递冷量的作用，称为冷媒剂。盐水的冷量是利用液态氨气化时吸收盐水的热量而制取的，所以氨称为制冷剂。被压缩的氨由过热蒸汽状态变成液态过程中，其热量又被冷却水带走。可见，整个制冷设备包括氨循环系统、盐水循环系统和冷却水循环系统三部分，如图 2-5 所示。

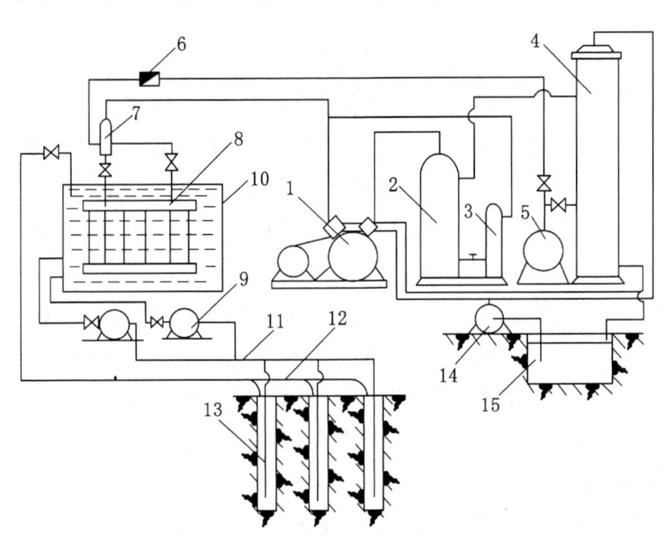

图 2-5　制冷系统示意图

1——氨压缩机；2——氨油分离器；3——集油器；4——冷凝器；5——贮氨器；6——调节阀；7——氨液分离器；8——蒸发器；9——盐水泵；10——盐水箱；11——配液管；12——集液管；13——冻结孔；14——冷却水泵；15——水池

氨循环系统：气态氨在压缩机中被压缩到 0.8～1.2 MPa，温度升高到 80～120 ℃，处于过热蒸汽状态。高温高压的氨气经管路进入氨油分离器，除去从压缩机中带来的油脂后进入冷凝器，在冷却水的淋洗下被冷却到 20～25 ℃而变成液态氨。多余液态氨流入贮氨器贮

存，不足时由贮氨器补充。

液态氨经过调节阀使压力降到 0.155 MPa 左右，温度相应降到蒸发温度－25～－35 ℃。进入蒸发器中后便全面蒸发，吸收周围盐水的热量，使盐水降温。蒸发后的氨进入氨液分离器，使气体氨和液体氨分离，未蒸发的液态氨再流入蒸发器继续蒸发，而气态氨则回到压缩机中重新压缩。这样，便形成了氨循环系统。

盐水循环系统：在设有蒸发器的盐水箱中，被制冷剂氨冷却到－30～－35 ℃以下的低温盐水，用盐水泵输送到配液管和各冻结管内。盐水在冻结孔内沿供液管流至孔底，然后沿冻结管徐徐上升，吸收周围地层的热量后经集液管返回盐水箱，这种盐水循环流动方式称为正循环方式，其冻结壁厚度上下比较均匀，故常被采用。反循环方式就是盐水由原回液管进入冻结管缓缓下流，然后从原供液管返回集液管，反循环方式可加快含水层上部冻结壁的形成。在冻结施工中，当冻结深度较大时，盐水正、反循环方式通常是交替使用的。为了提前开挖和保证冻结壁的厚度上下较为均匀，在冻结初期可采用盐水正循环方式，待冻结圆柱交圈后改为反循环方式，以加快上部冻结壁的形成，并达到设计厚度为井筒提前开挖创造条件。

冷却水循环系统：用水泵将贮水池或地下水源井的冷却水压入冷凝器中，吸收了过热氨气的热量后从冷凝器排出，水温升高 5～10 ℃，经自然冷却后可循环使用。冷却水的温度直接影响冻结站的制冷能力。一级压缩制冷时，冷却水的温度一般应低于 20 ℃，最高不要超过 25 ℃；二级压缩制冷时，冷却水温度最好不超过 30 ℃。

③ 冻结方案

冻结方案有一次冻全深、局部冻结、差异冻结和分期冻结等几种。一次冻全深方案的适应性强，应用比较广泛。局部冻结就是只在涌水部位冻结，其冻结器结构复杂，但是冻结费用低。差异冻结，又叫长短管冻结，冻结孔(管)有长短两种，间隔布置，在冻结的上段冻结管排列较密，可加快冻结速度，使井筒早日开挖，并可避免下段井筒冻实，影响施工速度。分期冻结，就是当冻结深度很大时，为了避免使用过多的制冷设备，可将全深分为数段(通常分为上下两段)，从上而下依次冻结。

冻结方案的选择，主要取决于井筒穿过的岩土层的地质及水文地质条件、需要冻结的深度、制冷设备的能力和施工技术水平等。当井筒所穿过的表土层很厚时，需要冻结壁的厚度较大，这样才能有足够的强度抵抗外围的水土压力。这种情况下，需要采用多圈冻结孔(管)进行冻结才能满足施工要求，目前常采用双圈和三圈孔冻结方法。

④ 冻结段井筒的掘砌

采用冻结法施工，井筒的开挖时间要选择适时。井筒开挖必须具备以下条件：

a. 水文观测孔内的水位，应有规律上升，并溢出孔口；当地下水位较浅和井筒工作面有积水时，井筒水位应有规律上升。

b. 各测温孔的温度已符合设计规定。

c. 地面提升悬吊、混凝土搅拌系统、材料运输、供热等辅助设施已具备。

通常当冻结壁已形成但尚未扩展至井筒范围以内时开挖最为理想，此时既便于掘进又不会造成涌水冒砂事故。但是很难保证处于理想状态，往往整个井筒被冻实。对于这种冻土挖掘，可采用风镐或钻眼爆破法施工。采用爆破法施工时，必须具备相应措施，保证冻结壁和冻结管的安全。

掘进时，外层井壁同时砌筑，外壁与土层之间铺设聚苯乙烯泡沫板。内层井壁是在通过冻结段后采用滑动模板自下向上一次施工到井口，内外壁之间铺设塑料板。

(2) 钻井法

钻井法是以钻头刀具破碎岩土，用泥浆洗井排碴和护壁，在井筒钻至设计直径和深度后，再进行永久支护的一种机械化凿井方式。按照钻进破岩的方式不同，可分为全断面、多次扩孔和取芯钻机等。我国煤矿一般采用转盘式钻井机分次扩孔方法，钻井机类型有 ZZS-1、ND-1、SZ-9/700、AS-9/500、BZ-1 和 L40/800 型等。

钻井法主要工艺过程为井筒钻进、地面预制井壁，泥浆洗井护壁和冷却钻头，下沉预制井壁和壁后注浆固井等。

① 钻进

钻井法施工的深度，应进入不透水的稳定地层中不小于 5 m。钻进方式多采用分次扩孔钻进，即首先用超前钻头一次钻到基岩，在下部基岩部分占的比例不大时也可用超前钻头一次钻到井底，而后分 2～3 次扩孔至基岩或井底，如图 2-6 所示。按照每次破土面积相等的原则，在转盘和提吊系统能力允许的情况下，尽量减少扩孔次数，以缩短辅助时间。

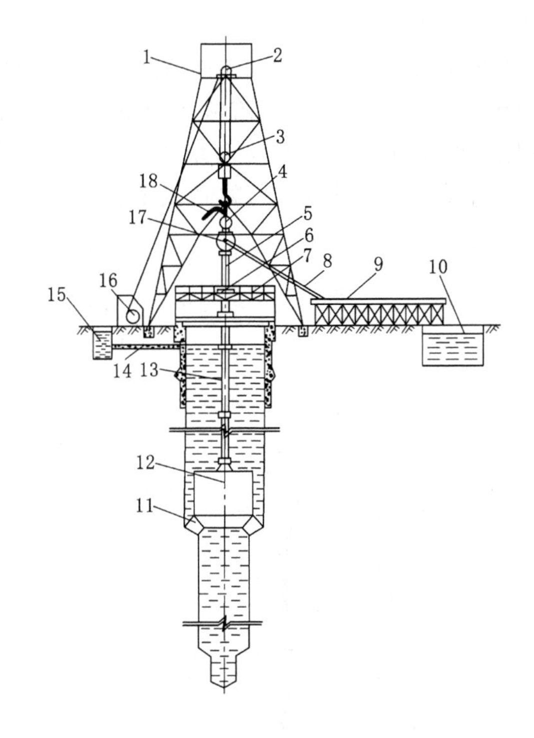

图 2-6 钻井工艺流程

1——钻塔；2——天车；3——游车；4——水龙头；5——六方钻杆；
6——转盘；7——钻台；8——排浆管；9——排浆溜槽；10——沉淀池；
11——刀具；12——钻头；13——钻杆；14——进浆地槽；15——泥浆池；
16——绞车；17——三通；18——压气管

钻井机的动力设备多数设置在地面。钻进时由钻台上的转盘带动六方钻杆旋转，进而使钻头旋转，钻头上装有破岩的刀具。为了保证井筒的垂直度，宜采用减压钻进。即将钻头在泥浆中重量的30%～60%压向工作面，使钻头处于半悬状态。

② 泥浆洗井护壁

钻头破碎下来的岩屑必须及时用循环泥浆的方式从工作面清除，使钻头上的刀具始终直接作用在未被破碎的岩土面上，提高钻进效率。泥浆由泥浆池经过进浆地槽流入井内，进行洗井排渣和护壁。所谓洗井排渣，是指压气通过中空钻杆中的压气管进入钻头处的混合器，压气与泥浆混合后在钻杆内外造成压力差，使清洗过工作面的泥浆带动破碎下来的岩土屑被吸入钻杆，经钻杆与压气管之间环状空间排往地面。泥浆量的大小，应保证泥浆在钻杆内的流速大于0.3 m/s，使被破碎下来的岩屑全部排除到地面。泥浆沿井筒自上向下流动，冲洗井底后沿钻杆上升到地面，这种方式称为反循环洗井。

泥浆的护壁作用：一方面是借助泥浆的液柱压力平衡地压；另一方面是在井帮上形成泥皮，堵塞裂隙，防止片帮。为了利用泥浆有效洗井护壁，要求泥浆有较好的稳定性，不易沉淀；泥浆的失水量要比较小，能够形成薄而坚韧的泥皮；泥浆的黏度在满足排渣要求的条件下，要具有较好的流动性和便于净化。

泥浆的另外一个作用是冷却钻具，同时也可以起到润滑钻头刀具的作用。

③ 井壁漂浮下沉和壁后充填

钻井法施工的井筒，井壁多采用圆筒形预制钢筋混凝土井壁，也有采用钢板混凝土复合井壁的。预制井壁是在地面工厂进行的。待井筒钻完，提出钻头，用起重大钩将第一节带底的预制井壁悬浮在井内泥浆中，利用其自重和注入井壁内的水重缓慢下沉。调整加入配重水的速度和数量，就可以对井壁的下沉速度进行控制。井壁漂浮下沉的过程见图2-7。

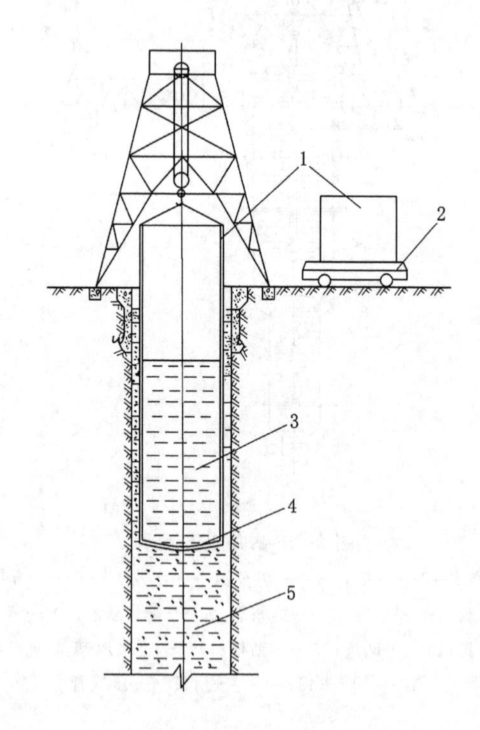

图2-7 漂浮下沉井壁示意图

1——预制井壁；2——钻台；3——配重水；4——井壁底；5——泥浆

井壁漂浮下沉的同时，在井口接长预制井壁。接长井壁是采用法兰和焊接的方式。接长时要注意测量，防止下沉井壁时发生偏移。在预制井壁下沉的同时要及时排除泥浆，以免泥浆外溢和沉淀。为了防止片帮，泥浆面不得低于锁口以下 1 m。

当井壁漂浮下沉到底后，通过管路向井壁外侧与钻井井帮之间的环形空间注入密度大于泥浆的胶结材料，自下而上将泥浆置换出来，待注入的材料固化后，起到固结井壁和封水的作用。这个过程称为充填固井。充填效果直接决定了钻井井壁荷载状况，一旦出现空洞、裂隙和不密实的情况，易造成井壁受力不均，导致井筒移位或井壁压裂，并可能引发淹井事故。

充填固井有两种方法。一是经壁后管路充填，即在壁后均匀布置充填管，管径随充填材料而异，当充填水泥浆时 ϕ60～80 mm，充填水泥砂浆时 ϕ100 mm。充填管路随着充填注浆逐渐上提，从底部将泥浆自下而上逐步置换出来。随着钻井法凿井向深、大井筒发展，壁后充填的质量问题暴露得越来越明显了。第二种充填固井的方法是壁内管充填，是将充填管设置在井壁内侧充填，适用于钻井有些偏斜而使壁后间隙不均或钻井深度大于 200 m 的情况。壁内管充填可以均匀布置充填管，不易造成断管和堵塞，可以保证充填质量，还可减少钻井直径，节省充填材料。

最后将井壁里的水排出，通过预埋的注浆管进行壁后注浆，以提高壁后充填质量和防止破底时发生涌水冒砂事故。

(3) 沉井法

沉井法是由古老的掘井作业发展完善而来的施工技术，属于超前支护类的一种特殊施工方法。其实质是在井筒设计位置上预制好底部附有刃脚的一段井筒，在其掩护下，随着井内的掘进出土，井筒靠其自重克服其外壁与土层间的摩擦阻力和刃脚下部的正面阻力而不断下沉，随着井筒下沉，在地面相应接长井壁，如此周而复始，直至沉到设计标高。

沉井施工方法有普通沉井、振动沉井和淹水沉井等，应优先采用泥浆淹水沉井法。普通沉井法适用于穿过流砂、淤泥等松软、不稳定含水冲积层厚度不宜超过 50 m。淹水沉井法适用于厚度小于 200 m 的流砂、淤泥等松软、不稳定含水冲积层中开凿井筒。沉井穿过冲积层并进入不透水岩层的深度，当沉井的深度小于 100 m，不得小于 3 m；沉井深度大于 100 m 时，不得小于 5 m。

① 淹水沉井

淹水沉井施工如图 2-8 所示。在沉井井筒内灌满水或泥浆以保持井内外的水压平衡，防止从刃脚处涌砂冒泥及地表塌陷，以预先做好的套井为支撑圈以防止和纠正沉井过程中的偏斜；在井筒外壁的环形空间内灌注触变泥浆或施放压气，以隔离井壁与土层，减小沉井侧面阻力；靠井壁型自重，使刃脚插入土层，经水下破土、排渣克服正面阻力使井壁不断下沉；边下沉，边纠偏，同时在井口接长井壁，直至井筒全部穿过冲积层，使沉井刃脚坐落于基岩上；在封底、固井之后，转入基岩段普通方法掘进。

淹水沉井的掘进工作不需人工挖土，而是采用机械破土。通常可用钻机和高压水枪破土，压气排渣，其排渣原理与钻井法类似。在井深不大的砾石层和卵石层中，也可采用长绳悬吊大抓斗直接抓取提到地面的破土排渣方法。

采用这种施工方法，在我国的最大下沉深度已达到 192.75 m。日本利用压气代替泥浆，采用壁后充气的淹水沉井法，最大下沉深度达到 200.3 m。

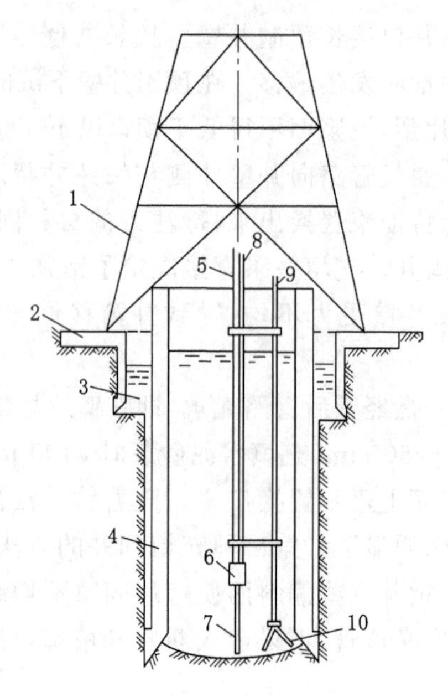

图 2-8 淹水沉井法示意图

1——井架；2——套井；3——触变泥浆；4——沉井井壁；5——压风管；
6——压气混合器；7——吸泥管；8——排渣管；9——高压水管；10——水枪

② 普通沉井

当不稳定表土层厚度不超过 50 m 时，可采用普通沉井法。此法在沉井外不用泥浆润滑，沉井内不充水，工人在沉井保护下在井内直接挖土掘进。随着挖土工作的进行，井壁借自重克服正面阻力和侧面阻力而不断下沉。随着沉井下沉，在地面不断接长沉井井壁。在沉井下沉过程中，要特别注意防偏和纠偏问题，以保证沉井偏斜值在允许的范围内。

沉井井壁可以是预制的，也可以在井口现浇。当沉井下沉到设计位置，井筒的偏斜值又在允许范围内，应及时进行注浆固井工作，防止继续下沉和漏水。注浆前，一般需要在井底工作面浇筑混凝土封底，防止冒砂跑浆。如果刃脚已插入风化基岩内，也可以不封底而直接注浆。注浆工作一般是利用预埋注浆管向壁后注入水泥或水泥—水玻璃浆液。

沉井法工艺简单、所需设备少、易于操作、井壁质量好、成本低、操作安全，广泛应用于许多地下工程领域，如大型桥墩基础、悬索桥锚碇基础、地下厂房、仓库、车站等。

在不稳定表土层中凿井还可以采用混凝土帷幕法。混凝土帷幕法是超前支护的一种井巷特殊施工方法，其实质是预先在井筒或其他地下结构物设计位置的周围，建造一个封闭的圆形或其他形状的混凝土帷幕，也称为地下连续墙，其深度穿过不稳定表土层，并嵌入不透水的稳定岩层 3～6 m，在帷幕的保护下进行掘砌作业，顺利通过不稳定含水地层，建成井筒或其他地下结构物。

(4) 注浆法

注浆法是矿山井巷工程凿井和治水的主要方法之一，也是地下工程中地层改良的重要手段。注浆法是将浆液注入岩土的孔隙、裂隙或空洞中，浆液经扩散、凝固、硬化以减少岩土的渗透性，增加其强度和稳定性，达到岩土加固和堵水的目的。

注浆法的分类方法很多，矿山井巷工程通常根据注浆工作与井巷掘进工序的先后时间次序进行分类，即分为预注浆法和后注浆法。

预注浆法是在凿井前或在井筒掘进到含水层之前所进行的注浆工程。依其施工地点而异，预注浆法又可分为地面预注浆和工作面预注浆两种施工方案。

后注浆法是在井巷掘砌之后所进行的注浆工作。后注浆的目的通常是为了减少井筒涌水，控制井壁和井帮的渗水并加强永久支护。

注浆法目前在井巷施工中应用十分广泛，它既可用于为了减少井筒涌水，加快凿井速度，对井筒全深范围内的所有含水层(除表土外)进行预注浆的“打干井”施工，又可对裂隙含水岩层和松散砂土层进行堵水、加固。在大裂隙、破碎带和大溶洞等复杂地层中也可采用。

(5) 帷幕法

帷幕法是超前支护的一种井巷特殊施工方法，其实质是预先在井筒或其他地下结构物设计位置的周围建造一个封闭的圆形或其他形状的混凝土帷幕，其深度应穿过不稳定表土层，并嵌入不透水的稳定岩层 3～6 m，在帷幕的保护下可安全进行掘砌作业，达到顺利通过不稳定含水地层建成井筒，或在不稳定地层中建成地下结构物的目的。

目前因成槽机具设备、专业施工队伍和施工技术水平的限制，帷幕法仅适用于深度不超过 100 m 的含水不稳定表土层中立井和斜井的施工。

2.1.2 立井井筒基岩施工方法

立井基岩施工是指在表土层或风化岩层以下的井筒施工，目前以采用钻眼爆破法为主。钻眼爆破法施工的主要工序包括工作面钻眼爆破工作、装岩与提升工作、井筒支护工作，以及通风、排水、测量等辅助工作。

2.1.2.1 立井井筒基岩施工工艺

2.1.2.1.1 钻眼爆破工作

在立井基岩掘进中，钻眼爆破工作是一项主要工序，占整个掘进循环时间的 20%～30%。为提高爆破效果，应根据岩层的具体条件正确选择钻眼设备和爆破器材，合理确定爆破参数，以及采用先进的爆破技术。

(1) 钻眼设备

立井掘进的钻眼工作，过去一直采用风动凿岩机，如 YT—23 等轻型凿岩机以及 YGZ—70 导轨式重型凿岩机。前者用于人工手持打眼，后者用于配备伞形钻架打眼。目前液压凿岩机得到了推广应用，液压伞形钻架的钻眼深度可达 5.1 m。用伞形钻架打眼具有机械化程度高、劳动强度低、钻眼速度快和工作安全等优点。人工手持式钻机打眼，眼径为 38～45 mm，眼深为 2 m 左右的炮眼效果较好。如加大加深眼孔，钻速将显著降低。为缩短每循环的钻眼时间，可增加凿岩机同时作业台数，一般工作面每 3～4 m^2 布置一台。

伞形钻架是由钻架和重型高频凿岩机组成的风液联动导轨式凿岩机具，见图 2-9。打眼前用提升钩头将它从地面送到掘进工作面，然后利用支撑臂、调高器和底座固定在工作面。打眼时用动臂将滑轨连同凿岩机送到钻眼位置，用活顶尖定位。打眼工作实行分区作业，全部炮眼打眼结束后收拢伞形钻，再利用提升钩头提到地面并转挂到翻矸平台下指定位置。钻架上配置的 YGZ—70 型高频凿岩机，是采用冲击与回转各自独立的结构，可根据岩石条件分别调节冲击力和钎杆转速，冲击力和扭矩大，故对岩石适应性强，卡钎事故少。今后应重点解决凿岩机的噪音问题，积极配用液压凿岩机，进一步提高钻眼效率和推进行程。

(2) 爆破工作

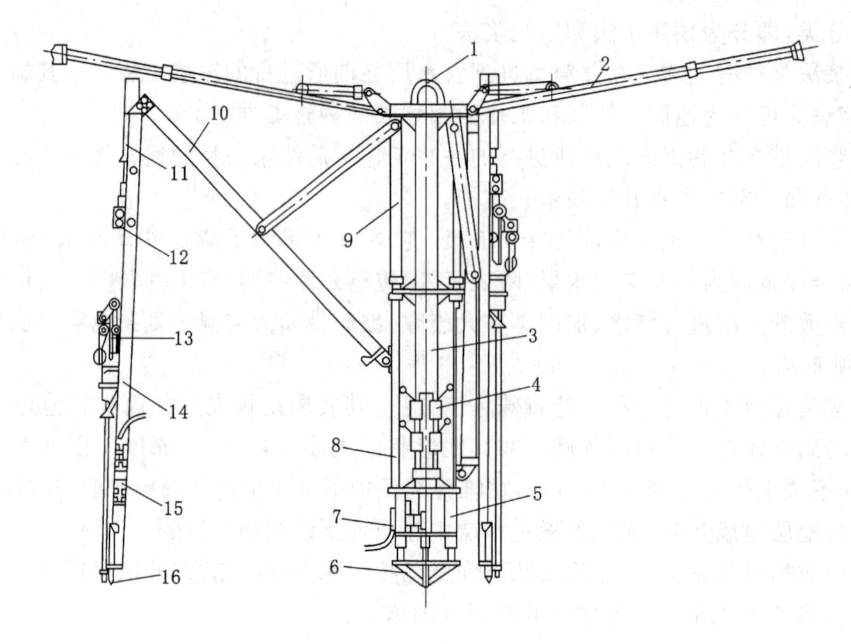

图 2-9　FJD 系列伞形钻架的结构

1——吊环；2——支撑臂；3——中央立柱；4——液压阀；5——调高器；6——底座；7——风马达及油缸；8——滑道；9——动臂油缸；10——动臂；11——升降油缸；12——推进风马达；13——凿岩机；14——滑轨；15——操作阀组；16——活顶尖

① 爆破器材的选择

在立井施工中，工作面常有积水，要求采用抗水炸药。常用的抗水炸药有水胶炸药和乳化炸药。由于水胶炸药几乎没有间隙效应，所以应用最为广泛。起爆器材通常采用国产毫秒延期电雷管、秒延期电雷管和导爆索。

在有瓦斯或煤尘爆炸危险的井筒内进行爆破，或者是井筒穿过煤层进行爆破时，必须采用煤矿安全炸药和延期时间不超过 130 ms 的毫秒延期电雷管，并安设 6 ms 限时开关。

② 爆破参数的确定

炮眼深度是根据岩石性质，凿岩、爆破器材的性能，以及合理的循环组织决定的。合理的炮眼深度应能保证取得良好的爆破效果和提高掘进速度。目前，立井掘进的炮眼深度当采用人工手持钻机打眼时，以 1.5～2.0 m 为宜；当采用伞钻打眼时，为充分发挥机械设备的性能，以 4.0～5.0 m 为宜。另外炮眼深度也可根据月进度计划计算，但计算出来的炮眼深度只能作为参考，还需结合岩层条件、模板高度等因素加以确定。

近年来，随着钻眼机械化程度的提高、眼深的加大，小直径炮眼已不能适应需要，必须采用更大直径的药卷和眼孔。目前，在超过 4.0 m 的深眼中，已采用 55 mm 的眼径（药径为 45 mm），并取得了良好的爆破效果。当药卷直径加大时，炸药的集中系数和爆破作用半径也增大，可适当减少工作面的炮眼数目。

炮眼数目和炸药消耗量与岩石性质、断面大小和炸药性能等因素有关。合理的炮眼数目和炸药消耗量，是在保证爆破效果条件下爆破器材消耗量最少。确定炸药消耗量的方法，可采用工程类比法或参考《煤炭建设井巷工程基础定额》选取。

炮眼数目应结合炮眼布置最后确定。在圆形断面中，炮眼多布置成同心圆形。掏槽方式有直眼掏槽和锥形斜眼掏槽。炮眼比较深时，为了打眼方便和防止崩坏井内设备多采用直眼掏槽。但在中硬以上岩层中进行深孔爆破时，直眼掏槽往往受岩石的夹制，难于保证良好效果。为此，除选用高威力炸药和加大药量外，可采用二阶或三阶掏槽，即布置多圈掏槽眼，并按圈分次爆破，由内向外逐圈扩大加深掏槽。

掏槽眼圈径为 1.2～2.2 m，相邻每圈间距 0.2～0.3 m，掏槽眼间距为 0.6～0.8 m；辅助眼布置的圈间距一般为 0.7～1.0 m，辅助眼间距一般为 0.8～1.0 m；周边眼距井帮设计位置约为 0.1 m，周边眼间距按光面爆破要求为 0.4～0.6 m。

装药方式一般采用连续装药，为了达到光面爆破的目的，周边眼可以采用不耦合装药或间隔装药。由于井筒断面较大，炮眼多，工作条件较差，为防止因个别炮眼连线有误而酿成全网路的拒爆，一般不用串联，而用并联或串并联。

放炮电源一般采用地面的 220 V 或 380 V 的交流电，其电压不得超过 380 V。若是一次起爆的雷管数目较多，并联不能满足准爆电流要求时，可以采用串并联方式。在有瓦斯的工作面实施爆破时，采用有 6 ms 限时装置的防爆型放炮开关。

③ 爆破安全

装配起爆药卷的工作，可在地面专用的房间内进行。专用房间距井筒、厂房、建筑物和主要通路的安全距离必须符合国家有关规定，且距离井筒不得小于 50 m。严禁将起爆药卷与炸药装在同一爆炸材料容器内运往井底工作面。

连线时必须切断井下一切电源，用矿灯照明，信号装置及带电物体也提至安全高度。在立井放炮时，只有在爆破人员完成装药和连线工作，将所有井盖门打开，井筒、井口房内的人员全部撤出，设备、工具提升到安全高度后，方可在井口 50 m 以外由专职放炮员放炮。

放炮电缆在井筒内必须单绳独立吊挂。爆破通风排出炮烟后，经检查确认安全后，才允许作业人员下井。首先应清除崩落在井圈上、吊盘上或其他设备上的矸石。爆破后乘吊桶检查井底工作面时，吊桶不得蹾撞工作面。

2.1.2.1.2 装岩提升工作

在立井施工中，装岩提升工作是最费工时的工作，它占整个掘进工作循环时间的 50%～60%，是决定立井施工速度的关键工作。

(1) 装岩工作

目前立井施工已普遍采用抓岩机装岩，实现了装岩机械化。我国生产的抓岩机有：NZQ_2—0.11 型抓岩机、长绳悬吊抓岩机（HS 型）、中心回转式抓岩机（HZ 型）、环行轨道式抓岩机（HH 型）和靠壁式抓岩机（HK 型）。煤矿立井施工目前主要以中心回转式抓岩机为主，其结构如图 2-10 所示，固定在吊盘的下层盘或稳绳盘上，以压气作动力，由一名抓岩机司机操作。抓斗利用变幅机构作径向运动，利用回转机构作圆周运动，利用提升机构通过悬吊钢丝绳使抓斗作上下运动。司机在司机室内控制抓斗抓岩，距工作面高度不宜超过 15 m。

HZ 型中心回转抓岩机以前一般适用于井径 4～6 m，井深 400～600 m 的井筒，并与 2～3 m^3 吊桶配套使用较为适宜。目前，随着井筒直径的增大，工作面可配置 2～3 台中心回转抓岩机，另外配置 1 台小型电动挖掘机，与 5 m^3 吊桶配套使用效果较好。

HH 型环行轨道抓岩机一般适用于大型井筒。当井径大于 7 m、井筒深度大于 500 m 时，可与 FJD—9 型伞钻和 3～4 m^3 大吊桶配套，采用短段平行作业或短段单行作业较为适

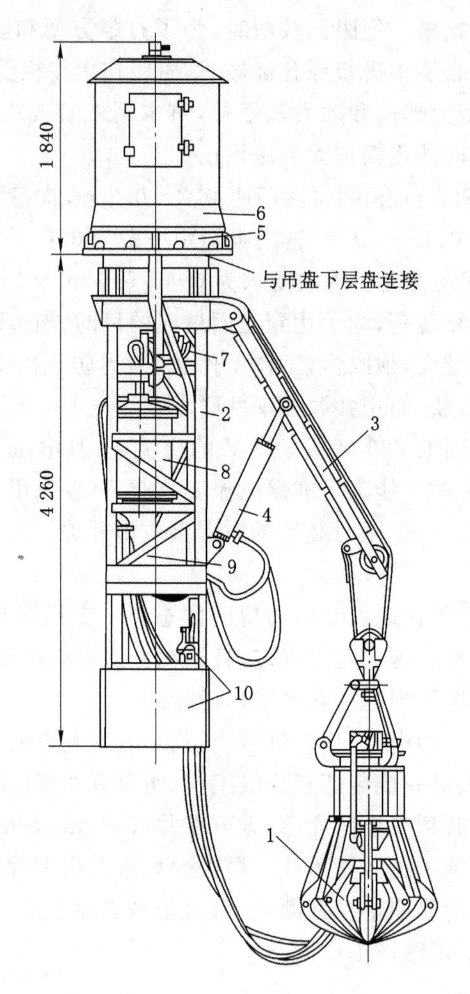

图 2-10　中心回转抓岩机

1——抓斗;2——机架;3——臂杆;4——变幅油缸;5——回转结构;
6——提升绞车;7——回转动力机;8——变幅气缸;9——增压油缸;10——操作阀和司机室

宜。但目前环形轨道抓岩机应用较少。

HS 型长绳悬吊抓岩机由提吊装置(绞车)、抓斗、钢丝绳和绞车遥控系统组成。绞车安装于地面,钢丝绳通过井架天轮放至井下悬吊抓斗。由井下遥控地面绞车正反运转,实现抓斗升降;控制操纵阀,使抓斗启闭;用人力推拉,使抓斗移动抓取工作面矸石。由于靠人力操纵,机械化程度低,劳动强度大,多用于井筒直径较小的浅井。

提高装岩生产率是缩短装岩提升工序时间的重要途径。为此,应注意以下几点:

① 注意抓岩机的维修保养,使其处于良好的工作状态,提高抓岩机的工时利用率。

② 加大炮眼深度,提高爆破效果(岩石块度、一次爆破矸石量、工作面的平整度),以加快抓岩速度和减少清底时间。

③ 提高操作技术,使抓斗抓取矸石和向吊桶投放动作准确。为了保证司机视线清晰,装桶准确,距工作面高度不宜超过 15 m。

④ 吊桶容积要与抓斗容积相适应(5～6 倍),吊桶直径应与抓斗张开直径相适应

(0.8),保证装岩时几乎没有矸石撒出,并力争提升矸石能力满足抓岩能力的要求。

⑤ 综合治水,打干井,改善作业条件。

(2) 提升工作

井筒施工时提升工作的主要任务是及时排除井筒工作面的矸石、下放器材、设备以及升降作业人员,一般要求保证提升能力大于装岩能力。提升系统一般由提升容器、钩头联结装置、提升钢丝绳、天轮、提升机以及提升所必需的导向稳绳和滑架组成。根据井筒断面的大小,可以设1～2套单钩提升或一套单钩和一套双钩提升。选择的提升方式和提升系统稍加改装,还应能服务于二期和三期工程的巷道施工以及井筒永久装备工作。

① 提升容器及其附属装置

井筒提升工作中,提升容器主要是吊桶,一般有两种:一种是矸石吊桶,主要用于提矸、升降人员和提放物料,当井内涌水量小于8 m^3/h时,还可用于排水;另一种是底卸式吊桶,主要用于砌壁时下放混凝土拌合料。吊桶的附属装置包括钩头及其联结装置、缓冲器、滑架等,一般根据吊桶的特征进行选择。当由井筒施工转入井底车场和巷道施工时,提升容器则由吊桶改为凿井罐笼。

② 提升钢丝绳

立井井筒施工中提升钢丝绳一般采用多层股不旋转圆形钢丝绳。根据《煤矿安全规程》的规定:用于专为升降人员或提升物料和人员的钢丝绳,其钢丝的韧性应不低于特号标准;而用于升降物料或平衡的钢丝绳则应不低于1号韧性标准。钢丝绳直径一般根据提升的终端荷载、钢丝绳的最大悬长、钢丝绳钢丝的强度和安全系数进行计算确定。对于钢丝绳的安全系数,专门用于提升人员时不低于9;用于提升人员兼物料时也不低于9;专门用于提升物料时不低于7.5;悬挂吊盘、水泵、排水管、抓岩机等用的钢丝绳不低于6。

升降人员或升降人员和物料用的钢丝绳,自悬挂时起每隔6个月检验1次;升降物料用的钢丝绳,自悬挂时起12个月时进行第1次检验,以后每隔6个月检验1次。悬挂吊盘的钢丝绳,每隔12个月检验1次。钢丝绳做定期检验时,安全系数不满足要求时必须更换。

③ 提升机与辅助设施

立井井筒施工提升机主要采用单绳缠绕式滚筒提升机,该提升机由滚筒、主轴及轴承、减速器及电机、制动装置、深度指示器、配电及控制系统和润滑系统等部分组成。立井井筒施工提升机的选择应满足凿井、车场巷道施工和井筒安装的不同要求。对于拟将服务于车场巷道施工的井筒(主井、风井),提升机的选择还应配置双滚筒,以便于改装成临时罐笼。井筒提升辅助设施包括提升天轮,提升容器运行的导向稳绳、稳绳天轮、稳绳悬吊绞车等。井筒提升系统必须保证提升能力大于井下抓岩机的工作能力,以充分发挥抓岩机的工作性能,为加快井筒的掘进速度打好基础。

立井开凿时,为了悬挂吊盘、砌壁模板、安全梯、吊泵和一系列管路缆线,还必须合理选用相应的悬吊设备。设备或设施悬吊系统由钢丝绳、悬吊天轮及凿井绞车等组成。

(3) 立井提升的安全规定

① 凿井提升机滚筒上缠绕的钢丝绳层数严禁超过下列规定:

a. 立井中升降人员或升降人员和升降物料的为1层,专为升降物料的为2层。

b. 建井期间升降人员和物料的为2层。

② 提升速度

a. 用罐笼升降人员时的加速度和减速度，都不得超过0.75 m/s^2，其最大速度不得超过 $0.5\sqrt{提升高度(m)}$ m/s，且不得超过12 m/s。立井中用吊桶升降人员时的最大速度：在使用钢丝绳罐道时，不得超过上述公式求得数值的1/2；无罐道时，不得超过1 m/s。

b. 用罐笼升降物料的最大速度，不得超过 $0.6\sqrt{提升高度(m)}$ m/s。立井中用吊桶升降物料时的最大速度：在使用钢丝绳罐道时，不得超过用上述公式求得数值的2/3；无罐道时，不得超过2 m/s。

③ 立井提升装置的过卷和过放应符合下列规定：

a. 罐笼和箕斗提升，过卷高度和过放距离不得小于表2-1所列数值。

表2-1　　立井提升装置的过卷高度和过放距离

提升速度/(m/s)	≤3	4	6	8	≥10
过卷高度、过放距离/m	4.0	4.75	6.5	8.25	10.0

说明：提升速度为表中所列速度的中间值时，用插值法计算。

b. 吊桶提升，其过卷高度不得小于按表2-1确定值的1/2。

c. 在过卷高度或过放距离内，应安设性能可靠的缓冲装置。

④ 井口、井底安全管理

a. 井口和井底车场必须有把钩工。

b. 人员上下井时，必须遵守乘罐制度，听从把钩工指挥。

c. 严禁在同一罐笼或吊桶内人员和物料混合提升。

⑤ 提升人员的安全规定

立井凿井期间，采用吊桶升降人员时，必须遵守下列规定：

a. 应采用不旋转提升钢丝绳。

b. 吊桶必须沿钢丝绳罐道升降，吊桶上方必须装保护伞。在凿井初期，尚未装设罐道时，吊桶升降距离不得超过40 m；凿井时吊盘下面不装罐道的部分也不得超过40 m；井筒深度超过100 m时，悬挂吊盘用的钢丝绳不得兼作罐道使用。

c. 吊桶内每人占用的底面积不得小于0.2 m^2，吊桶边缘上不得坐人；装有物料的吊桶不得乘人，吊桶的装满系数必须小于0.9。

d. 用自动翻转式吊桶升降人员时，必须有防止吊桶翻转的安全装置。严禁用底开式吊桶升降人员。

e. 吊桶提升到地面时，人员必须从井口平台进出吊桶。双吊桶提升时，井盖门不得同时打开。

f. 主要提升装置必须配有正、副两名司机，在交接班升降人员的时间内，必须正司机操作，副司机监护。

(4) 排矸工作

立井井筒在掘进时，井下矸石通过吊桶提升到地面井架上翻矸台后，通过翻矸装置将矸石卸出，矸石通过溜矸槽或矸石仓卸入汽车或矿车，然后运往排矸场地。

① 翻矸方式

地面翻矸方式有人工翻矸和自动翻矸两种。其中自动翻矸装置包括座钩式、翻笼式和链球式。目前最常用的为座钩式自动翻矸方式。这种翻矸方式具有操作时间短、构造简单、加工安装方便、工作安全可靠等优点。

② 排矸方法

井筒施工的地面排矸方法一般采用汽车排矸或矿车排矸。汽车排矸机动灵活、排矸能力大、速度快，在井筒施工初期多采用这种方式，矸石可运往工业广场进行平整场地。矿车排矸简单、方便，主要用于井筒施工的后期，矸石可直接利用自卸式矿车运往临时矸石山。

近年来，随着我国立井施工机械化程度的提高，装岩提升能力的增大，要求地面排矸必须加快速度。将矸石直接卸到井架外地面上，利用装载机进行二次装载，汽车排矸，已成为目前各立井施工的主要排矸方法。

2.1.2.1.3　井筒支护工作

井筒向下掘进一定深度后，应及时进行井筒的支护工作，以支承地压、固定井筒装备、封堵涌水以及防止岩石风化破坏等作用。根据岩石的条件和井筒掘砌的方法，可掘进 1～2 个循环即进行永久支护工作，也可以往下掘进一定的深度后再进行永久支护工作，这时为保证掘进工作的安全，必须及时进行临时支护。

(1) 临时支护

采用普通法凿井时，永久支护或临时支护到工作面的距离不得大于 2 m；采用伞钻打眼时，其间距不得大于 4 m，但必须制定防止片帮的措施。在这个范围内，因围岩暴露高度不大，暴露时间不长，在进行永久支护之前不会片帮，这时可不采用临时支护。

一般情况下，为了确保工作安全都需要进行临时支护。长期以来，井筒掘进的临时支护都是采用井圈背板。这种临时支护在通过不稳定岩层或表土层时，是行之有效的。但是，材料消耗量大，拆装费工费时。在井筒基岩段施工时，采用锚喷支护作为临时支护具有很大的优越性，它克服了井圈背板临时支护的缺点，现已被广泛采用。

(2) 永久支护

立井井筒永久支护是井筒施工中的一个重要工序。根据所用材料不同，井筒永久支护有料石井壁、混凝土井壁、钢筋混凝土井壁和锚喷支护井壁，目前多采用整体式混凝土井壁。浇筑井壁的混凝土，其配合比和强度必须进行试验检查。在地面混凝土搅拌站搅拌好的混凝土，经输送管或吊桶输送到井下浇筑到模板内。

浇筑混凝土井壁的模板有多种。采用长段掘砌单行作业和平行作业时，多采用液压滑升模板或装配式金属模板。采用短段掘砌混合作业时，多采用金属整体移动式模板。目前，短段掘砌混合作业方式在施工立井中被广泛应用，金属整体移动式伸缩模板得到了普遍地应用。使用最为普遍的 YJM 型金属伸缩式模板结构如图 2-11 所示。它由模板主体、刃脚，缩口模板和液压脱模液装置等组成，其结构整体性好、几何变形小、径向收缩量均匀，采用同步增力单缝式脱模机构，使脱模、立模工作简便易行。这种金属整体移动式模板用钢丝绳悬吊，立模时将它放到预定位置，用伸缩装置将它撑开到设计尺寸。浇筑混凝土时将混凝土直接通过浇筑口注入，并进行振捣。金属整体移动式模板的高度，一般根据井筒围岩的稳定性和施工段高来决定，在稳定岩层中可达到 3.5～4.5 m。

在我国，部分矿井井筒也可采用锚喷支护作为井筒永久支护，特别是在无提升设备的井筒中，采用锚喷支护作为永久支护可使施工大为简化，施工机械化程度也大为提高，并且减

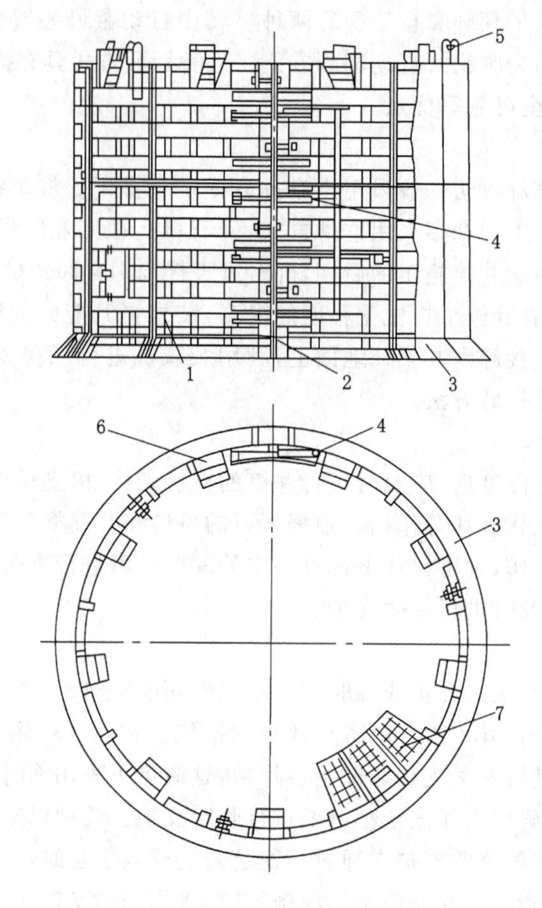

图 2-11　金属伸缩式模板结构

1——模板主体；2——缩口模板；3——刃脚；4——液压脱模装置；5——悬吊装置；
6——浇筑口；7——工作台

少了井筒掘进工程量。实践表明，凡是在中硬以上稳定的岩层中，涌水量小于 5 m^3/h 时可以考虑采用锚喷支护作为井筒永久支护。

(3) 保证井壁质量的措施

① 模板

钢板的厚度应满足模板强度和刚度要求，且不小于 3.5 mm。要求模板组装后，其外沿半径应大于井筒设计净半径的 10～40 mm。模板上下面应保持水平，其允许偏差值不超±10 mm。能重复使用的模板，在使用前必须修整和清理。

② 混凝土配制与输送，应符合下列规定：

a. 混凝土的配制应符合设计和《混凝土结构工程施工质量验收规范》(GB 50204—2015)的要求。有条件的地方应使用商品混凝土。

b. 输送混凝土可使用底卸式吊桶，也可使用无缝钢管管路输送。对于设计强度大于 C40 的干硬性高强混凝土，则不宜采用管路输送。

由于混凝土在管路中降落时，砂浆易黏附于管壁，加之石子比重大，使砂浆与石子的运动速度悬殊，产生混凝土的离析，甚至造成管路堵塞。为减少和防止这类现象的发生，应严格按规定配比拌制混凝土，石子粒径不得大于 40 mm，细骨料宜用中砂，水灰比控制在 0.6 左右，坍落度应大于 150 mm；采用直径为 150 mm 无缝钢管，末端应安设缓冲装置。

采用底卸式吊桶输送混凝土，能改善拌合料的离析现象，但它需在井下进行二次搅拌。而其最主要的缺点是输送速度慢，并要占用井内提升设备，增加了施工的复杂性。

③ 混凝土质量控制要求

a. 严格按施工设计控制水灰比和添加剂的掺量。

b. 浇捣时，井筒淋水会使水泥浆流失造成井壁质量降低。因此，对上部井壁的淋水，如果水量较大，可采用壁后注浆；淋水较小时，用截水槽拦截，然后排至地面或导至井底。对于未砌壁段，可用喷射混凝土封堵，或埋设导水管导出。

c. 混凝土应对称入模、分层浇筑，并及时进行振捣。每层浇筑高度宜为 0.25～0.35 m。

d. 脱模时的混凝土强度应控制为：整体金属移动模板 0.7～1.0 MPa，普通钢木模板 1.0 MPa，滑升模板 0.05～0.25 MPa。井壁混凝土养护周期不少于 14 d。

采用混凝土、喷射混凝土作为井壁的支护材料时，必须进行混凝土、喷射混凝土的强度试验。当井壁的混凝土、喷射混凝土的试块资料不全或判定质量有异议时，应采用超声检测法复测，若强度低于规定时，应查明原因，并采取补强措施。

2.1.2.1.4 立井施工辅助工作

(1) 通风工作

井筒施工中，工作面必须不断地通入新鲜空气，以清洗和冲淡岩石中和爆破时产生的有害气体，保证工作人员的身体健康。立井掘进的通风是由设置在地面的通风机和井内的风筒完成的。当采用压入式通风时，即通过风筒向工作面压入新鲜空气，污风经井筒排出，井筒内污浊空气排出缓慢，一般适用于井深小于 400 m 的井筒。而采用抽出式通风时，即通过风筒将工作面污浊空气向外抽，这时井筒内为新鲜空气，施工人员可尽快返回工作面。当井筒较深时，采用抽出式为主，辅以压入式通风，可增大通风系统的风压，提高通风效果，该方式是目前深井施工常用的通风方式。

立井施工通风工作中，风机主要采用 BKJ 系列轴流式局部通风机，也有采用离心式通风机。根据实际情况，一般采用两台不同能力的风机并联，其中能力大的用于爆破后抽出式通风用，另一台作为平时通风用。风筒的直径一般为 0.6～1.0 m，可采用胶皮风筒、铁风筒和玻璃钢风筒。压入式通风采用胶皮风筒，抽出式通风采用铁风筒或玻璃钢风筒。风筒一般采用钢丝绳双绳悬吊或者固定在井壁上，随着井筒的下掘而不断下放或延伸。

(2) 井筒涌水的处理

井筒施工中，井内一般都有较大涌水，它不仅影响施工速度、工程质量和劳动效率，严重时还会给人们带来灾害性的危害。因此必须采取有效措施，综合处理井筒涌水。施工规范规定，立井井筒施工，当通过涌水量大于 10 m^3/h 的含水岩层时，应采取注浆堵水等治水措施。除此之外，立井施工时防治水的措施还有导水与截水、钻孔泄水和井筒排水等。

① 注浆堵水

注浆堵水就是用注浆泵经注浆孔将浆液注入含水岩层内，使之充满岩层的裂隙并凝结硬化，堵住地下水流向井筒的通路，达到减少井筒涌水量和避免渗水的目的。注浆堵水有两种方法：一种是为了打干井而在井筒掘进前向围岩含水层注浆堵水，这种注浆方法称为预注浆，根据工作地点和时间的不同，又分为地面预注浆和工作面预注浆；另一种是为了封住井壁渗水而在井筒掘砌完后向含水层段的井壁注浆，称为壁后注浆。

a. 地面预注浆。地面预注浆的钻注浆孔和注浆工作都是在建井准备期在地面进行的，不占用施工工期。一般认为地面预注浆适用于含水层厚度较大，深度不超过 500 m，或者虽然含水层不厚，但是层数较多而且间距较小。地面预注浆孔的数量宜为 3～8 个，可布置在井筒内或距井筒外径 1.0～2.0 m 的圆周上。注浆孔的深度，应超过所注含水层底板以下 10 m。当井筒底部位于含水层中，终孔的深度应超过井筒底部 10 m。

注浆时，若含水层比较薄，可将含水岩层一次注完全深。若含水层比较厚，则应分段注浆。分段注浆时，每个注浆段的段高应视裂隙发育程度而定，裂隙越发育段高应越小，一般在 15～30 m 之间。分段注浆的顺序有两种：一种是自上向下分段钻孔，分段注浆。这种注浆方式注浆效果好，但注浆孔复钻工程量大；另一种是注浆孔一次钻到含水层以下 3～4 m，而后自下向上借助止浆塞分段注浆。这种注浆方式的注浆孔不需要复钻，但注浆效果不如前者。特别是在垂直裂隙发育的含水岩层内，自下向上分段注浆更不宜采用。

b. 工作面预注浆。当含水岩层埋藏较深时，采用井筒工作面预注浆是比较合适的。井筒掘进到距含水岩层一定距离时便停止掘进，构筑混凝土止水垫，随后钻孔注浆。当含水层上方岩层比较坚固致密时，可以留岩帽代替混凝土止水垫，然后在岩帽上钻孔注浆。止水垫或岩帽的作用是为了防止冒水跑浆，保证注浆工作的安全。工作面预注浆注浆孔间距取决于浆液在含水岩层内的扩散半径，一般为 1.0～2.0 m。当含水岩层裂隙连通性较好而浆液扩散半径较大时，可以减少注浆孔数目。

它的优点是钻孔、注浆工程量小；可以根据裂隙方向布置钻孔，钻孔偏斜影响小，注浆效果可从后期注浆孔和检查孔的涌水量直接观察到。缺点是工作面狭窄，设备安装和操作不便，一般需占用井筒施工工期 1～2 个月。

c. 壁后注浆。井筒掘砌完成后，往往由于井壁质量欠佳而造成井壁渗水。这对井内装备、井筒支护寿命和工作人员的健康都十分不利，而且还增加了矿井排水费用。壁后注浆不但起到封水作用，而且也是加固井壁的有效措施。因此，施工规范规定：建成后的井筒或正施工的井壁段的漏水量，深度小于 600 m 的井筒超过 6 m^3/h，深度大于 600 m 的井筒超过 10 m^3/h，或井壁有集中漏水超过 0.5 m^3/h 的出水点时，应进行壁后注浆处理。

壁后注浆，一般是自上而下分段进行。注浆段高，视含水层赋存条件和具体出水点位置而定，一般段高为 15～25 m。注浆时，井壁必须有承受最大注浆压力的强度。

井筒围岩裂隙较大和出水较多的地段，应在砌壁时预埋注浆管。在没有预埋注浆管而在砌壁后发现井壁裂缝漏水的区段，可用凿岩机打眼埋设注浆管。注浆孔的深度应透过井壁进入含水岩层 100～200 mm。在表土层内，为了避免透水涌砂，注浆孔的深度应小于井壁厚度 200 mm；双层井壁时，注浆孔应穿过内层井壁进入外层井壁，进入外层井壁深度不应大于 100 mm。这时只能进行井壁内注浆填塞井壁裂隙，达到加固井壁和封水的目的。

d. 注浆浆液。目前应用的注浆材料主要有水泥浆液、水泥—水玻璃浆液等。

水泥浆液是由水泥和水以 2∶1～0.5∶1 的水灰比调制而成的浆液，是一种广泛应用的基本浆液材料。水泥浆液具有材料来源广、结石强度高、注浆工艺简单和工作安全无毒等优点。但是，水泥颗粒较粗，水泥浆液有易离析、稳定性差和凝固时间较长等缺点。因此，水泥浆液通常用在裂隙宽度大于 0.15 mm 的含水岩层中注浆堵水。

水泥—水玻璃浆液，是由水泥浆液和水玻璃的水溶液在注浆孔口或孔内混合而成的。

水玻璃浆液凝胶时间短，可注性和可控性较好，结石体强度较高，是一种被广泛应用的化学注浆方法。这种浆液结石率高、堵水效果好、凝胶时间由几秒到几十分钟可以控制，并且可注性较水泥浆液好。但是利用水泥—水玻璃浆液注浆是双液注浆，注浆工艺比较复杂。这种浆液适用于堵塞基岩中具有一定流速的地下水流。

② 井筒排水

根据井筒涌水量大小不同，工作面积水的排出方法可分为吊桶排水、吊泵和卧泵排水。吊桶排水是用风动潜水泵将水排入吊桶或排入装满矸石吊桶的空隙内，用提升设备提到地面排出。吊桶排水能力与吊桶容积和每小时提升次数有关。井筒工作面涌水量不超过 8 m^3/h 时，采用吊桶排水较为合适。

吊泵排水是利用悬吊在井筒内的吊泵将工作面积水直接排到地面或排到中间泵房内，卧泵排水是利用布置在吊盘上的卧泵将工作面积水直接排到地面。吊泵或卧泵排水井筒工作面涌水量以不超过 40 m^3/h 为宜。否则，井筒内就需要设多台吊泵或卧泵同时工作，占据井筒较大的空间，对井筒施工十分不利。目前我国井筒施工所选用的吊泵有 NBD 型吊泵和高扬程 80DGL 型吊泵，其最大扬程可达 750 m；卧泵有 D 系列和 DC 系列，扬程可达到近千米。

卧泵排水时，必须与风动潜水泵进行配套排水。也就是用潜水泵将水从工作面排到吊盘上水箱内，然后用卧泵再将水箱内的水排到地面。卧泵排水不占用井筒的作业空间，不影响中心回转式抓岩机和环行轨道式抓岩机抓岩，并且故障率小。

当井筒深度超过水泵扬程时，就需要设中间泵房进行多段排水。用吊泵或卧泵将工作面积水排到中间泵房，再用中间泵房的卧泵排到地面。

③ 导水与截水

在井筒施工时，为了防止井筒淋水将混凝土冲洗流失，保证混凝土井壁施工质量，减少淋水和掘进工作面的积水，改善施工条件，对淋水进行导或截的方法处理。

在立模和浇灌混凝土前或在有集中涌水的岩层，可预先埋设导管，将涌水集中导出。导管的数量以能满足放水为原则。导管的另一端伸出井壁，以便砌壁结束后注浆封水。导管伸出端的长度不应超过 50 mm，以免影响吊盘起落和以后井筒永久提升。

对于永久井壁的淋水，应采用壁后注浆封水。如淋水不大，可在渗水区段下方砌筑永久截水槽，截住上方的淋水，然后用导水管将水引入水桶（或腰泵房），再用水泵排出地面。若井帮淋水不大且距地表较远时，将截水用导水管引至井底与工作面积水一同排出。

若井筒开挖前已有巷道预先通往井筒底部，而且井底水平已构成排水系统，这时可采用钻孔泄水，可为井筒顺利施工创造条件。这种情况多用于改扩建矿井。

(3) 其他辅助工作

① 压风和供水工作

立井井筒施工中，工作面打眼、装岩和喷射混凝土作业所需要的压风和供水等动力是通过并列吊挂在井内的压风管（一般 $\phi150$ 钢管）和供水管（一般 $\phi50$ 钢管），由地面送至吊盘上方，然后经三通、高压软管、分风（水）器和胶皮软管将风、水引入各风动机具。

井内压风管和供水管可采用钢丝绳双绳悬吊，地面设置凿井绞车悬挂，随着井筒的下掘不断下放；也可直接固定在井壁上，随着井筒的下掘而不断向下延伸。工作面的软管与分风（水）器均采用钢丝绳悬吊在吊盘上，放炮时提至安全高度。

② 照明与信号

井筒施工中，良好的照明能提高施工质量和效率，减少事故的发生。因此在井口和井内，凡是有人操作的工作面和各盘台，均应设置足够的防爆、防水灯具。但在进行装药连线时，必须切断井下一切电源，使用矿灯照明。

立井井筒施工时必须建立以井口为中心的全井筒通讯和信号系统。通讯应保证井上下与调度指挥之间的联系。信号以井下掘进工作面、吊盘及腰泵房与井口房之间，建立各自独立的信号联系。同时，井口信口房又可向卸矸台、提升机房及凿井绞车房发送信号。信号分机械式和电气信号两种，机械式信号只作井下发生突然停电等事故时的辅助紧急信号，或用于深度小于 200 m 的浅井中。目前使用最普遍的是声、光兼备的电气信号系统。

③ 测量工作

井筒施工过程中必须做好测量工作。井筒中心线是井筒测量的关键，在设置垂球测量的同时，平时一般采用激光指向仪投点。激光指向仪安设在井口封口盘下 4～8 m 处固定盘上方 1 m 处的激光指向仪架上，井筒每掘进 10～15 m 应校正一次。当井筒深度很深时，可采用千米激光指向仪或将仪器移设到井筒深部适当位置，以确保测量精度。

边线（包括中心线）可用垂球挂线，垂球重不得小于 30 kg（井深大于 200 m），悬挂钢丝或铁丝应有 2 倍安全系数。边线一般设 6～8 根，固定点设在井盖上，也可固定在井壁上。

④ 安全梯

凿井时，井筒内必须设置安全梯，以备井筒停电或发生突然冒水等其他意外事故时工人可借助井内所设置的安全梯迅速撤离工作面。安全梯用角钢制作，由若干节拼装而成。为安全起见，安全梯需设护圈。安全梯的高度应使井底全部人员在紧急状态下都能登上梯子，然后提至地面。安全梯必须采用配有应急电源的专用绞车悬吊。

2.1.2.1.5　凿井施工结构物及布置

立井井筒施工的凿井结构物及设备包括：凿井井架、卸矸台、封口盘、固定盘、吊盘、凿井绞车和凿井提升机等。凿井结构物的布置如图 2-12 所示。

(1) 凿井井架

凿井井架亦称临时井架，是专为凿井提升及悬吊设备而设立的，建井结束后将其拆除，再在井口安装生产用的永久井架。凿井井架由天轮房、天轮平台、主体架、卸矸台、扶梯和基础等部分组成。由于四面具有相同的稳定性，天轮及地面提绞设备可以在井架四周对称布置。

目前亭式井架有 5 个型号，通常根据井筒直径、深度和施工设备情况进行选用。根据规定，凿井井架的选择应符合下列要求，即能安全地承受施工荷载及特殊荷载；角柱的跨度和天轮平台的尺寸，应满足提升及悬吊设施的天轮布置要求和矿井各施工阶段不同提升方式的要求；井架四周围板及顶棚不得使用易燃材料。另外，还应考虑保证足够的过卷高度、伞钻进出的高度。

天轮平台是凿井井架的重要组成部分，由 4 根边梁和 1 根中梁组成“日”形结构。天轮平台需要承受全部悬吊设备荷载和提升荷载。天轮平台上设有天轮梁和天轮，为避免钢丝绳与天轮平台边梁相碰，有时还要增设导向轮。

为了满足超大深立井施工的需求，我国研制了适合大型立井井筒施工的新型凿井井架。该系列井架中梁采用双梁“目”形结构，两根主梁相对井架中心对称布置，有利于天轮平台的

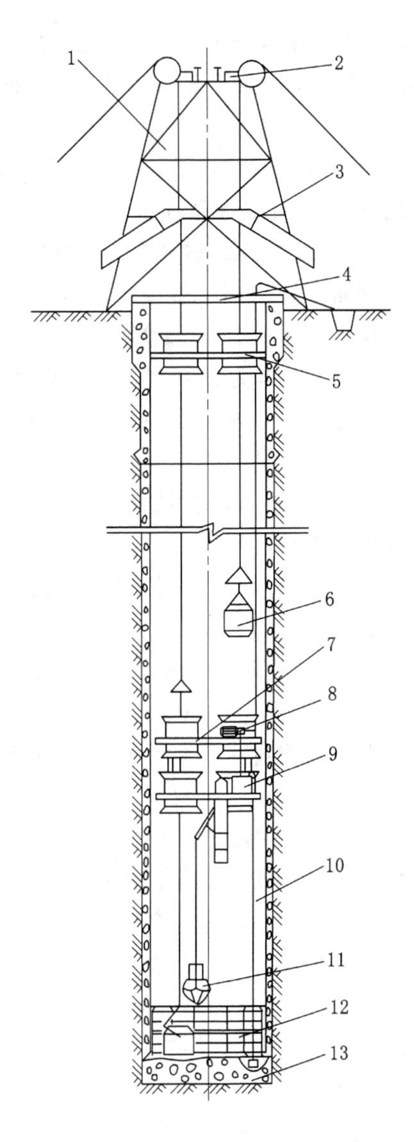

图 2-12　立井井筒施工示意图

1——凿井井架；2——天轮平台；3——卸矸台；4——封口盘；5——固定盘；6——吊桶；7——吊盘；8——卧泵；9——水箱；10——潜水泵；11——抓岩机；12——模板；13——掘进工作面

布置，使井架中心线与井筒中心线重合，增大天轮平台的使用面积，便于制作和安装，使凿井井筒直径可达 9～12 m。

有些矿井的井筒在施工前由于永久井架(塔)已施工完毕，这时可利用永久井架(塔)代替凿井井架进行井筒施工，可有效缩短主副井交替装备工期和提高提升运输能力，达到缩短建设工期的目的；同时，也有益于设备和设施的利用效率，能够取得较好的经济效益。

(2) 卸矸台

卸矸台是用来翻卸吊桶矸石的工作平台，它是一个独立的结构，通常布置在凿井井架主体架的下部第一层水平连杆上。卸矸台上设有溜槽和翻矸设施。排矸时，矸石吊桶提到卸矸台后，利用翻矸设施将矸石倒入溜槽，再利用矿车或汽车进行排矸。

卸矸台要有一定的高度，保持溜槽具有35°～40°倾角，使矸石能借自重下滑到排矸车辆内。卸矸台的高度，还必须满足伞钻在井架下移运的要求，一般不小于10.0 m。

(3) 封口盘与固定盘

封口盘是设置在井口的工作平台，又称井盖。它是作为升降人员、设备、物料和装拆管路的工作平台。同时也是防止从井口向下掉落工具杂物，保护井上下人员安全的结构物。封口盘一般采用钢木结构，由梁格、盘面铺板、井盖门和管道通过孔口盖门等组成。封口盘上的各种孔口必须加盖封严。盘面标高应高于最高洪水位，并应高出地面200～300 mm。

固定盘是为了进一步保护井下人员安全而设置的，它位于封口盘下4～8 m处。固定盘上通常安设有井筒测量装置，有时也作为接长风筒、压风管、供水管和排水管的工作台。固定盘以梯子与地面相通。固定盘采用钢木混合结构，吊桶的通过孔口设置栏杆或喇叭口。

(4) 吊盘与稳绳盘

吊盘是井筒内的工作平台，多以双绳悬吊在地面的凿井绞车上，可以沿井筒上下升降。它主要用作浇筑井壁的工作平台，同时还用来保护井下安全施工，未设置稳绳盘时拉紧稳绳。在吊盘上还需安装中心回转抓岩机，设置临时水箱利用卧泵排水，以及其他设备。在井筒掘砌完毕后往往还要利用吊盘安装井筒设备。

由于吊盘要承受较大的施工荷载，为了避免翻盘，一般都采用双层吊盘，两层盘之间的距离应能满足永久井壁施工要求，通常为4～6 m。吊盘与井壁之间应有不大于100 mm的间隙，以便于吊盘升降，同时又不因间隙过大而向下坠物。吊盘固定时，与井壁之间的间隙用折页封盖。

吊盘的盘架由型钢组成，一般用工字钢作主梁，槽钢作圈梁。吊盘的两根主梁一般对称布置并与提升中心线平行，通常采用工字钢；次梁需根据盘上设备及凿井设备通过的孔口以及构造要求布置，通常采用工字钢或槽钢；圈梁一般采用槽钢冷弯制成。梁格布置需与井筒内凿井设备相适应，并应注意降低圈梁负荷。盘面的防滑网纹钢板也用螺栓固定在梁上。各层盘吊桶通过的孔口，采用钢板围成圆筒，两端做成喇叭口。喇叭口除保护人、物免于掉入井下外，还起提升导向作用，防止吊桶升降时碰撞吊盘。

稳绳盘的设置与否取决于井筒施工作业方式。当采用长段平行作业时，一定要设稳绳盘。稳绳盘用来拉紧稳绳、安设抓岩机等设备和保护掘进工作面作业人员的安全。

(5) 提升机与凿井绞车

提升机专门用于井筒施工的提升工作，凿井绞车主要用于悬吊凿井设备。凿井绞车主要有JZ和JZM两种系列，包括单滚筒和双滚筒及安全梯专用凿井绞车。凿井绞车一般根据其悬吊设备的重量和要求进行选择。

提升机和凿井绞车在地面的布置应尽量不占用永久建筑物位置，同时应使凿井井架受力均衡，标准亭式凿井井架可采用两面或四面布置。钢丝绳的弦长、绳偏角和出绳仰角均应符合规定值，凿井绞车钢丝绳之间和与附近通过的车辆之间均应有足够的安全距离。

(6) 天轮

凿井用的天轮按其用途可分为提升天轮和悬吊天轮两大类。凿井提升天轮按其公称直径有1 500 mm、2 000 mm、2 500 mm和3 000 mm四种。其中前两种又可分为铸钢和铸铁两种，而后两种只有铸钢天轮一种。悬吊天轮分单槽和双槽两类。双槽天轮用于悬吊各种管路和风筒。

2.1.2.1.6 井筒内施工设备及布置

施工时,井筒内布置的施工设备有吊桶、吊泵、抓岩机、安全梯以及各种管路和电缆等。这些施工设备布置得是否合理,对井筒施工、提升改装和井筒装备工作有很大的影响。

(1) 吊桶的布置

吊桶在井筒横断面上位置的确定应满足以下要求:

① 采用凿井提升机施工井筒时,应考虑地面地形条件是否有安设提升机的可能性。凿井提升机房的位置应不影响永久建筑物施工,并应力争井架受力比较均衡。

② 吊桶应尽量布置在永久提升间内,并使提升中心线与罐笼出车方向或箕斗井临时罐笼出车方向一致,以利于转入平巷施工时的提升设备改装和进行井筒永久装备工作。

③ 吊桶应尽量靠近地面卸矸方向一侧布置,使溜矸槽少占井筒有效面积,避免溜矸槽装车高度不足。

④ 吊桶与井壁及其他设备的间隙,必须满足有关规定。

(2) 抓岩机布置

抓岩机布置的位置,应使抓岩工作不出现死角,有利于提高抓岩生产率。中心回转式抓岩机和长绳悬吊抓岩机应尽量靠近井筒中心布置。同时又不应影响井筒中心的测量工作。

(3) 吊泵布置

吊泵的位置应靠近井帮,使之不影响抓岩工作。为了使吊泵出入井口和接长排水管方便,吊泵必须躲开溜矸槽位置。

在吊桶、抓岩机和吊泵等主要设备的位置确定后,便可确定吊盘和封口盘等主梁位置及梁格结构。安全梯、风筒和压风管等,应结合井架型号、地面绞车布置条件和允许的出绳方向,在满足安全间隙的前提下予以适当布置。

根据井筒内施工设备布置,便可以进行天轮平台和地面提绞设备布置。当天轮平台或地面提绞设备布置遇到困难时,应重新调整井筒内施工设备布置,直至井内、天轮平台和地面布置均为合适时为止。

2.1.2.2 立井井筒的施工作业方式

立井井筒施工根据掘进、砌壁和安装三大工序在时间和空间的不同安排方式,施工方式可分为掘、砌单行作业,掘、砌平行作业,掘、砌混合作业和掘、砌、安一次成井。

(1) 掘、砌单行作业

立井井筒掘进时,将井筒划分为若干段高,自上而下逐段施工。在同一段高内,按照掘、砌交替顺序作业称为单行作业。由于掘进段高不同,单行作业又分为长段单行作业和短段单行作业。

井筒掘进段高是根据井筒穿过岩层的性质、涌水量、临时支护形式、井筒施工速度以及施工工艺来确定的。段高直接关系到施工速度、井壁质量和施工安全。由于影响段高的因素有很多,必须根据施工条件全面分析、综合考虑、合理确定。

① 长段单行作业。长段单行作业是在规定的段高内,先自上而下掘进井筒,同时进行临时支护,待掘至设计的井段高度时,即由下而上砌筑永久井壁,直至完成全部井筒工程。

采用挂圈背板临时支护时,段高一般以 30～40 m 为宜,最大不应超过 60 m,支护时间不得超过一个月。目前在井筒基岩段施工中由于挂圈背板临时支护材料消耗大,经济效益不明显,安全可靠性也相对较低,已很少采用。

采用锚喷临时支护时，由于井帮围岩得到及时封闭，消除了岩帮风化和出现危岩垮帮等现象，可以采用较大段高。现场为了便于成本核算和施工管理，往往按月成井速度来确定段高。锚喷临时支护的结构和参数应视井筒岩性区别对待。

长段单行作业的缺点是需要进行临时支护，增加施工成本和工期，优点是可以较好地保证井筒施工质量，减少混凝土接茬缝。该种作业方式一般在煤矿井身施工中不常见，多用在金属矿山岩石条件较好的立井施工和煤矿的立井壁座施工中。

② 短段掘、砌单行作业。短段掘、砌单行作业是在 2～5 m(应与模板高度一致)较小的段高内，掘进后即进行永久支护，不用临时支护。为便于下一循环的打眼工作，爆破后矸石暂不全部清除。砌壁时立模、稳模和浇灌混凝土都在浮矸上进行。

短段掘、砌单行作业的优点是不需要临时支护，降低成本和工期，缺点是井壁的混凝土接茬缝比较多。但是随着井壁混凝土浇筑技术的提高，接茬缝的质量大大提高，而且一般在井筒施工完毕后进行壁后注浆封水，短段掘、砌单行作业的缺点基本得到克服，该作业方式成为目前最常见的立井施工作业方式。

③ 短掘、短喷单行作业。短掘、短喷单行作业与短段掘、砌单行作业基本相同，只是用喷射混凝土代替现浇混凝土井壁，喷射混凝土段高一般为 2 m 左右。该种作业方式在煤矿立井井筒中比较少见，一般多用在金属矿山的岩石条件比较好的立井施工中。

(2) 掘、砌平行作业

掘、砌平行作业也有长段平行作业和短段平行作业之分，长段平行作业是在工作面进行掘进作业和临时支护，而上段则由吊盘自下而上进行砌壁作业。

短段掘、砌平行作业，掘、砌工作都是自上而下，并同时进行施工。掘进工作在掩护筒(或锚喷临时支护)保护下进行。砌壁是在多层吊盘上自上而下逐段浇灌混凝土，每浇灌完一段井壁，即将砌壁托盘下放到下一水平，把模板打开，并稳放到已安好的砌壁托盘上，即可进行下一段的混凝土浇灌工作。

长段平行作业和短段平行作业这两种方式的缺点都必须进行临时支护，而且上下立体作业导致安全可靠性较低，砌壁和掘进相互影响，相比发展较快的短段掘、砌单行作业来说其优势已经没有，目前长段平行作业和短段平行作业已经很少使用。

(3) 掘、砌混合作业

井筒掘、砌工序在时间上有部分平行时称为混合作业。它既不同于单行作业(掘、砌顺序完成)，也不同于平行作业(掘、砌平行进行)。混合作业是随着凿井技术的发展而产生。这种作业方式区别于短段单行作业。对于短段单行作业，掘、砌工序顺序进行，而混合作业是在向模板浇灌混凝土达 1 m 高左右时，在继续浇筑混凝土的同时即可装岩出渣。待井壁浇筑完成后，作业面上的掘进工作又转为单独进行，依次往复循环。

这种作业方式的优点是在井壁浇筑混凝土的时候有平行作业的出渣工序，节省工期。但是这种作业方式的前提是采用溜灰管输送混凝土或者是两套提升系统(一套提升系统输送混凝土一套出渣)。其缺点是劳动组织相对复杂，需要较高的施工管理水平，一般用在直径超过 6.5 m 的井筒中，在冻结表土段施工中使用也较常见。

(4) 掘、砌、安一次成井

井筒永久装备的安装工作与掘、砌作业同时施工时，称为一次成井。根据掘、砌、安三项作业安排顺序的不同，又有三种不同形式的一次成井施工方案，即掘、砌、安顺序作业一次成井，掘砌、掘安平行作业一次成井，和掘、砌、安三行作业一次成井。随着立井施工设备和施工技术的发展，立井施工速度快速提升，对井筒空间的利用也越来越高，掘、砌、安一次成井这种作业方式很少使用。

(5) 立井井筒施工作业方式的选择

① 立井施工作业方式的选择不仅影响到凿井设备的数量、劳动力数量、对施工单位的管理需求，而且在于能否最合理地利用立井井筒的有效作业空间和作业时间，充分发挥各种凿井设备的潜力，获得最优的效果。因此，在组织立井快速施工时施工方案的选择具有特别重要的意义。各种施工作业方式都是随着凿井技术不断发展而形成的，并且逐步完善。任何一种施工作业方式都受多方面因素影响，都有一定的使用范围和条件。

② 立井井筒施工作业方式在选择时，应综合分析和考虑：

a. 井筒穿过岩层性质、涌水量和井壁支护结构；

b. 井筒直径和深度(基岩部分)；

c. 可能采用的施工工艺及技术装备条件；

d. 施工队伍的操作技术水平和施工管理水平。

选择施工方式，首先要求技术先进，安全可行，有利于采用新型凿井装备，不仅能获得单月最高纪录，更重要的是能取得较高的综合成井速度，并应有明显的经济效益。

掘砌单行作业的最大优点是工序单一、设备简单、管理方便，当井筒涌水量小于 40 m^3/h时，任何工程地质条件均可使用。特别是当井筒深度小于 400 m、施工管理技术水平薄弱、凿井设备不足，无论井筒直径大小，应首先考虑采用掘砌单行作业。

短段掘砌单行作业除上述优点外，它还取消了临时支护，简化了施工工艺，节省了临时支护材料，围岩能及时封闭，可改善作业条件，保证了施工操作安全。此外，它省略了长段单行作业中掘、砌转换时间，减去了集中排水、清理井底落灰，以及吊盘、管路反复起落、接拆所消耗的辅助工时。因此，井筒施工采用单行作业时应首先考虑采用这种施工方式。

混合作业是在短段掘砌单行作业的基础上发展而来的，某些施工特点都与短段单行作业基本相同，它所采用的机械化配套方案也大同小异，但是混合作业加大了模板高度，采用金属整体伸缩式模板，使得在进行混凝土浇筑的时候可以进行部分出矸工作。实际施工中，装岩出矸与浇灌混凝土部分平行作业，两个工序要配合好。只有这样才能实现混合作业的目的，达到利用部分支护时间进行装渣出矸，节约工时而提高成井速度。该作业方式目前应用较为广泛。

2.1.2.3 立井井筒施工机械化配套方案

(1) 立井施工机械化作业线配套设备设计应遵循的原则

我国立井井筒的施工已基本实现机械化。立井井筒施工机械化作业线的配套主要根据设备条件、井筒条件和综合经济效益等方面进行考虑，立井施工机械化作业线及其配套设备在设计时应遵循以下原则：

① 应根据工程的条件，施工队伍的素质和已具有的设备条件等因素，进行综合考虑，最后选定配套类型。例如，井筒直径、深度较大，施工队伍素质较好，应尽量选择综合机械化配套设备，否则应考虑选用普通机械化配套设备。

② 各设备之间的能力要匹配，主要应保证提升能力与装岩能力、一次爆破矸石量与装岩能力、地面排矸与提升能力、支护能力与掘进能力和辅助设备与掘砌能力的匹配。

③ 配套方式应与作业方式相适应。例如采用综合机械化作业线配套时，一般采用短段单行作业或混合作业。若采用长段单行作业，则凿井设备升降、拆装频繁，设备能力受到很大影响。

④ 配套方式应与设备技术性能相适应，选用寿命长、性能可靠的设备。

⑤ 配套方式应与施工队伍的素质相适应。培训能熟练使用和维护机械设备的队伍，保证作业线正常运行。

(2) 立井井筒施工机械化作业线配套方案

目前立井井筒施工机械化作业线的配套方案主要有综合设备机械化作业线和普通设备机械化作业线两种。

① 综合设备机械化作业线

综合设备机械化作业线及其配套设备内容见表 2-2，这种配套方式设备能力相互匹配，工艺也较合理，可以满足大型井筒快速施工的要求。

表 2-2　　综合设备机械化作业线及其配套设备

序号	设备名称	型号	主要技术特征	选择方法
1	凿岩钻架	FJD—6	动臂 6 个，推进最大行程 4.5 m，高 5～7 m	根据井筒直径大小选择 1 台，或选择同型号 2 台组成双联伞钻
		FJD—9	动臂 9 个，推进最大行程 4.5 m，高 5～7 m	
		YSJZ4.8	动臂 4 个，推进最大行程 5.1 m，高 8.0 m	
		YSJZ6.12	动臂 6 个，推进最大行程 5.1 m，高 8.5 m	
2	抓岩机	HZ—4	斗容 0.4 m^3，生产能力 30～40 m^3/h	根据井筒直径大小选择 1 台或多台组合使用
		HZ—6	斗容 0.6 m^3，生产能力 50～60 m^3/h	
		HZ—10	斗容 1.0 m^3，生产能力约 80 m^3/h	
		挖掘机	小型挖掘机	配合抓岩机使用
3	提升机	JKZ 2.8/15.5	最大静张力 15 t	根据现有设备、需要的提升能力、井筒深度、井筒直径综合考虑选择，井筒直径 6 m 以下宜选择 1 套提升，6～9 m宜 2 套提升，超过 9 m宜 3 套提升
		JKZ 3.6/15.5	最大静张力 20 t	
		JKZ 4.0/17.8	最大静张力 25 t	
		2JKZ 3.6/15.5	最大静张力 22 t，最大静张力差 18 t	
		2JKZ 4.0/17.7	最大静张力 24 t，最大静张力差 18 t	
4	吊桶	矸石吊桶	吊桶容积 2～8 m^3	根据提升设备及井筒断面、施工进度综合选择
5	凿井井架	Ⅴ	天轮平台尺寸 7.5 m×7.5 m，高 26.364 m	根据井筒直径、设备载荷以及伞钻进出所需空间、过卷高度综合选择
		Ⅳ或Ⅳ$_G$	天轮平台尺寸 7.0 m×7.0 m，高 21.97/25.87 m	
		新Ⅳ	天轮平台尺寸 7.25 m×7.25 m，高 26.28 m	
6	凿井绞车	JZM 系列	钢丝绳静拉力 25 t、40 t，容绳量 1 200 m	根据选择的设备重量、井筒深度、安全性等综合选择所需稳车
		JZA 系列	钢丝绳静拉力 5 t、10 t，容绳量 1 300 m	
		JZ 系列	钢丝绳静拉力 10 t、16 t、25 t、40 t，容绳量 1 500 m	
7	活动模板	YJM 系列	直径：4.0～12.0 m，高度：2～4.5 m	根据围岩稳定性及施工工艺选择

续表 2-2

序号	设备名称	型号	主要技术特征	选择方法
8	水泵	80DGL 吊泵系列	扬程 500～750 m，流量 50 m^3/h	根据井筒深度及具体情况选择
		DC50 卧泵系列	扬程 450～1 500 m，流量 50 m^3/h	
9	通风	4-58-11No. 11. 25D	风压 3 650 Pa，风量 12 m^3/s	根据井筒深度、井筒直径、排炮烟时间等其他因素综合选择
		BKJ56No. 6	风压 1 600 Pa，风量 4. 2 m^3/s	
		FBDNo. 9. 6	对旋系列风扇	
10	通信、信号	KJTX-SX-1	传送距离大于 1 000 m	
11	照明设备	Ddc250/127	每台容量 250 W，光通量 20 500 lm，距工作面 16 m	
12	测量	DJZ—1	指向精度 12″	

综合设备机械化作业线及其设备配套方案适应于井筒直径 5～10 m、井筒深度 1 000 m 的凿井工程。方案中多数配套设备都可满足千米井筒的施工条件，部分可满足井筒深度 1 200 m的施工条件，设备能力、施工技术及辅助作业等相互都很协调，配套性能较好，装备水平与国际水平接近，在今后的深井工程中很有发展和使用前景。

② 普通设备机械化作业线

普通设备机械化作业线是以手持式凿岩机、长绳悬吊抓岩机为主要设备组成的作业线。它的特点是设备便携，生产能力低，人力操纵为主，机械化程度低，劳动强度大，多用于井筒直径较小的浅井，但从施工速度方面看仍有潜力。我国在一些大直径深井工程中，选用斗容 0. 6 m^3长绳悬吊抓岩机，配用多台手持式凿岩机，段高 3～5 m 液压金属整体活动模板，采用短段单行作业或混合作业，先后曾创造立井月进 100 m 以上的好成绩。

普通设备机械化作业线主要特点是作业灵活、可靠，能实现多台凿岩机同时作业，充分发挥小型抓岩机的优点，设备简单，操作容易，但机械化程度低，工人劳动强度大，生产能力小，安全工作要求高。这种设备配套方案，由于设备轻便，操作、维修水平要求不高，设备费用省，施工组织管理简单等优点，目前仍有不少立井工程采用。

2.2 巷道与硐室施工技术

2.2.1 巷道与硐室施工方法

2.2.1.1 巷道与硐室施工的基本程序

巷道与硐室的施工目前主要有钻眼爆破法和综掘机施工两种方法，其中以钻眼爆破法应用较为广泛。巷道施工的基本程序包括工作面钻眼爆破（综掘切割）、出渣钉道、巷道支护、水沟掘砌、管线安设及通风和安全检查等工作。

2.2.1.1.1 钻眼爆破法施工

钻眼爆破法施工通常以气腿式凿岩机加耙斗装载机或是凿岩台车加挖斗式装岩机为主的配套方式。其中气腿式凿岩机加耙斗装载机配套方式，大多数为常规设备，结构简单，性能可靠，应用范围广，初期投资少；机动灵活，能组织钻眼、装岩平行作业，提高了掘进工时利用率。耙斗装载机配备气动调车盘或胶带转载机，缩短了调车时间，提高了装载机的生产效率,加快了巷道的施工速度。因此这条作业线在我国传统岩巷掘进中是一种主要的配套形式。但耙斗式装岩机存在装岩效率低、装岩不彻底且留有死角、作业环境较差、工人劳动强度大等问题,同时协调性、匹配性和辅助设备配套上还存在一些问题。

凿岩台车加挖斗式装岩机进行设备配套方式,其机械化程度高、工人劳动强度低、安全性较高、作业线整体噪音低、效率高、作业环境好、协调性和匹配性都较好,是我国岩巷施工的发展趋势。

(1) 钻眼爆破

① 钻眼工作

巷道与硐室的施工钻眼工作应严格按照爆破图表的要求进行施工,钻眼方式可采用气腿式凿岩机、凿岩台车或钻装机打眼。

a. 目前使用较为普遍的是利用气腿式凿岩机打眼,通常采用 7665 及 26 型或 28 型风动凿岩机。工作面可布置多台同时作业,以提高打眼速度,同时可实现钻眼与装岩工作的平行作业,但工作面占用人员较多。

b. 利用凿岩台车打眼,可实现工作面钻眼工作的全面机械化,且钻眼速度快,质量好,占用人员较少,效率高,但不能实现钻眼与装岩工作的平行作业,凿岩台车频繁进出工作面较为困难,周边眼定位难度较大。

② 爆破工作

爆破工作要加强对光面爆破工作的研究和总结,选择合理的掏槽方式、爆破参数、根据光面爆破的要求进行炮眼布置,确保良好的爆破效果。

a. 掏槽方式应结合工作面条件、钻眼设备进行合理确定,可采用斜眼、直眼等掏槽方式。

b. 炮眼深度应综合考虑钻眼设备、岩石性质、施工组织形式来合理确定。通常气腿式凿岩机炮眼深度为 1.6～2.5 m,凿岩台车为 1.8～3 m。

c. 炮眼直径可根据炸药药卷直径和爆破要求进行选择,通常为 ϕ27～42 mm,大力推广使用“三小”即小直径钎杆、小直径炸药药卷和小钎花,以提高钻眼速度和爆破效果。

d. 炮眼数目应综合考虑岩石性质、炸药性能和爆破效果来进行实际布置。

e. 炸药消耗量应结合岩石条件、爆破断面大小、爆破深度及炸药性能进行确定。

f. 装药结构分为正向装药和反向装药,在条件允许的情况下宜采用反向装药,爆破效果较好。

g. 连线方式有串联、并联和串并联(混联)三种方式,在数量较多时采用串并联可以降低电阻,减少瞎炮,提高爆破效果。

h. 雷管宜采用毫秒延期电雷管,在有瓦斯或煤尘爆炸危险的区域爆破时总延期时间不超过 130 ms,在底板出水较大时应在底部炮眼使用防水电雷管。

工作面爆破后应及时进行通风和安全检查,在通风排除炮烟后,班长和放炮员进入工作面进行检查,安全检查的内容包括工作面瞎炮处理和危石检查等工作。

(2) 出渣钉道

巷道掘进装渣和出渣是最繁重、最费工时的工序。因此应不断研究和改进装运岩石的工作,提高其机械化水平,以便加快掘进速度,提高劳动效率。出渣工作结束后应快速钉道,使巷道不断向前延续。

① 装渣设备。岩巷施工装渣设备的类型较多，有铲斗后卸式、铲斗侧卸式、耙斗式、蟹爪式、立爪式以及最近新出产的扒渣机等。目前使用最为广泛的是由钢丝绳牵引的耙斗式耙矸机，使用耙矸机可以实现工作面迎头钻眼工作和出渣平行作业，而且耙矸机前有一定的储渣能力，可以缓解因车皮供应不及时而带来的影响。

② 调车工作。在采用矿车运输的条件下，当铺设单轨出渣且使用耙矸机作为出渣设备时，必须在耙矸机后铺设一个临时循环车场以便于调车，或铺设临时轨道采用调车器调车，以加快出渣速度；当铺双轨出渣时，必须选择合理的调车方法与设备，以缩短调车时间和减少调车次数，提高装岩效率与加快巷道掘进速度，常用的调车设备是浮动道岔调车器，该调车器加工简单、实用、调车速度快。

③ 实现皮带运输是长距离巷道实现快速掘进的有效途径。

④ 在施工多次变坡且坡度较小的巷道时，应大力推广使用无极绳绞车牵引矿车运输。

(3) 巷道支护

巷道掘进在爆破安全检查后应根据工作面围岩稳定情况及时进行巷道支护工作，巷道支护包括临时支护和永久支护两个方面。

① 临时支护

a. 巷道临时支护主要是保证掘进工作面的安全，因此临时支护一般都必须紧跟工作面，同时临时支护又是永久支护的一部分。

b. 锚喷巷道的临时支护，通常是在单体液压支柱的掩护下快速打设一定数量的护顶锚杆并挂网喷浆。打设护顶锚杆只允许使用锚杆钻机，严禁使用风动凿岩机；护顶锚杆的数量可根据断面大小确定，一般以打到起拱线为准。

c. 金属支架支护巷道的临时支护，一般使用前探梁的方式来实现。前探梁为长度 4 m 左右的 11# 矿用工字钢并悬吊在顶梁上。放炮结束后，前移前探梁使其前端抵住山墙，固定好后在前探梁上放置顶梁并用背板背实，以保证在下面作业的人员的安全。

② 永久支护

目前巷道永久支护多采用锚喷支护(含锚网喷)或金属支架支护，砌碹支护已很少采用，硐室施工一般采用现浇混凝土支护。

a. 锚喷支护可根据工作面围岩情况选用单一锚杆支护、喷射混凝土支护、锚杆与喷射混凝土支护以及锚杆加喷射混凝土加金属网联合支护。锚喷支护的施工包括锚杆的施工和喷射混凝土作业。锚杆施工先钻凿锚杆孔，然后安装锚杆。喷射混凝土施工一般采用混凝土喷射机(喷浆机)进行作业，喷射作业可一掘一喷或两掘一喷以至三掘一喷。

b. 金属支架支护时，支架的安装要保证柱腿的稳固，底板较松软时要穿鞋，背板对接要均匀，背板和顶帮之间的空隙要充填严密，倾斜巷道架设要有 3°～5°的迎山角。

c. 整体式支护主要是砌碹支护和现浇混凝土支护。砌碹支护使用的材料是砌块，砌筑施工包括碹胎架设和砌块敷设。砌碹施工应采用前进式，工作人员必须处于基本安全的条件下进行作业。现浇混凝土施工首先要立模，模板可采用钢模板或木模板，模板应保证位置正确和稳固，砌筑顺序应为先墙后拱，最后封顶。拆模应在混凝土达到一定强度后方可进行。

d. 在岩石较为破碎及地压较大时，采用双层锚网喷或锚网喷金属支架复合支护。大断面硐室施工时一般采用先锚喷支护，然后进行现浇混凝土支护的复合支护方式。

2.2.1.1.2 *岩巷综掘机施工*

岩巷综掘机械化作业线是岩巷施工发展的方向，实现了破岩、矸石装运一体化；掘进机能够破岩、装岩并能将煤矸转载到运输设备上。它具有工序少、进度快、效率高、质量好、施工安全、劳动强度小等优点。而胶带转载机能实现长距离连续运输，其能力大于掘进机的生产能力，可最大限度地发挥掘进机的潜力，提高开机率，实现连续掘进。常用的掘进机是三一重工生产的 EBZ318 型和上海创立生产的 EBZ315 型。但岩巷掘进机局限性较大，对地质及后配套运输条件都有较高要求；适用于距离较长、岩石硬度适中、后配套运输能够实现连续化的岩石巷道，在巷道长度大于 600 m 时，其优越性更为明显。另外，其产尘量大，严重危害职工身体健康，目前仍没有有效的防尘技术彻底解决。而且拆除、安装时间较长，同时受机电维修影响较大。

2.2.1.2 巷道与硐室的施工方法

(1) 巷道的施工方法

巷道施工一般有两种方法——一次成巷、分次成巷。

① 一次成巷是把巷道施工中的掘进、永久支护、水沟掘砌三个分部工程视为一个整体，在一定距离内按设计及质量标准要求，互相配合，前后连贯地最大限度地同时施工，一次成巷，不留收尾工程。

② 分次成巷是把巷道的掘进和永久支护两个分部工程分两次完成，先把整条巷道掘出来，暂以临时支架维护，以后再拆除临时支架进行永久支护和水沟掘砌。

③ 实践证明，一次成巷具有作业安全、施工速度快、施工质量好、节约材料、降低工程成本和施工计划管理可靠等优点。因此，《矿山井巷工程施工及验收规范》(GBJ 213—90)中明确规定，巷道的施工应一次成巷。分次成巷的缺点是成巷速度慢、材料消耗量大、工程成本高。因此，除了工程上的特殊需要外，一般不采用分次成巷施工法。

(2) 硐室的施工方法

根据硐室断面及其围岩的稳定程度，硐室施工方法主要分为三类——全断面施工法、分层施工法和导硐施工法。

① 全断面施工法

全断面施工法和普通巷道施工法基本相同。在常规设备条件下，全断面一次掘进硐室的高度，一般不得超过 4～5 m。这种施工方法一般适用于稳定及整体性好的岩层；如果采用光爆锚喷技术，适用范围可适当扩大。其优点是一次成巷、工序简单、劳动效率高、施工速度快；缺点是顶板围岩暴露面积较大、维护较难、上部炮眼装药及爆破后处理浮石较困难。

② 分层施工法

a. 当用全断面一次掘进围岩维护困难，或者由于硐室的高度较大而不便于施工时，将整个硐室分为几个分层，施工时形成台阶状。上分层工作面超前施工的称为正台阶工作面施工法；下分层工作面超前施工的称为倒台阶工作面施工法。

b. 正台阶工作面(下行分层)施工法按照硐室的高度，整个断面可分为 2 个以上分层，每分层的高度以 1.8～3.0 m 为宜或以起拱线作为上分层。上分层的超前距离一般为 2～3 m。如果硐室是采用砌碹支护，在上分层掘进时应先用锚喷支护(一般锚喷支护为永久支护的一部分)；砌碹工作可落后于下分层掘进 1.5～3.0 m，下分层也随掘随砌墙，使墙紧跟迎头。采用这种施工方法应注意的问题是：要合理确定上下分层的错距，距离太大，上分层出矸困难；距离太小，上分层钻眼困难，故上下分层工作面的距离以便于气腿式凿岩机正常工作为宜。

c. 倒台阶工作面（上行分层）施工法下分层工作面超前边掘边砌墙，上分层工作面用挑顶的矸石作脚手架砌顶部碹。

d. 当支护方式为金属支架支护时，上分层应先掘出起拱线以上部分，前窜前探梁并把拱顶部分支护好，然后将两帮岩石掘出，将支架的腿子栽好，并腰帮接实。中间的岩石暂时保留并作为顶板支护作业时的平台，可滞后上分层 2～3 m。

③ 导硐施工法

对地质条件复杂或者断面特大的硐室，为了易于控制顶板和尽早砌筑墙壁，或为解决出矸、通风等问题，可先掘进 1～2 个小断面巷道（导硐），然后再刷帮、挑顶或卧底，将硐室扩大到设计断面。一般反向施工交叉点时宜采用导硐施工法。

2.2.1.3 长距离平巷施工方法

长距离平巷施工一般采用一次成巷技术进行施工，地质条件适宜时优先采用掘进机综合机械化作业线进行施工。对于长距离平巷施工关键是解决好工作面后方的运输配套系统，为了加快运输速度，一般采用皮带运输机作为主要运输设备，同时配套的要有较大容量的矸石仓，在无法实现矸石仓储矸的情况下，可人工形成水平矸石仓，以提高运输能力，实现快速掘进。

（1）快速掘进技术基本原则——生产系统、装备方案和施工管理三者的统一协调、效能匹配。

① 生产系统

从矿井设计、采区设计、巷道设计入手，进行系统优化，保证主井和副井提升运输通过的连续性和缓冲能力。

掘进矸石尽量直接进入主运输系统，保证掘进工作面排矸后运输的快速、连续通过。掘进巷道无法满足排矸直接进入主运输系统时应建立大容量的移动水平矸石仓，保证后运输的快速和高缓冲能力。

② 装备方案

根据生产系统的通过能力选用主要掘进装备，并保证后配运输方案的合理性。

根据巷道施工的破岩（包括钻爆和截割）、排矸、支护、辅助四大主要工序划分，装备方案的选型必须在符合相应生产系统的前提下，保证各工序装备之间的能力匹配和有效衔接性。

③ 施工管理

强化现场管理和掘进准备管理，保证每个循环的有效性和施工的连续性。

加强现场管理、优化劳动组织调整，加大设备维修人员和操作人员的培训力度，建立完善的设备维护保养制度，实施设备点检制。

（2）目前国内长距离平巷施工仍然以采用钻爆法和综掘法施工为主，后配套运输以皮带机运输及矸石仓储矸作为缓冲为主。长距离平巷施工的关键就是矸石的快速转运，其中以通过皮带机将矸石直接转运到主井提矸系统为最快。

2.2.1.4 巷道施工机械化配套

在岩巷施工中，采取合理科学的机械化设备配套方案是加快施工进度、降低劳动强度、发挥设备潜力并获得高速度、高效率的关键。

目前常用的巷道施工机械化作业线的常用配套方案有以下几种：

① 多台气腿式凿岩机钻眼—铲斗后卸式或耙斗式装载机装岩—固定错车场或浮放道岔或调车器调车—矿车及电机车运输。这种作业线简单易行，但机械化程度较低，且对巷道断面有一定要求，在我国矿山应用最多。

② 多台气腿式凿岩机钻眼—耙斗式装载机或铲斗侧卸式装载机装岩—胶带运输机转载—主井提矸系统。这种作业线利用系统出矸，并且以增加胶带运输机来实现快速转运，效率高，速度快，但前提条件是主井必须具有提矸系统，也可以将主井改造后采取分时提矸的方式来实现。

③ 多台气腿式凿岩机钻眼—耙斗式装载机或铲斗侧卸式装载机装岩—胶带运输机转载—立式矸石仓—矿车及电机车运输。此种方式在金属矿应用较为广泛，但必须具备利用原有矸石仓和施工新的矸石仓的条件。

④ 多台气腿式凿岩机钻眼—耙斗式装载机或铲斗侧卸式装载机装岩—胶带运输机转载—水平矸石仓或梭式矿车—矿车及电机车运输。水平矸石仓就是在巷道一侧用挡板隔离人为形成一个水平储矸仓，然后使用耙斗式耙矸机将矸石装入矿车。梭式矿车的储矸能力较小，目前已较少使用。

⑤ 凿岩台车钻眼—铲斗侧卸式装载机装岩—胶带转载机转载—矿车及电机车运输。这种作业线提高了钻眼机械化水平，加快了凿岩速度，适用于大断面岩石巷道的掘进。

⑥ 钻装机钻眼与装岩—胶带转载机转载—矿车及电机车运输。这条作业线实现了钻眼、装岩综合机械化，不需花费凿岩台车与装载机更换进出的调动时间，机械化程度高，劳动强度低，作业安全性好，设备利用率高。但钻装机的一体化设计与研发仍需进一步提高。

⑦ 岩巷掘进机综合机械化作业线，即掘进机—一运（掘进机自有链板机）—二运转载机（可跟随掘进机前后移动）—三运（皮带输送机）—矸石仓（立式或水平矸石仓）—矿车和电机车运输（或直接进入主井提矸系统），是采用机械破岩，并能实现破岩、装岩、转载、临时支护、喷雾防尘诸工序的一种联合机组。具有机械化程度高、速度快、成巷质量好、节省人力、效率高、对围岩破坏影响小、支护容易，工作安全等优点，尤其适用于大断面、长距离岩巷施工。

2.2.2 巷道施工通风防尘及降温

2.2.2.1 巷道施工通风

2.2.2.1.1 通风方式

在巷道施工时，工作面必须进行机械通风以保证施工时具有足够的新鲜空气。一般巷道采用局部扇风机进行通风，通风方式可分为压入式、抽出式、混合式三种，其中以混合式通风效果最佳。

(1) 压入式通风

① 压入式通风是局部扇风机把新鲜空气用风筒压入工作面，污浊空气沿巷道流出。在通风过程中炮烟逐渐随风流排出，当巷道出口处的炮烟浓度下降到允许浓度时（此时巷道内的炮烟浓度都已降到允许浓度以下），即认为排烟过程结束。

② 为了保证通风效果，局部扇风机必须安设在有新鲜风流流过的巷道内，并距掘进巷道口不得小于 10 m，以免产生循环风流。为了尽快而有效地排除工作面的炮烟，风筒口距工作面的距离一般以不大于 10 m 为宜。

③ 压入式通风方式可采用胶质或塑料等柔性风筒。其优点是：有效射程大，冲淡和排

出炮烟的作用比较强；工作面回风不通过扇风机，在有瓦斯涌出的工作面采用这种通风方式比较安全；工作面回风沿巷道流出，沿途也就一并把巷道内的粉尘等有害气体带走。缺点是：长距离巷道掘进排出炮烟需要的风量大，所排出的炮烟在巷道中随风流而扩散，蔓延范围大，时间又长，工人进入工作面往往要穿过这些蔓延的污浊气流。

（2）抽出式通风

① 抽出式通风是局部扇风机把工作面的污浊空气用风筒抽出，新鲜风流沿巷道流入。风筒的排风口必须设在主要巷道风流方向的下方，距掘进巷道口也不得小于 10 m，并将污浊空气排至回风巷道内。

② 在通风过程中，炮烟逐渐经风筒排出，当炮烟抛掷区内的炮烟浓度下降到允许浓度时即认为排烟过程结束。

③ 抽出式通风回风流经过扇风机，如果因叶轮与外壳碰撞或其他原因产生火花，有引起煤尘、瓦斯爆炸的危险，因此在有瓦斯涌出的工作面不宜采用。抽出式通风的有效吸程很短，只有当风筒口离工作面很近时才能获得满意的效果。抽出式通风的优点：在有效吸程内排尘的效果好，排除炮烟所需的风量较小，回风流不污染巷道等。抽出式通风只能用刚性风筒或有刚性骨架的柔性风筒。

（3）混合式通风

① 混合式通风方式是压入式和抽出式的联合运用。巷道施工时，单独使用压入式或抽出式通风都有一定的缺点，为了达到快速通风的目的，可利用一辅助局部风扇进行压入式通风，使新鲜风流压入工作面冲洗工作面的有害气体和粉尘。为使冲洗后的污风不在巷道中蔓延而经风筒排出，可用另一台主要局部风扇进行抽出式通风，这样便构成了混合式通风。

② 混合式通风压入式风扇的吸风口与抽出式风筒的抽入口距离应不小于 15 m，以防止造成循环风流。吸出风筒口到工作面的距离要等于炮烟抛掷长度，压入新鲜空气的风筒口到工作面的距离要小于或等于压入风流的有效作用长度，才能取得预期的通风效果。

2.2.2.1.2　通风设备

常用的通风设备、设施有局部通风机、风筒、风门、风墙等。

（1）局部通风机

局部通风机是掘进通风的主要设备，要求其体积小，效率高，噪音低，风量、风压可调，坚固，防爆。目前常用的主要是大功率对旋式局部通风机，根据实际风量需要可单机使用也可双机同时使用。

（2）风筒

风筒分刚性和柔性两大类。常用的刚性风筒有铁风筒、玻璃钢风筒等，其坚固耐用，适用于各种通风方式，但笨重，接头多，体积大，储存、搬运、安装都不方便。常用的柔性风筒为胶布风筒、软塑料风筒等。柔性风筒在巷道施工中广泛使用，具有轻便、易安装、阻燃、安全性能可靠等优点，但易于划破，只能用于压入式通风。近年来又研制出一种带有刚性骨架的可缩性风筒，即在柔性风筒内每隔一定距离加上圆形钢丝圈或螺旋形钢丝圈，既可用于抽出式通风，又具有可收缩的特点。

2.2.2.2　巷道施工综合防尘

巷道施工时，在钻眼、爆破、装岩、运输等工作中不可避免地要产生大量的粉尘。根据测定，这些粉尘中含有游离 SiO_2 达 30%～70%，其中大量的颗粒粒径小于 5 μm。这些粉尘极易在空气中浮游,被人吸入体内,时间久了就易患矽肺病,严重影响工人的身体健康。我国矿山在巷道掘进工作面的综合防尘方面目前已取得了丰富的经验:

① 湿式钻眼是综合防尘最主要的技术措施。严禁在没有防尘措施的情况下进行干法生产和干式凿岩。

② 湿式喷浆是喷射混凝土工序最根本防尘技术措施。喷射混凝土过程中产生的水泥粉尘对人体危害较大,因此在喷射混凝土时必须采取湿式喷浆。

③ 喷雾、洒水对防尘和降尘都有良好的作用。在爆破前用水冲洗岩帮,爆破后立即进行喷雾,装岩前要向岩堆上洒水,同时使用耙矸机联动喷雾、放炮喷雾及常开净化喷雾,都能减少粉尘扬起。

④ 采用大功率对旋局扇,提高掘进工作面风量,加强通风排尘。除不断向工作面供给新鲜空气外,还可将含尘空气排出,降低工作面的含尘量。首先应在掘进巷道周围建立通风系统,以形成主风流。其次应在各作业点搞好局部通风工作,以便迅速把工作面的粉尘稀释并排到主回风流中去。

⑤ 加强个人防护工作。工人在工作面作业一定要戴防尘口罩。近年来,我国有关部门研制成了多种防尘口罩,对于保护粉尘区工作的工人的身体健康,起到积极作用。对工人还要定期进行身体健康检查,发现病情及时治疗。

⑥ 大力发展岩巷综合机械化作业线施工的综合防尘技术。

a. 采用除尘风机除尘,适用于瓦斯较小的岩巷施工,除尘风机一般安装在掘进机上并与掘进机配套使用。

b. 采用"二高二隔一监控"的综合防尘技术,即高压喷雾降尘、高分子材料抑尘、在掘进机后设置隔尘水幕、主要接尘人员佩戴隔离式呼吸器、工作面实现防尘监控系统。

⑦ 煤(半煤)巷掘进工作面不得使用电动除尘风机,应积极推广使用高压水射流除尘装置等其他有效除尘设施,另外煤(半煤)巷掘进工作面可以实行浅孔动压注水(突出危险区不得采用动压注水),但是要编制煤层注水专项设计及安全技术措施。

2.2.2.3 巷道施工降温

人在高温、高湿作用下,劳动生产率将显著降低,正常的生理功能会发生变化,身心健康受到损害。我国《煤矿安全规程》规定:当采掘工作面的空气温度超过 30 ℃、机电硐室的空气温度超过 34 ℃时,必须采取降温措施。我国矿井目前开采深度在不断下延,以煤矿为例,每年下延速度约 10 m 左右。由于地热、压缩热、氧化热、机械热的作用,越来越多的矿井出现了湿热环境,采掘工作面风温高于 30 ℃、岩温高达 35～45 ℃的矿井逐渐增多。

(1) 无空气冷却装置降温

包括选择合理的开拓方式和确定合理的开采方法,改善通风方式和加强通风,减少各种热源的放热量等措施。

① 通风降温。改善通风系统,更换大功率局扇或采取双路风筒供风,增加掘进头供风量,个别高温地点可安装辅助风机,局部散热。

② 喷雾洒水降温。供风温度在 26 ℃以上的要在局扇前安设三道喷雾,巷道内每道净化喷雾、防尘水幕保持常开。

③ 个体防护降温。对高温地点提供足够的饮用水,并配有含盐或含碳酸饮料、冰块等,及时发放风油精、人丹、清凉油等防暑药品。对高温区域人员必须发放毛巾等劳保用品。

④ 对高温作业的场所要合理安排劳动和休息时间，高温地点可采取“四六”制工作时间作业，保障充足的睡眠时间，部分工作岗位可采取轮岗作业或双岗作业，根据现场合理安排工作量，避免劳动强度过大。

(2) 人工制冷降温

只有当采用加强通风、改进通风以及疏干热水尚不足以消除井下热害，或增加风量对降温的作用不大，在不得已的情况下才采用人工制冷降温。

(3) 其他方法

隔热技术的运用也是矿井降温措施中不可缺少的重要手段，而采用冰冷却系统向工作面输送冰冷水降温被认为是深井施工降温的一条新途径。

2.2.3 倾斜巷道施工方法与特点

倾斜巷道主要包括斜井上下山巷道，由于巷道有一定的倾角，因而其施工方法有其自身的特点，根据掘进的方向，倾斜巷道的施工方法一般有上山施工法和下山施工法。对于坡度在5°左右斜井，其施工方法和水平巷道基本相同，但此类巷道一般距离都比较长，主要是解决好提升问题，以加快掘进速度。

2.2.3.1 上山施工法

(1) 钻眼爆破工作

上山掘进钻眼爆破工作中应注意两个问题：一是严格按照上山底板设计的倾角施工；二是要避免爆破时抛掷出来的岩石崩倒支架。

(2) 装岩与提升工作

上山掘进时的装岩工作应尽量使用机械设备装岩，装岩设备必须设置防滑措施。目前较多的提升方式是采用提升绞车加回头轮牵引矿车进行，倾角较小时也可采用输送机进行运输。在倾角较大时要有档杆设置，防止矸石滚落伤人。

(3) 支护工作

上山掘进时由于顶板岩石有倾斜向下滑落的趋势，因此安设支架时必须使棚腿与顶底板垂线间呈一夹角(迎山角)，当倾角大于45°时，需设置底梁，使支架成为一个封闭框式结构。目前上山支护中，应积极使用锚喷支护结构。

(4) 通风工作

煤矿中的上山掘进，由于瓦斯密度较小，容易积聚在工作面附近，因此必须加强通风工作和瓦斯检查。

2.2.3.2 下山(斜井)施工方法

(1) 钻眼爆破工作

下山掘进钻眼爆破工作中应特别注意下山底坡度，使其符合设计要求。

(2) 掘进施工作业线

① 斜井掘进常规的机械化作业方式为工作面“多台气腿式凿岩机钻眼—耙矸机装岩—皮带机及矸石仓转载或绞车牵引矿车运矸”的配套方案，采用大功率耙矸机和斗容较大的扒斗可以加快扒渣和装岩速度。此种作业线在耙斗装岩机后可采用矿车运输，也可采用胶带运输，或胶带机转入矿车运输。采用矿车运输时必须做好调车工作，以保证空车供应，可配用固定错车场、浮放道岔或翻框调车器等。采用胶带运输，或胶带机转入矿车运输则是独头长距离巷道较好的运输方式。

② 斜井掘进存在一定的倾斜角度，围岩渗水、打工作面炮眼、施工锚杆、耙装防尘等工序常造成工作面积水而影响打眼装药放炮作业，同时出矸时间占用循环时间长、出矸效率较低、工人劳动强度较大、工作环境较差，影响了斜井的掘进速度。

(3) 排水工作

下山施工时，由于巷道内顶板淋水、底板出水及施工用水等形成的积水全部流到工作面，所以排水工作是施工中的关键，必须及时排出工作面积水。

① 可使用潜水泵、风泵排水，卧泵和临时水仓结合排水以及喷射泵排水等。

② 在长距离下山施工中排水工作尤为重要，一般采用多级排水的方法及时将工作面积水排出。迎头积水用风泵或潜水泵排至临时水仓，然后用高扬程卧泵通过排水管路将水排出，排水管路可利用永久排水管路或由四寸以上的钢管组成的相对正规的排水管路，避免使用软管排水。

③ 加强施工中的用水管理，尽可能减少喷雾和钻眼时的用水，防止水管漏水。在底板出水及顶板淋水量较大时，每隔一定距离设置一道截水沟将水引入中间转水站，防止流到工作面。

2.2.3.3 倾斜巷道施工安全工作

倾斜巷道施工，无论是采用上山还是下山法掘进，都必须防止跑车事故的发生，施工中必须设置各种防跑车装置并定期检查和更换钢丝绳。提高轨道铺设质量，加强轨道的维护，坚持“矿车掉道就是事故”的安全理念，杜绝掉道事故的发生。

2.2.4 巷道与硐室施工技术要求

2.2.4.1 巷道与硐室施工的一般要求

(1) 巷道施工采用平巷机械化作业线应符合下列规定：

① 根据巷道围岩的性质、长度、断面、施工计划等进行方案配套论证，力求实现凿岩、装岩、调车、运输、支护等主要工序实现机械化作业；

② 机械化作业线应能实现一次成巷、满足安全质量标准化的要求、获得合理的技术经济指标；

③ 各工序的机械能力与性能应相互协调；

④ 配套设备的选型应与矿井运输系统、供电、压气、供风等辅助系统相适应，设备配置能力充足。

(2) 平巷施工，应符合下列规定：

① 永久支护与掘进工作面间的距离，当采用锚喷作永久支护时，应紧跟掘进工作面，当采用砌碹支护时，应设临时支护，临时支护紧跟工作面，但永久支护与掘进工作面间的距离不宜大于 40 m；

② 永久水沟距掘进工作面不宜大于 40 m。

(3) 倾斜巷道施工，应符合下列规定：

① 应设置防止跑车和坠物的安全装置；

② 应设人行台阶，倾角大于 20°时，应增设扶手；

③ 下山施工时倾角大于 20°，斜长大于 500 m 时宜设置人车上下人；

④ 倾角大于 25°，斜长大于 30 m 的倾斜巷道，由下向上施工，采用自溜方式排矸(煤)时，应将溜矸道与人行道隔开；

⑤ 除锚喷支护外，不宜采用掘进、支护平行作业。

(4) 煤巷和煤岩巷道施工，应符合下列规定：

① 巷道掘出后，应及时进行支护。放炮前和放炮后工作面与支护间的距离，应在作业规程中明确规定。

② 在松软的煤层中施工时，应采取前探支护或其他特殊措施。

③ 在有条件的情况下宜采用掘进机掘进。

(5) 巷道临时支护方式应根据围岩稳定程度确定，宜优先采用锚喷支护。

(6) 松软破碎不稳定的大断面巷道的施工方案，可采用上下分层法、一侧或两侧导硐法、先拱后墙法等。

(7) 在有瓦斯或其他有害气体矿井中施工巷道时，必须按《煤矿安全规程》的有关规定执行。

(8) 巷道掘进穿过断层、溶洞、含水层、采空区或发火区以及施工相互贯通的巷道时，应预先制定施工安全技术措施。

2.2.4.2 巷道掘进施工的技术要求

(1) 采用钻爆法掘进，应符合下列规定：

① 岩巷掘进必须采用光面爆破。围岩松软破碎时宜采用预留光爆层法，分次放炮。

② 炮孔布置、钻孔、装药、连线、爆破工作，应编制爆破说明书和爆破预期效果表。

③ 光面爆破的爆破参数宜应按规定选取。

④ 开凿对穿、斜交、立交巷道时必须有准确的实测图。当 2 个巷道接近时，应停止一头作业，其间距应符合《煤矿安全规程》规定。

(2) 巷道掘进的机械设备，宜符合下列规定：

① 掘进断面小于或等于 12 m^2 岩石巷道，采用多台凿岩机钻孔，耙斗或铲斗装岩机装岩，浮放道岔调车，电机车运输。

② 掘进断面大于 12 m^2 的岩石巷道，采用凿岩钻车钻孔，侧卸式铲斗装岩机或带调车盘大型耙斗装岩机装岩，带式输送机连续装入大型矿车，电机车调车、运输。

③ 倾斜巷道，采用多台凿岩机钻孔，耙斗装岩机装岩，箕斗或矿车装运。耙斗装岩机必须固定牢靠，巷道倾角大于 20°时除卡轨器外，应增设防滑装置，上山掘进时尚应在装岩机的后立柱上，增设 2 根斜撑；上山掘进倾角大于 15°时提升导向轮应单独固定。

(3) 采用掘进机掘进，应符合下列规定：

① 根据巷道断面和岩石的硬度选择不同型号的掘进机。

② 掘进机的后配套设备，宜采用桥式胶带转载机和可伸缩带式输送机，也可采用桥式胶带转载机和轨道式矿车。

③ 在巷道中截割的原则是先软后硬、由下而上、先掏槽、后落岩(煤)。

④ 对掘进机要进行日常检查、维修，并应定期维护保养，连续工作 1.5 年应进行一次大修。

⑤ 采区顺槽巷道施工，宜采用煤巷联合掘进机施工。

2.2.4.3 巷道支护施工的技术要求

(1) 永久支护应按设计规定施工。临时支护的形式、段长以及不支护段的距离，应在作业规程中明确规定。

(2) 巷道锚杆支护应符合下列规定：

① 锚杆的孔深和孔径应与锚杆类型、长度、直径相匹配，在作业规程中应明确规定。

② 金属锚杆的杆体在使用前应平直、除锈和除油。

③ 安装锚杆时，当围岩为块状或破碎岩石时，锚杆轴线与巷道轮廓面的夹角应≥75°。当围岩为层状岩石时，锚杆轴线与岩体主结构面或滑移面的夹角应≥75°，当岩体主结构面与水平面夹角为－15°～＋15°时，不在此限。

④ 锚杆孔内的积水和岩粉应清理干净。

⑤ 锚杆尾端的托板应紧贴岩面或初喷面，未接触部位应背紧。宜用力矩扳手拧紧螺帽，扭矩应不小于设计规定。作用于同一范围内的各锚杆螺帽的扭矩差，不宜超过设计值的10%。

⑥ 锚杆体露出岩面的长度不应大于喷射混凝土的厚度。

(3) 预应力锚索支护应符合下列规定：

① 锚索孔的孔深、孔径和方向应符合设计规定。

② 承压座的几何尺寸、结构强度必须满足设计要求，承压面应与锚索孔轴线垂直。

③ 锚索的张拉力值必须符合设计规定。

④ 锚索体放入锚孔前应清除钻孔内的石屑和岩粉，检查注浆管、排气管是否畅通，止浆器是否完好。

⑤ 灌浆可用纯水泥浆或水泥砂浆，当自由段带套管时，可与锚固段同步灌浆，否则应进行两次灌浆，预应力筋张拉锚固后再进行自由段第二次灌浆。

⑥ 在松软破碎和涌水量大的围岩中，施工预应力锚索前应对围岩进行注浆固结和封水处理。

(4) 喷射混凝土支护应符合下列规定：

① 原材料应优先选用硅酸盐水泥或普通硅酸盐水泥，水泥的强度等级不应低于P.O32.5。

② 原材料应采用坚硬干净的中砂或粗砂，细度模数宜大于2.6。

③ 原材料应采用坚硬耐久的碎石或卵石，粒径不宜大于20 mm。

④ 速凝剂或其他外加剂的掺量应通过试验确定。混凝土的初凝时间不应大于5 min，终凝时间不应大于10 min。

⑤ 混凝土的拌合用水，应符合《混凝土拌和用水标准》(JGJ 63—2006)。

⑥ 混合料的配合比应准确。称量的允许偏差：水泥和速凝剂均为±2%，砂和碎石均为±3%。

⑦ 干混合料宜随拌随用。不掺加速凝剂的混合料的存放时间不应超过2 h，掺加速凝剂的混合料的存放时间不应超过20 min。

⑧ 分层喷射时后一层喷射应在前一层混凝土终凝后进行，当间隔时间超过2 h，应先用风、水吹洗湿润喷层表面。

⑨ 喷射混凝土的回弹率：边墙不应大于15%，拱部不应大于25%。

⑩ 喷射的混凝土终凝2 h后应喷水养护，养护时间不应少于7 d，喷水的次数应能保持混凝土处于潮湿状态。

(5) 钢筋网喷射混凝土施工应符合下列规定：

① 钢筋使用前应清除污锈。

② 钢筋网不得外露，保护层的厚度不宜小于 20 mm。

③ 钢筋网应与锚杆或其他锚定装置联结牢固。

④ 钢筋网间的搭接长度不应小于 100 mm。

⑤ 采用双层钢筋网时，第二层钢筋网应在第一层钢筋网被混凝土覆盖后铺设。

(6) 钢支架喷射混凝土施工应符合下列规定：

① 先喷射钢支架与岩面之间的混凝土，后喷射钢支架之间的混凝土。

② 刚性钢支架宜喷射混凝土覆盖，可缩性钢支架应待受压变形稳定后喷射混凝土覆盖。

③ 钢支架的架设应符合相关规定。

(7) 支架支护应符合下列规定：

① 支架应按中线和腰线架设，支架的规格应符合设计要求。

② 支架立柱埋入底板的深度应符合设计要求，并不得放在浮渣上。

③ 支架的顶部及两帮应与岩面背紧。

④ 金属支架之间应加设 3～5 根拉杆，木支架之间应加设 2～4 根撑杆。

⑤ 倾斜巷道支架之间应设拉杆或撑杆。

⑥ 支架与岩面之间不得使用易自燃的材料作充填物。

⑦ 可缩性支架节点连接的螺栓应用力矩扳手按规定的力矩拧紧，各节点拧紧螺栓的力矩应基本相等。

⑧ 可缩性钢支架不宜使用密集的钢筋混凝土背板。

⑨ 倾斜巷道的支架架设，应有适当的迎山角。

3 矿山工程施工组织

3.1 矿山工程项目建设程序

矿山工程建设从资源勘探开始，到确定建设项目、可行性研究、编制设计文件、制定基本建设计划、进行施工直至项目建成、竣工验收形成生产能力，其建设的总工期称为矿井建设周期。建设的各个阶段需遵守国家规定的先后程序，称为基本建设程序。

根据国家有关规定，我国矿山建设的基本程序和内容是：

(1) 资源勘探

资源勘探是矿山工程基本建设的首要工作。国家矿产资源法规定，矿产资源属于国家所有，矿产资源的开发(勘察和开采)必须符合国家矿产资源管理等有关法律条款规定和国家有关资源开发的政策，必须依法分部申请，经批准获得探矿权、采矿权，并按规定办理登记，纳入国家规划，获得开采和勘探许可。

矿山工程项目规划和各种设计均应依据相应的勘查报告来进行。经批准的普查地质报告可作为矿山工程基本建设长远规划的编制依据；详查地质报告可作为矿区总体设计的依据；符合设计要求的精查地质报告可作为矿井初步设计的依据。

(2) 提出项目建议书

项目建议书是投资前对项目建设的基本设想，主要从项目建设的必要性、可行性来分析，同时初步提出项目建设的可行性。其主要作用是为了推荐建设项目，以便在一个确定的地区或部门内，以自然资源和市场预测为基础，选择建设项目。项目建议书经批准后可进行可行性研究工作，但并不表明项目非上不可，项目建议书不是项目的最终决策。

(3) 可行性研究

可行性研究是在项目建议书被批准后，对项目在技术上和经济上是否可行所进行的科学分析和论证。

矿山工程建设项目可行性研究主要包括矿区建设项目可行性研究和矿井建设项目可行性研究以及环境评估。

(4) 编制设计文件

设计文件是安排建设项目和组织施工的依据。设计文件分为矿区总体设计和单项工程设计两类。施工图设计是在初步设计或技术设计的基础上将设计的工程形象化、具体化。施工图设计是按单位工程编制的，是指导施工的依据。设计文件的编制应按照项目进度计划进行。

(5) 制定基本建设计划

建设项目必须具有经过批准的初步设计和总概算，方可列入基本建设计划，并按程序报批后执行。

(6) 建设准备

建设准备工作主要内容有:征地拆迁、材料设备订货、五通一平,以及进一步进行工程地质、水文地质勘探,实施方案的论证和制定,落实建筑材料的供应、组织施工招标等。

(7) 组织施工

施工是基本建设程序中的一个重要环节,它是落实计划和设计的实践过程。工程施工要遵循合理的施工顺序,特别是前期方案的制定,矿建、土建、机电安装三类工程的衔接,狠抓关键工程的施工,确保工程按期高质量完成。

(8) 生产准备

生产准备是在工程即将建成前的一段时间,为确保工程建成后尽快投入生产而进行的一系列准备工作,包括建立生产组织机构、人员配备、生产原材料及工器具等的供应、对外协调等内容。

(9) 竣工验收和交付使用

矿山工程建设项目在环保、消防、安全、工业卫生等方面达到设计标准,经验合格,试运转正常,且井下、地面生产系统形成,按移交标准确定的工程全部建成并经质量认证后,方可办理竣工验收。

(10) 后期评估

建设项目竣工验收若干年后,为全面总结该项目从决策、实施到生产经营各时期的成功或失败的经验教训,从而进行建设项目的后评估工作。

3.2 矿山工程施工组织编制

3.2.1 矿山工程施工组织设计分类

3.2.1.1 矿山工程施工组织设计的任务

施工组织设计是项目实施前必须完成的前期工作,它是项目实施必要的准备工作,也是科学管理项目实施过程的手段和依据。矿山工程施工组织设计的任务就是以项目为对象,围绕施工现场,保证整个项目实施过程能按照预定的计划和质量完成,是为在项目实施过程中以最少的消耗获取最大经济效益的设计准备工作。

3.2.1.2 矿山工程施工组织设计的分类

根据拟建项目规模大小、结构特点、技术繁简程度和施工条件,应相应编制涉及内容深度和范围不同的施工组织设计。目前,矿山工程项目的施工组织设计按照项目进度的不同阶段可分为:建设项目(如矿区)施工组织总设计、单项工程施工组织设计、单位工程施工组织设计(技术措施),有时还需要编制特殊工程施工组织设计以及季节性技术措施设计以及年度施工组织设计等。

① 建设项目施工组织总体设计。对于矿山工程来说,项目施工组织设计通常指矿区的总体施工组织设计。建设项目施工组织总体设计以整个建设项目为对象,它在建设项目总体规划批准后依据相应的规划文件和现场条件编制。矿区建设组织设计由建设单位或委托有资格的设计单位或由项目总承包单位进行编制。矿区建设组织设计,要求在国家正式立项后和施工准备大规模开展之前一年进行编制并预审查完毕。

② 单项工程施工组织设计以单项工程为对象，根据施工组织总体设计和对单项工程的总体部署要求完成的，可直接用于指导施工安排，适用于新建矿井、选矿厂或构成单项工程的标准铁路、输变电工程、矿区水源工程、矿区机械厂、总仓库等。单项工程（矿井）施工组织设计的编制与审批主要分两个阶段进行。开工前的准备阶段，为满足招标工作的需要，由建设单位编制单项工程（矿井）施工组织设计，其内容主要是着重于大的施工方案，及总工期总投资概算的安排，对建设单位编制的施工组织设计由上级主管部门进行审批，一般在大规模开工前6个月完成。单项工程施工组织设计的编制必须切合实际，其总体工期计划和投资概算应参照类似工程，结合自身工程的特点进行参照制定，不得搞“大冒进”，拍脑袋定工期和概算，否则将为后面的执行工作带来难度。经过招投标后的施工阶段，由已确定的施工单位或由总承包单位再编制详尽的施工组织设计，作为指导施工的依据。施工单位编制的施工组织设计只需建设单位组织审批。

矿井施工组织设计编制应符合下列原则：应符合国家有关法律、法规、标准、规范及规程要求；确定合理工期、合理造价，科学配置资源。实现均衡施工，保证工程质量和安全。节约投资，达到合理的经济技术指标；积极使用新技术、新工艺、新材料和新设备；积极推行绿色施工。

矿井施工组织设计实行动态管理，通常应符合下列规定：当矿井建设过程中设计方案、地质条件、主要施工技术方案以及政策发生重大变化或不可抗力时，应进行重大动态调整；动态调整在原矿井施工组织设计的基础上，按照技术优先、经济合理、保证安全质量的原则进行；一般动态调整应由建设单位实施；重大动态调整应由原编制单位实施；一般动态调整宜采用信息化手段。

③ 单位工程施工组织设计一般以难度较大、施工工艺比较复杂、技术及质量要求较高的单位工程为对象，以及采用新工艺的分部或分项或专业工程为对象进行编制。单位工程施工组织设计由承担施工任务的单位负责编制，吸收建设单位、设计部门参加，由编制单位报上一级领导机关审批。

④ 施工技术措施或作业规程由承担施工的工区或工程队负责编制，报工程处审批；对其中一些重要工程，应报公司（局）审查、备案。

⑤ 特殊工程施工组织设计一般适用于矿建工程中采用冻结法、沉井法、钻井法、地面预注浆、帷幕法施工的井筒段或是措施工程，采用注浆治水的井巷工程，以及通过有煤及瓦斯突出的井巷工程等一些有特殊要求而重要的工作内容。土建工程中需要在冬、雨季施工的工程，采用特殊方法处理基础工程等也适用。

3.2.2 矿山工程施工组织设计编制依据

3.2.2.1 单项工程施工组织设计的编制依据

单项工程施工组织设计的编制依据除一般性内容的要求外，还应有单项工程初步设计及各专项设计文件、总概算、设备总目录，地质精查报告与水文地质报告，补充地质勘探与邻近矿井有关地质资料，井筒检查孔及工程地质资料，各专业技术规范，相应各行业的安全规程，各专业施工及验收规范，质量标准，预算定额，工期定额，各项技术经济指标，劳动卫生及环境保护文件，国家建设计划及建设单位对工程的要求，施工企业的技术水平、施工力量，技术装备及可能达到的机械程度和各项工程的平均进度指标等。

3.2.2.2 单位工程施工组织设计的编制依据

① 对于一般性单位工程施工组织设计，除参考编制单项工程施工组织设计的主要文件外，还应有单项工程施工组织设计、单项工程年度施工组织设计、单位工程施工图、施工图预算，国家或建设地区、部颁的有关现行规范、规程、规定及定额，企业自行制定的施工定额、进度指标、操作规程等，企业队伍的技术水平与技术装备和机械化水平，有关技术新成果和类似工程的经验资料等。

② 对于矿建工程施工组织设计的编制，除上述一般性内容外，还必须依据经批准的地质报告、专门的井筒检查孔的地质与水文资料或预测的巷道地质与水文资料等。在可能的情况下，还需要调查搜集附近的已经完成的矿井的地质资料进行参照。

③ 对于土建工程施工组织设计编制，除一般性内容外，还必须依据有关本工程的地质、水文及土工性质方面的资料。

④ 机电安装工程施工组织设计编制，除一般性内容外，还应有机电设备出厂说明书及随机的相关技术资料。

3.2.2.3 施工技术组织措施的编制依据

对于施工技术组织措施，可参照单项工程施工组织设计、单位工程施工组织设计及有关文件，并结合工程实际情况、地质资料，进行编制。

3.2.3 矿山工程施工组织设计编制内容

3.2.3.1 矿山工程施工组织设计的总体内容

施工组织设计的基本任务是根据国家对建设项目的要求，确定合理的规划方案。对拟建工程在人力和物力、时间和空间、技术和组织上做出一个全面而合理的安排，总体包括以下方面的具体内容：

① 确定开工前必须完成的各项准备工作，主要包括技术准备和物资准备。技术准备主要是施工图纸的分析、地质资料的分析判断，以及大的施工方案的选择；物资准备是根据大的施工方案和施工图纸提前准备好开工所需材料、机具以及人力等。

② 根据施工图纸和地质资料，进行施工方案与施工方法的优选，确定合理的施工顺序和施工进度，保证在合理的工期内将工程建成。制定技术先进、经济合理的技术组织措施，确保工程质量和安全施工。

③ 选定最有效的施工机具和劳动组织。精确地计算人力、物力等需要量，制定供应方案，保证均衡施工和施工高峰的需要。

④ 制定工程进度计划，明确施工中的主要矛盾线和关键工序，拟定主要矛盾线上各工程和关键工序的施工措施，统筹全局。

⑤ 对施工场地的总平面和空间进行合理布置。

施工组织设计一般由说明书、附表和附图三部分组成，具体内容随施工组织设计类型的不同而异。

3.2.3.2 矿区建设组织设计的内容

矿区建设组织设计的内容有矿区概况、矿区建设准备、矿井建设、选矿厂建设、矿区配套工程建设、矿区建设工程顺序优化、矿区建设组织与管理、经济效果分析、环境保护、职业健康与安全管理等。

3.2.3.3 单项工程(矿井)施工组织设计的内容

单项工程项目施工组织设计以单项工程为对象,根据施工组织总体设计和对单项工程的总体部署而完成,直接用于指导施工。内容包括矿井初步设计概况、矿井地质及水文地质情况、施工准备工作、施工方案及施工方法、工业场地总平面布置及永久工程的利用、三类工程排队及建井工期、施工设备和物资、施工质量及安全技术措施、施工技术管理、环境保护、应急预案等。其中矿井建设的技术条件、矿井建设的施工布置、关键线路与关键工程、矿井建设施工方案优化以及矿井建设的组织和管理等问题应重点阐述。

3.2.3.4 单位工程施工组织设计(施工技术组织措施)内容

单位工程施工组织设计内容一般应有:

(1) 工程概况

工程概况包括工程位置、用途及工程量,工程结构特点及地质情况、施工条件等。例如,矿建的巷道位置、用途、工程断面尺寸;土建的平面组合关系、楼层特征、主要分项工程内容与交付工期,有关施工条件的"四通一平"安排要求、材料及预制构件准备、交通运输情况以及劳动力条件和生活条件;安装工程的工程与设备特征、分项工程及工期要求等,以及有关施工条件的场地(平面与垂直)运输、水电动力条件、配套工程情况、设备与材料存放条件、设备检验与组装以及加工制作条件、生活条件等。

(2) 地质地形条件

地质地形条件对矿建项目要求更多些,包括穿过岩层及岩性、地质构造情况、水文条件以及瓦斯及煤尘等有害气体情况。对土建工程主要是地形地貌情况、工程涉及的工程地质与水文地质条件,包括土工性质,地面气候、雨期与冻结期,地下水位和冻结深度,主导风向和风力,地震烈度等。

(3) 施工方案与施工方法

单位工程施工组织设计应进行方案比较(包括采用新工艺的分部或分项或专业工程部分),确定施工方法及采用的机具,对施工辅助生产系统的安排。例如,矿建工作应有施工循环图表和爆破图表,支护方式与施工要求(说明书),凿岩、装岩、转载、运输设备及机械化作业线,施工质量标准与措施,新技术新工艺,提升、通风、压风、供水、排水、供电、照明、通信、供料等辅助工作内容等。

(4) 施工质量及安全技术措施

除在施工方法中有保证质量与安全的技术组织措施外,对于矿建工程应结合工程具体特点,考虑采取灾害预防措施和综合防尘措施,包括顶板管理、爆破通风、提升或运输安全、水患预防、瓦斯管理以及放射性防护等。

(5) 施工准备工作计划

施工准备工作计划包括技术准备,现场准备,劳动力、材料和设备、机具准备等。

(6) 施工进度计划与经济技术指标要求

要求结合工程内容对项目进行分解,确定施工顺序,根据施工方案和施工环境合理确定施工综合进度,编制网络计划或形象进度图等。

(7) 附图与附表

附表有进度表,材料、施工设备、机具、劳动力、半成品等需用量表,运输计划表,主要经济技术指标表等。

除说明书中的插图外，还应根据矿建、土建、安装工作不同内容，附有相应的附图，如工程位置图，工程平、断面图(包括材料堆放、起重设备布置和线路、土方取弃场地等)，工作面施工设备布置图，穿过地层地质预测图，加工件图等。

3.3 矿山工程施工组织管理

3.3.1 矿山建设施工准备

施工准备工作是完成工程项目的合同任务、实现施工进度计划的一个重要环节，也是施工组织设计中的一项重要内容。为了保证工程建设目标的顺利实现，施工人员应在开工前根据施工任务、开工日期、施工进度和现场情况的需要做好各方面的准备工作。

根据工程项目的性质不同，施工准备的具体内容有比较大的区别，但总体上应有以下五个方面的内容。

3.3.1.1 技术准备

(1) 掌握施工要求与检查施工条件

首先应依据合同和招标文件、设计文件以及国家政策、规程、规定等内容，掌握项目的具体工程内容及施工技术与方法要求，工期与质量要求等内容。

其次是检查设计的技术要求是否合理可行，是否符合当地施工条件和施工能力；设计中所需的材料资源是否可以解决；施工机械、技术水平是否能达到设计要求；并考虑对设计的合理化建议。

(2) 会审施工图纸

① 图纸审查的主要内容。图纸审查的内容包括确定拟建工程在总平面图上的坐标位置及其正确性；检查地质(工程地质与水文地质)图纸是否满足施工要求，掌握相关地质资料主要内容及对工程影响的主要地质(包括工程地质与水文地质)问题，检查设计与实际地质条件的一致性；掌握有关建筑、结构和设备安装图纸的要求和各细部间的关系，要求提供的图纸完整、齐全，审查图纸的几何尺寸、标高以及相互间关系等是否满足施工要求；审核图纸的签发、审核是否有效。

② 图纸会审的程序。通常图纸会审由建设单位主持，由设计单位和施工单位参加，三方进行设计图纸的会审。设计单位说明拟建工程的设计意图和一些设计技术说明；施工单位对设计图纸提出意见和建议。最后由建设单位形成正式文件的图纸会审纪要，作为与设计文件同时使用的技术文件和指导施工的依据，同时也是建设单位与施工单位进行工程结算的依据。

(3) 施工组织设计的编制及相关工作

施工组织设计是项目实施前必须完成的前期工作，它是项目实施必要的准备工作，也是科学管理项目实施过程的手段和依据。在技术准备阶段必须研究与编制项目的各项施工组织设计和施工预算；提出施工需图计划，及时完成施工图纸的收集和整理；完成技术交底和技术培训等工作。

3.3.1.2 工程准备

(1) 现场勘察

现场准备的主要内容是勘察现场自然条件和经济技术条件两个方面。现场勘察目的主要是掌握现场地理环境和自然条件、实际工程地质与水文条件；调查地区的水、电、交通、运输条件以及物资、材料的供应能力和情况；调查施工区域的生活设施与生活服务能力与水平，以及动迁情况，甚至包括民风民俗等。

(2) 施工现场准备

做好施工场地的控制网施测工作。根据现场条件，设置场区永久性经纬坐标桩和水准基桩，建立场区工程测量控制网。进行现场施测和对拟建的建（构）筑物定位。完成四通一平工作，做好施工现场的地质补充勘探工作，进行施工机具的检查和试运转，做好建筑材料、构（配）件和制品进场和储存堆放，完成开工前必要的临设工程（工棚、材料库）和必要的生活福利设施（休息室、食堂）等。完成混凝土配合比试验、新工艺、新技术的试验以及雨季或冬期施工准备等。

3.3.1.3 物资准备

物资准备应以施工组织设计和施工图预算为依据，编制材料、设备供应计划；制定施工机械需要量计划；落实货源的供应渠道，组织按时到货；各种材料及物资一般应有三个月需用量的储备。

3.3.1.4 劳动力的准备

劳动力的准备应根据各施工阶段的需要，编制施工劳动力需用计划，做好劳动力队伍的组织工作。建立劳动组织，确定项目组织机构，明确岗位职责，并根据施工准备期和正式开工后的各工程进展的需要情况组织人员进场。建立和健全现场施工以及劳动组织的各项管理制度。

3.3.1.5 对外协作协调工作

项目的实施全周期离不开周围环境的支撑，因此对外协作协调工作准备是否充分，直接影响项目的顺利实施。施工准备期内的一些施工和生活条件（如供水、供电、通信、交通运输、土产材料来源、生活物资供应、土地征购及拆迁障碍物等）需要地方政府、农业和其他工业部门的配合才能顺利实现。因此，争取外部支援和搞好对外协作是施工准备期的一项重要工作。另外，及时填写开工申请报告并上报主管部门批准，也是对外协作的重要内容之一。

3.3.2 矿井施工技术方案

3.3.2.1 矿井施工方案

(1) 矿山井巷工程施工技术方案

矿山井巷工程包括井筒、井底车场巷道及硐室、主要石门、运输大巷及采区巷道等全部工程，其中部分工程构成了全矿井延续距离最长、施工需时最长的工程项目，这些项目在总进度计划表上称为主要矛盾线或关键线路，其工程为关键工程。

如井筒→井底车场重车线→主要石门→运输大巷→采区车场→采区上山→最后一个采区切割巷道或与风井贯通的巷道等，关键线路上工程项目的施工顺序决定了矿井的施工工期和施工方案。矿山井巷工程施工有：

① 单向掘进施工方案——由井筒向采区方单方向顺序掘进主要矛盾线上的工程，即当井筒掘进到底后，由井底车场水平通过车场巷道、石门、主要运输巷道直至采区上山、回风巷及准备巷道，这种施工方案称为单向掘进方案。

其优点是：建井初期投资少，需要劳动力及施工设备少；采区巷道容易维护，费用较省；

对测量技术的要求相对较低;建井施工组织管理工作比较简单。其缺点是:建井工期较长;通风管理工作比较复杂;安全施工条件较差。

该方案主要适用于:开采深度不大,井巷工程量小,采用前进式开拓,受施工条件限制,施工力量不足的中小型矿井。

② 对头掘进施工方案——井筒掘进与两翼风井平行施工,并由主、副井井底和两翼风井井底同时对头掘进,即双向或多向掘进主要矛盾线上的井巷工程的施工方案,称为对头掘进方案。

其主要优点:采用对角式通风的矿井,利用风井提前开拓采区巷道,可以缩短建井工期,提前移交生产,节约投资;主副井与风井提前贯通,形成独立完整的通风系统,通风问题易于解决,特别是对沼气矿井的安全生产十分有利,同时增加了安全出口,为安全生产创造了条件;增大了提升能力,可以缓和后期收尾工程施工与拆除施工设备的矛盾;采区开拓时上下人员、材料设备的运输很方便。

对头掘进方案的缺点:增加了施工设备和临时工程费,需要的劳动力较多;采区巷道的维护费较大;施工组织与管理工作比较复杂,对测量技术的要求比较高。

(2) 矿山井巷工程施工技术方案的确定

矿山井巷工程施工技术方案的选择和确定首先要注意矿山工程关键线路上关键工程的施工方法,在保证施工安全和施工质量的前提下缩短矿山工程总工期。注意保证施工准备充分,以减少施工过程中的不可预见因素,同时努力减少施工准备期。充分利用网络技术的节点和时差,创造条件多头作业、平行作业、立体交叉作业。具体可以根据以下内容进行选择:

① 注意建井工程主要矛盾线上关键工程的施工方法,以缩短总工期为目标。注意努力减少施工准备期,建井初期的工程规模不宜铺开过大。充分利用网络技术的节点和时差,创造条件多头作业、平行作业、立体交叉作业。

② 施工准备期应以安排井筒开工以及项目所需要的准备工作为主,要在施工初期适当利用永久工程和设施,如行政联合福利建筑、生活区建筑、变电站、供水、供暖、公路、通讯等工程,并尽量删减不必要的临时工程,以减少大型临时工程投资和改善建井初期施工人员的生活条件,但过多利用永久建筑将增加建井初期的投资比重。因此,要对工程项目投资时间和大临工程投资进行综合分析,选择最佳效益。

③ 矿井永久机电设备安装工程应以保证项目联合试运转之前相继完成为原则,不宜过早。要注意保证矿建、土建、安装三类工程相互协调和机电施工劳动力平衡,尤其是采区内机电设备可采取在联合试运转之前集中安装的方法完成。

④ 除施工单位利用需要外,一般民用建筑配套工程可在项目竣工前集中兴建,与矿井同步移交,或经生产单位同意在移交生产后施工。

⑤ 设备订货时间应根据机电工程排队工期、并留有一定时间余量来决定,非安装设备可推迟到矿井移交前夕到货,甚至可根据生产单位的需要由其自行订货。矿建、土建、安装工程所需要的材料、备件、施工设备的供货与储备应依据施工计划合理安排,避免盲目采购和超量储备。

⑥ 当生产系统建成后,可以采用边投产边施工(剩余工程作为扫尾工程)的方法,以提早发挥固定资产的经济效益。如果投产后剩余工作量较大时,可列入矿井建设的二期工程

组织施工。

3.3.2.2 矿井施工顺序

3.3.2.2.1 矿山井巷工程项目施工的主要内容和施工安排

一般来说矿山井巷工程项目(一个矿井的建设)分为矿建、土建和安装工程三大类。为完成矿山井巷工程项目,除矿山工程项目主体工程外,施工单位为完成项目,必须准备大量的临时性的建筑物和构筑物,如临时提升运输系统、压风系统、通信系统、临时排水系统、通风系统、供电系统、工房、职工宿舍、办公用房等,临时性的矿建工程一般很少。矿山工程项目施工顺序安排要求如下:

(1) 施工项目的总体安排

在矿山工程施工顺序的安排上,通常是以矿建施工为主线,建筑安装与土建工程随矿建工作的进展,同时考虑土建或安装工程本身内容的特点来安排,综合协调考虑矿建、土建和安装三大类工程;而井巷工程和土建工程又要为安装工程准备好必要的施工条件。因此,矿建工程往往成为整个矿井工程项目的关键路线,而安装工程和土建工程除在施工初期,为保证矿建工程的施工条件工作比较紧张之外,大量的内容需要在矿建工程完成之后,集中在后期完成。所以,一个矿山工程必须考虑相互间的牵连关系,注意彼此间的影响,既要避免因为机电安装和土建工程抢占矿建工程的工期,又要防止矿建工程拖后影响安装、土建工程最后的完成而造成工期延迟。

在矿山工程总体安排时通常先安排好矿建工程的施工顺序,然后再把土建工程和安装工程补充插入进去,最后再进行工程总体协调,形成矿山工程的综合计划网络。

(2) 矿山工程项目三类工程施工顺序安排应统筹兼顾并合理组织

① 在三类工程施工顺序安排上,对时间上与矿建工程不牵连又不影响最后工期的内容,如场区铁路及铁路装运站、仓库、机修厂等的施工,可以作为关键路线上的补充内容,分批、分期,结合劳动力、设备、材料、场地空间需求等综合平衡进行安排。

② 而对于那些与关键线路工程内容有牵连的影响矿建工程进展的土建与安装工程或者是大临工程(如冻结、注浆等),则应使其在相应的矿建工程施工前完成。如凿井井架施工、主井临时罐笼提升系统与副井永久提升系统的交替衔接等,属于保证矿井施工必须要有(提升运输)的条件,就必须尽快完成。

③ 有些可以利用的永久设备,比如地面变电所、井下水泵房和相应的管线工程、井下变电所等,应尽早建设和安装,可以早建早利用,避免和减少修建临时设施。

④ 对于非标件安装工程来说,除应注意以上特点外,还应考虑工程初期非标准设备比较多,加工的环节相对多,控制相对困难,应留有更多的富裕时间。地面生产系统的设备安装可以与井下的内容错开,一般根据进度安排先完成地面内容,等井下硐室施工完成,根据队伍和空间的协调情况,进行井下工程的安装(采区安装)。

⑤ 井巷工程受井下施工条件的限制,特别是提升能力、施工空间等综合因素的限制,使得不可能大量的人力和设备同时进尺安排施工。因此,井巷工程的施工安排还要综合考虑,特别是设计整个矿井抗灾能力以及能提高矿井施工能力改善施工环境的工程应提前安排施工。比如在水患比较大的矿井,通常会把井下排水系统形成后方可安排大规模的井巷工程施工;而对于瓦斯隐患较大的矿井,通常要尽快形成永久通风系统,之后方可安排采区煤巷的大规模施工。

(3) 永久设施的利用

永久设施的利用主要包括地面建筑物、构筑物、设备以及井下设备设施等工程。利用永久设施的最大好处是可以减少大临设施的投入,同时减少大临设施到永久设施的转换时间,降低施工现场的空间占用,利于现场管理。地面办公和职工宿舍等永久建筑物的利用可以改善现场办公条件和工人生活环境,利于统一协调各施工单位的安全生产,利于现场管理;副井井筒永久装备的提前投入使用,可以大大提高矿井的运输能力,利于井下施工进度的提高;井下泵房、变电所的提前投入使用,可以大大提高矿井的抗灾能力等。

在工期安排上,地面工程中服务于矿井施工所必须修建的临时建筑物和构筑物、安设临时施工设备,以及项目设计规定要完成的需要提前投入使用的生产性或生活性建(构)筑物,必须先行建设和施工。

3.3.2.2.2 *矿山井巷工程项目施工顺序及其确定*

(1) 井筒的施工顺序

井筒施工顺序一般有主副井同时开工、主副井交错开工以及主副井先于风井开工、风井先于主副井开工等几种开工顺序。

① 主副井同时开工

这种方式通常采用的比较少,特别是现在在主副井均采用冻结的情况下,为了减小冻结站的装机容量,通常会安排主副井先后开工。因此通常在地质条件较好、岩层稳定,有充足的施工力量和施工准备,能保证顺利、快速施工的情况下,才采用这种方式;但该方式准备工作量大,并且由于主井工程量大,可能拖后完成;副井到底后不能马上形成井下巷道全面、快速施工的提升和通风条件,容易造成窝工;特别是采用冻结法施工的立井井筒时,这种开工顺序会造成冻结站装机容量大,电力负荷大,而且前期设备、人员投入巨大,成本大幅度增加。

② 主副井交错开工

在国内主副井在同一工业广场内的矿井开拓工程,根据我国多年来的建井实践,采用主副井交错开工的施工顺序比较普遍。一般采用主井先开工、副井后开工的顺序,从工期排队的角度来说,主井井筒一次到底、预留装载硐室,采用平行交叉施工方案,对缩短建井总工期比较有利。但是从现场实践、安全和管理的难易程度来说,主井井筒和装载硐室一次施工完毕的施工顺序比较普遍。通常主副井交错开工时间应根据网络优化确定,一般为1～4个月。

a. 主井在前,副井在后。

对于主副井井筒在同一工业广场内的立井开拓项目,我国多采用主井比副井先开工的方式。因为在一般情况下,主井比副井深,又有装载硐室,施工要占一定工期。主井先开工,基本与副井到底的时间前后相差不大,然后从主副井两个方向同时进行短路贯通,其最大的好处是贯通时间快,独头掘进距离短,特别是后续以吊桶提升的临时改绞前的时间段,人员上下、运输转载等都比较复杂。所以,主井提前开工有利于尽快完成临时提升系统改装,加大提升能力,缩短主副井交替装备的工期(先临时改装主井提升,然后再进行副井永久提升装备)。

b. 副井在前,主井在后。

因为井筒到底后,不完成临时贯通通常没办法进行井筒临时或永久装备,因此这种施工顺序目前在国内采用的比较少，它主要适用于副井有整套永久提升设备可提前利用的情况，如采用一次成井施工方案的矿井副井井筒。

③ 装载硐室的施工顺序

通常来说，主井井筒到底时间与装载硐室施工顺序有很大关系。装载硐室与主井井筒的施工顺序有四种方式，一是与主井井筒及其硐室一次顺序施工完毕，即井筒施工到装载硐室位置时就把装载硐室施工完成，然后继续施工装载硐室水平以下的井筒工程，此方法工期较长，但是不需要井筒二次改装，而且安全性较好；二是主井井筒一次掘到底，预留装载硐室硐口，然后再回头施工装载硐室，这种施工顺序的优点是排水和出渣工序相对简单，可以充分利用下部井筒的空间，缺点是需要搭建操作平台，安全性相对较差；三是主井井筒一次掘到底，预留硐口，待副井罐笼投入使用后，在主井井塔施工的同时完成硐室工程；三是主井井筒第一次掘砌到运输水平，待副井罐笼提升后，施工下段井筒，装载硐室与该段井筒一次作完，这种方式只有在井底部分地质条件特别复杂时（或地质条件出现意外恶劣情况时）才采用。

综合上述三种作业方式，总体来说采用第一种施工顺序相对较为科学合理，施工实践也比较多。

④ 主、副井与风井的施工顺序

主、副井与风井的施工顺序的选择通常取决于矿井采区的布置和开拓方式。从施工难易的角度来说，对于边界风井来说，其开拓任务不是很重且独头掘进通风难度大的情况下，一般通过风井开拓工程量比较小，可以滞后于主副井开工。如果边界风井开拓任务比较重，又具备独井掘进的通风条件，可以安排边界风井与主副井同时或前后开工。对于中央风井来说，一般与主副井前后开工比较合适。从关键线路的角度来说，位于关键路线上的风井井筒，要求与主、副井同时或稍后于主、副井开工，不在关键路线上的风井井筒，开工时间可适当推迟，推迟时间的长短以不影响井巷工程建井总工期为原则。一般情况下，一个矿井的几个井筒（包括主、副、风井）最好能在十几个月内前后全部开工。各风井井筒的开工间隔时间应控制在 3～6 个月内。除非特殊情况，一般不采用风井比主、副井提前开工的方案。对于分期投产矿井的井筒可按设计要求分期安排。对于通风压力大的矿井来说，风井开工的时间应以能尽早形成全矿井通风为目标来确定。

(2) 矿山井巷工程过渡期施工安排

为保证建井第二期工程顺利开工和缩短建井总工期，井巷过渡期设备的改装方案至关重要。井巷过渡期的施工内容主要包括：主副井短路贯通；服务于井筒掘进用的提升、通风、排水和压气设备的改装；井下运输、供水、通讯及供电系统的建立；劳动组织的变换等。

① 主副井短路贯通

井巷过渡期设备的改装之前，应首先进行短路贯通，以便为提升、通风、排水等设施的迅速改装创造条件。在可能的情况下短路贯通路线应尽量利用原设计的辅助硐室和巷道，如无可利用条件，则施工单位可以与建设单位协商后在主、副井之间选择和施工临时贯通巷道。临时贯通道通常选择主副井之间的贯通距离最短、弯曲最少、符合主井临时改装后提升方位和二期工程重车主要出车方向要求，以及与永久巷道或硐室之间留有足够的安全岩柱，并且应考虑所开临时巷道能给生产期间提供利用价值。主副井短路贯通一般需 1～2 个月时间。

② 提升设施的改装

提升设施的改装一般遵循主井—副井的改装顺序。主、副井两个井筒短路贯通后，通常主井井筒进行临时罐笼提升系统改装，主井临时改装完毕后进行副井井筒的永久装备。

通常在井底车场或巷道开拓时期的排矸量以及材料设备和人员上下的提升量大大增加(一般为井筒掘进时期的3～4倍)。主井井筒进行临时罐笼改装的目的是为了加大提升能力。改装的主要原则是保证过渡期短，使井底车场及主要巷道能顺利地早日开工；使主副井井筒永久装备的安装和提升设施的改装相互衔接；改装后的提升设备应能保证完成井底车场及巷道开拓时期全部提升任务。

两个井筒同时到底并短路贯通后，主井先改装为临时罐笼提升。此时，由副井承担井下临时排水及提升任务。临时罐笼改装一般需半个月左右时间。完成主井临时罐笼改装后，副井即进行永久提升设施安装，包括换永久井架(或井塔)和安永久提升机等，并一次建成井口房。对于钢井架、一般提升机改装需半年左右；采用井塔、多绳摩擦轮提升机，需要一年左右。等副井安装完毕后，主井即可进行永久提升设备安装。

主井临时罐笼改装副井进行永久装备这种主副井交替装备方案的特点是副井在过渡期的吊桶提升时间很短；在大巷及采区施工全面展开前，副井的永久罐笼提升可以运行，大大提高提升能力。这种改装方案是我国采用最多的一种，并且为能提前改装临时罐笼，主井开工时间一般应比副井早1～4个月。

随着井下开拓工程量的增大，特别是煤巷开拓工程量大幅度增加，施工速度提升很快，对提升能力提出了更高的需求。现在有一种新的改装方案，是利用风井或主井二次临时改装箕斗，以大幅增加提升能力，给井下采区巷道的快速开拓提供保障。

③ 运输与运输系统的变换

矿山井巷工程过渡期运输系统的变换按照主井改装临时罐笼来考虑时，一般可以分为以下几个阶段：

a. 主副井未贯通期：主副井到底后，对主副井贯通巷道掘进，一般仍用吊桶提升。

b. 主井临时罐笼改装期：主副井贯通后，副井进行吊桶提升，主井进行临时罐笼改装，这时井下一般采用V形矿车运输。

c. 主井临时罐笼提升期：这一时期副井进行井筒永久装备，并由主井临时罐笼提升，故多采用U形固定矿车运输。此时地面应设有临时翻罐笼进行翻矸，从翻罐笼到排矸场之间用V形矿车进行运输排矸。

d. 主井临时罐笼提升、副井永久提升期：这一时期通常根据整个井巷工程网络计划进行倒排，留出足够的主井井筒装备的时间，尽可能延长主井临时罐笼与副井永久提升系统共同运行的时间，以保障整个井巷工程提升运输任务。如果可以尽早完成主井永久装备并投入井巷工程开拓期的提升运输，或者井下开拓任务不是很大，单独副井永久提升能力可以满足的情况下，也可以尽早进入主井永久装备期。

e. 主井永久装备、副井永久罐笼提升期：这个时期通常也是井底巷道开拓任务最大的时候，应充分调度、管理副井提升系统，尽可能发挥副井提升能力，满足井下巷道开拓任务的提升需求。

④ 通风系统的改造

井筒到底后，主、副井未贯通前，仍然是利用原来凿井时的通风设备、设施进行通风。主副井贯通后，应尽早形成主井进风，副井出风的通风系统。通风系统的改造一般有三种方案：

a. 将主井风筒拆除，同时延长副井风筒，并在主、副井贯通联络巷内修建临时风门。它适用于井深较浅的浅井。

b. 将副井内原有风筒拆除，在主井临时罐笼改装时保留一趟风筒，将主要扇风机移到井下主副井贯通联络巷内，实现主井进风、副井出风的通风系统。主井保留的一趟风筒是为了应急时给井下主要扇风机提供新鲜风流，排出瓦斯用。此方案能增加有效风量，通风阻力较小，适用于深井条件。

c. 在高瓦斯矿井条件下，应采用封闭主井井架，在主井地面安装主要扇风机，形成主井回风、副井进风的全矿井负压通风系统。

通风系统的改造时应注意同时串联通风的工作面数最多不得超过 3 个。为避免多工作面串风，可采用抽出式通风或增开辅助巷道。

⑤ 排水系统改造

井巷工程过渡期的排水系统改造一般可分为三个主要阶段：

a. 未完成主副井短路贯通前，仍然利用原有的凿井排水系统，分别利用主副井井底水窝作为临时水仓，利用主副井原有的排水系统排水。

b. 主副井短路贯通后，主井改装临时罐笼期间，井底排水系统利用副井井底水窝和副井排水系统排水或在副井马头门位置设置临时卧泵排水，主井涌水由卧泵排到副井井底。

c. 主井临时罐笼提升、副井永久装备期，可在副主井临时马头门外施工壁龛或是直接在巷道一侧安设临时卧泵，由主井井底吸水，经敷设在主井井筒中的排水管将水排出地表。当涌水量较大时，可扩大主、副井联络巷，作为临时泵房和变电所，甚至另开凿临时水仓。

在井底车场施工期间，应尽可能优先安排排水系统及相关硐室施工，这样在副井永久装备完成后，可以尽快形成永久水仓、水泵房等永久排水系统，提高矿井的抗水灾能力。

⑥ 其他设施的改装

在主井井筒临时装备转换时，还要解决好井下的压风供应及供电、供水、通讯、信号、照明等工作。主副井贯通后，应考虑在井底车场内(一般在临时泵房附近)设临时变电所，以供水泵、绞车、扇风机等高压电户用电。

(3) 矿井建设二三期工程的施工

通常来说，矿井一期工程以井筒工程为代表，其施工内容包括井筒及相关硐室掘砌施工和主、副井短路贯通等工程。二期工程主要以巷道为代表，按施工区域划分为主、副井施工区和风井施工区。主、副井施工区的二期工程，主要指井底车场及各类硐室、主要运输石门、井底矿仓、运输大巷及有关硐室和采区下部车场、采区矿仓、上下山等井巷工程及铺轨工程。风井施工区的二期工程，主要指风井井底临时车场、回风石门、总回风巷，以及由风井施工的上下山、交岔点、硐室和铺轨工程。

① 井底车场巷道施工安排

井底车场巷道施工顺序的安排除应保证主副井短路贯通与关键线路工程项目不间断地快速施工外，同时还必须积极组织力量，掘进一些为提高连锁工程的掘进速度和改善其施工条件、提高矿井抗灾能力所必需的巷道，应进行综合平衡，平衡的最重要的考虑因素是以安全为前提，防范各种可能出现的风险，提高整个矿井的抗灾能力，例如：井下排水系统的施工，改善工作面掘进条件，提升矿井抗水灾的能力；通风系统的完善，形成通风环路，改善通风条件，改变独头通风的困难；尽快形成环形运输系统，提高运输能力等。

② 井底车场硐室施工安排

井底车场硐室施工顺序安排通常应考虑下列各因素：

a. 与井筒相毗连的各种硐室（马头门、管子道、装载硐室、回风道等）在一般情况下应与井筒施工同时进行，装载硐室的安装应在井筒永久装备施工之前进行。

b. 井下各机械设备硐室的开凿顺序应根据利于提升矿井抗灾能力、利于后续工程的施工和安装工程的需要、提前投产需要等因素进行综合考虑。如为提高矿井抗水灾能力的永久排水系统，包括井下变电所、水泵房和水仓、管子道等应尽早安排施工；矿仓和翻笼硐室工程复杂，设备安装需时长，也应尽早施工；利于改善通风系统，提升矿井抗瓦斯灾害能力的巷道应尽快安排施工；利于提高矿井运输能力的巷道及相关硐室应尽早安排施工。电机车库、消防列车库、炸药库等也应根据对它们的需要程度不同分别安排。

c. 对于不急于投入使用且对矿井开拓、抗灾能力影响不大的服务性的硐室，如等候室、调度室和医疗室等，一般可作为平衡工程量用。但为了改善通风、排水和运输系统有需要时，也可以提早施工。

d. 通常巷道在掘进到交叉点或是硐室入口处时，应向支巷掘进 5 m 左右，以便为后续工程掘进创造空间，不至于后续工程掘进时影响到主掘进工作面的安全和运输。其余巷道在不作为关键工程时，可以根据施工网络图计划作为平衡工程量使用，但应注意两个工作面在相互距离较近时的施工安全。

③ 井底主要大巷的施工

井底主要大巷包括轨道运输大巷、胶带运输大巷、回风大巷、运输上山（下山）大巷、回风上山（下山）大巷等。这类大巷的特点是服务期限较长，巷道断面较大、距离较长，以岩石巷道为主，而且大多数在关键线路上，是通往采区的关键工程，对矿井的建设工期和安全生产起着关键作用。因此这类工程的施工安排应考虑以下因素：

a. 在具备施工运输和施工安全的前提下，应尽快进入主要大巷的掘进工作，在运输、通风、劳动力安排方面应尽可能优先考虑主要大巷的施工。

b. 考虑到井下主要大巷一般距离较长，为了避免长距离通风的难题，通常安排井下主要大巷双巷掘进，其中一个工作面超前另一个工作面 50～150 m，每隔一定距离施工一联络巷，利用双巷形成临时通风和运输系统，缩短独头通风距离，改善工作面通风条件。

c. 对于井下主要大巷的掘进通常应组织较好的施工队伍和较强的机械化配套，进行快速施工。目前岩巷常用的机械化配套有岩巷综掘机配转载皮带或其他运输转载系统、液压凿岩台车—液压扒渣机（或侧卸式装载机）—转载运输系统（或无轨防爆胶轮车）。

④ 采区巷道与硐室的施工

采区巷道与硐室是通常意义上的矿井三期工程，一般包括采区车场、泵房、变电所、水仓、煤仓、顺槽、开切眼等工程。除采区巷道、硐室是岩巷外，顺槽和开切眼均为煤巷。煤巷的施工是三期工程的代表工程。对于三期工程的施工通常应考虑以下因素：

a. 三期工程的顺槽和切眼通常是关键线路工程，在满足安全、通风需求的前提下，应优先安排施工。

b. 采区其他巷道和硐室通常结合总施工进度计划安排，综合平衡各种因素安排施工进度计划。

c. 采区顺槽通常距离比较长，且均为煤巷，为了解决通风和瓦斯难题，一般应安排双巷掘进，减小巷道独头通风距离。

d. 采区顺槽的施工一般应采用综合掘进机或掘锚一体机掘进，根据现场条件后配套运输可以采用皮带或其他有轨转载运输系统，配套掘进能力可以达到月进 1 500 m 以上，可以大大缩短建井工期。

3.3.3 矿井施工总平面布置

3.3.3.1 矿山工程施工总平面布置的原则和方法

(1) 矿山工程施工总平面布置的原则

矿山工程施工总平面布置应综合考虑地面、地下各种生产需要、建筑设施、通风、消防、安全等各种因素，以满足井下施工安全生产为前提，围绕井口生产系统进行布置。矿山工程施工总平面的布置原则如下：

① 施工总平面布置前，应充分考察现场，掌握现场的地质、地形资料，了解高空、地面和地下各种障碍物的分布情况，并熟悉现场周围的环境，以期做到统筹规划、合理布局、远近兼顾，为科学管理、文明施工创造有利的条件。在山区、洼地布置施工总平面时，要特别考虑雨季排水、山体滑坡等各种灾害、隐患。

② 施工总平面的布置应综合考虑矿井一期、二期、三期等不同阶段的井下施工特点和需求，平衡不同阶段地面工程的进度安排，以及各个不同阶段施工总平面的平稳过渡。

③ 合理、充分地利用永久建筑、道路、各种动力设施和管线，以减少临时设施，降低工程成本，简化施工场地的布置。

④ 合理确定临时建筑物和永久建筑物的关系，一般临时建筑不占用永久建筑位置，避免以后大量拆移造成浪费，临时建筑物标高尽可能按永久广场标高施工。

⑤ 临时建筑的布置要符合施工工艺流程的要求，做到布局合理。为井口服务的设施应布置在井口周围；动力设施（变电所等）应靠近负荷中心；噪音源（如压风机房、地面通风机等）应与井口信号室、绞车房等要害场所保持一定距离；有空气污染源的设施（如搅拌站、机修车间等）应和地面通风机保持一定距离；其他生产设施应尽量选择在适中的地点，做到有利施工；办公室、食堂、职工宿舍等生活设施应尽量布置在主流风向的上风侧；对于冻结井筒地面取水井的位置选取还要考虑布置在地下水流方向的上游，以减少对冻结工程的影响。

⑥ 广场窄轨铁路、场内公路布置，应满足需要并方便施工，力求节约，以降低施工运输费用和减少动力损耗。窄轨铁路应以主、副井为中心，能直接通到材料场、坑木场、机修厂、水泥厂、混凝土搅拌站、排矸场、储煤场等。主要运输线路和人流线路尽可能避免交叉。

⑦ 各种建筑物布置要符合安全规程的有关规定，遵守环境保护、防火、安全技术、卫生劳动保护规程，为安全施工创造条件。要统一满足火药库、油脂库、加油站与一般建筑物的最小安全距离要求。

⑧ 临时工程应尽量布置在工业场地内，节约施工用地，少占农田。

(2) 矿山工程施工总平面布置的依据

① 工业场地、风井场地等总平面布置图；

② 工业场地地形图及有关地质地形、工程地质、场地平整资料；

③ 矿井施工组织设计；

④ 矿、土、安三类工程施工进度计划；

⑤ 施工组织设计推荐的施工方案；

⑥ 各场地拟利用的临时建筑工程量表、施工材料、设备堆放场地规划。

(3) 主要施工设施布置设计要求

总平面的布置要以井筒(井口)为中心，力求布置紧凑、联系方便，满足以下要求：

① 对于副井井筒施工系统布置来说，其凿井提升机房的位置，必须根据提升机形式、数量、井架高度以及提升钢丝绳的倾角和偏角等来确定，布置时应避开永久建筑物位置，不影响永久提升、运输、永久建筑的施工。对于主井井筒施工系统布置来说，由于一般考虑主井临时罐笼提升改装需要，其提升机的位置通常与井下临时出车运输方向保持一致，其双滚筒提升机不得占用永久提升机的位置，并考虑井筒提升方位与临时罐笼提升方位的关系，使之能适应井筒开凿、平巷开拓、井筒装备各阶段提升的需要。通常凿井井架以双面对称提升、吊挂布置，以有利于井架受力和地面施工平面布置。

② 临时压风机房位置，应靠近井筒布置，以缩短压风管路，减少压力损失，最好布置在距两个井口距离相差不多的负荷中心，距井口一般在 50 m 左右，但是距提升机房和井口也不能太近，以免噪声影响提升机司机和井口信号工操作。

③ 临时变电所位置，应设在工业广场引入线的一面，并适当靠近提升机房、压风机房等主要用电负荷中心，以缩短配电线路；避开人流线路和空气污染严重的地段；建筑物要符合安全、防火要求，并不受洪水威胁。

④ 临时机修车间，使用动力和材料较多，应布置在材料场地和动力车间附近，而且运输方便的地方，以便于机械设备的检修，应避开生活区，以减少污染和噪声。车间之间应考虑工艺流程，做到合理布置。铆焊车间要有一定的厂前区。

⑤ 临时锅炉房位置，应尽量靠近主要用汽、供热用户，减少汽、热损耗，缩短管路。布置在厂区和生活区的下风向，远离清洁度要求较高的车间和建筑，交通运输方便，建筑物周围应有足够的煤场、废渣充填及堆积的场地。

⑥ 混凝土搅拌站，应设在井口附近，周围有较大的能满足生产要求的砂、石堆放场地，水泥库也须布置在搅拌站附近，并须考虑冬季施工取暖、预热及供水、供电的方便。要尽量结合地形，创造砂、石、混凝土机械运输的流水线。

⑦ 临时油脂库，应设在交通方便、远出厂区及生活区的广场边缘，一方面便于油脂进出库，并满足防火安全距离需要。

⑧ 临时炸药库，设在距工业广场及周围农村居民点较远的偏僻处，并有公路通过附近，符合安全规程要求，并设置安全可靠的警卫和工作场所。

⑨ 矸石和废石除用来平整场地的低洼地之外，应尽量利用永久排矸设施。矸石和废石堆放场地应设在广场边缘的下风向位置。

3.3.3.2　永久建(构)筑物与永久设施、设备的利用

一般来说，矿山项目建设初期能够尽快建成投入使用的且相对投资较大、可以为加快矿山建设速度、保障矿山建设安全的永久设施、设备、建(构)筑物都可以提前利用。提前利用永久建筑物和设备是矿井建设的一项重要经验，它除了可以减少临时建筑物占地面积，简化工业广场总平面布置外，还可以节约矿井建设投资和临时工程所用的器材，减少临时工程施工及拆除时间和由临时工程向永久工程过渡的时间，缩短建井总工期，减少建井后期的建筑

安装工程及其收尾工作量，使后期三大工程排队的复杂性与相互干扰减少，为均衡生产创造了条件。同时，还可改善生产与建井人员的生活条件。

副井永久提升系统提前投入使用可以大大提升矿井地提升能力，为井下快速掘进提供保障。

永久通风机提前投入使用，可以大大改善井下通风条件，提高矿井抗瓦斯灾害的能力。

井下永久泵房变电所提前投入使用，可以很好地提升矿井抗水灾的能力。

利用金属永久井架施工，井筒到底后可迅速改装成永久提升设备以服务于建井施工。因此，利用副井的永久井架及永久提升机进行井筒施工，常常是可行的和有效的技术措施。此外，诸如宿舍、办公楼、食堂、浴室、任务交代室、灯房、俱乐部、排水系统、照明、油脂库、炸药库、材料仓库、木材加工厂、机修厂、6 kV 以上输变电工程、通信线路、公路、蓄水池、地面排矸系统、压风机与压风机房、锅炉及锅炉房、永久水源、铁路专用线等，应创造条件，最大限度地利用或争取利用其永久工程与设备。

为了保证可利用的永久工程能在开工前部分或全部建成，所需的施工图、器材、设备要提前供应，土建及安装施工人员要提前进场。永久建筑物和设备的结构特征、技术性能与施工的需要不尽一致时，要采取临时加固、改造措施，防止永久结构的超负载或永久设备的超负荷运行，造成损失。同时，也要避免永久设备的低负荷运行，造成浪费。

3.3.4 矿井施工劳动组织

3.3.4.1 矿山工程施工队的组织形式

对于不同的矿山工程，其施工队的组织形式有不同的要求。

对于立井井筒掘砌施工来说，一般施工队的劳动组织形式分为两种：

一种是综合掘进队组织形式，综合掘进队是将井巷工程施工需要的主要工种（掘进、支护）以及辅助工种（机电维护、运输）组织在一个掘进队内。这种掘进队形式通常是一个项目部承担一个井筒时采用比较适宜，可以很好地协调沟通，避免推诿扯皮。掘进队下面可以分成几个掘进班组、支护班组、运输班组、机电维护班组等。

另一种是专业掘进队组织形式，专业掘进队是将同一工种或几个主要工种组织在掘进队里，而施工的辅助工种由其他辅助队、班配合。这种掘进队组织形式在一个项目部承担两个井筒工程时采用比较有利，可以减少人员的配置，充分发挥运输、机电维护的总体协调能力，做到减人提效。

对于井下巷道二、三期工程来说，一般都是采用专业队的劳动组织形式，通常设置运输队、机电队和通风队等。

掘进队除负责掘进、支护以及工作面的运输工作以外，还负责工作面的设备、工器具保养维护，遇到大的设备故障由机电队进行维修。掘进队自身一般分成三或四个班组，实行三八制或四六制作业，每个班组都有掘进和支护，有的掘进队专设支护班，但掘进班也有支护任务。

运输队负责工作面之后的所有运输、井筒提升、地面运输、井口信号等。

机电队负责除工作面之外的所有设备的运转、维护、供电照明等。

3.3.4.2 矿山工程施工劳动组织的特点

（1）综合掘进队的特点

① 在队长统一安排下，能够有效地加强施工过程中各工种工人在组织上和操作上的相

互配合，因而能够加速工程进度，有利于提高工程质量和劳动生产率。

② 各工种、各班组在组织上、任务上、操作上，集体与个人利益紧密联系在一起，为创全优工程创造了条件。

③ 能提高掘进队工人的操作技术水平。

(2) 专业掘进队的特点

① 掘进队担负生产任务比较单一，因而施工管理比较简单。

② 施工对象与任务变化不大，易于钻研技术，对于完成任务和培养技术力量方面有积极作用。

③ 人员配备少，管理恰当时效率高。

4 工程项目进度管理

4.1 进度计划编制方法

4.1.1 施工进度计划的种类及编制方法

矿山工程项目由矿建、土建和机电安装三大类工程组成，施工工序较多、施工时间长且各施工工序之间存在交叉，因此必须编制较为全面的施工进度计划。目前我国矿山工程施工进度计划的种类主要有横道图进度计划和网络图进度计划。

4.1.1.1 横道图进度计划及编制

(1) 横道图进度计划

横道图也称甘特图，是美国人甘特(Gantt)在 20 世纪 20 年代提出的。由于其形象、直观且易于编制和理解，因而长期以来被广泛应用于建设工程进度控制之中。

横道图进度计划是按时间坐标绘出的，横向线条表示工程各工序的施工起止时间及先后顺序，整个计划由一系列横道线组成。在工序时间的横道线下方，还可以利用横道线的信息进行资源使用、劳力组织等的情况分析。它的优点是易于编制、简单明了、直观易懂、便于检查和计算资源，特别适合于现场施工管理。它的缺点是分析功能相对比较弱。

(2) 横道图进度计划的编制程序

① 将构成整个工程的全部分项工程纵向排列填入表中。

② 横轴表示可能利用的工期。

③ 分别计算所有分项工程施工所需要的时间。

④ 如果在工期内能完成整个工程，则将第③项所计算出来的各分项工程所需工期安排在图表上，编排出日程表。这个日程的分配是为了要在预定的工期内完成整个工程，而对各分项工程的所需时间和施工日期进行的试算分配。

(3) 横道图进度计划的应用

横道图在进度计划和控制中应用最为广泛，利用横道图进度计划可明确地表示出矿山工程各项工作的划分、工作的开始时间和完成时间、工作的持续时间、工作之间的相互搭接关系，以及整个工程项目的开工时间、完工时间和总工期。矿山工程施工过去一直普遍采用横道图进度计划，广泛用于井筒、巷道、硐室等工程的施工工序循环组织，能够简单明了地表示各施工工序的时间安排和相互搭接关系。但是对于施工项目较多、工序之间关系复杂，特别是矿山工程项目井巷工程项目总进度计划，矿建、土建和安装工程三类工程总进度安排，其逻辑关系表达不够明确，应用有一定的局限性。

利用横道图计划表示矿山工程项目的施工进度的主要优点是形象、直观，且易于编制和理解，因而长期以来应用比较普及。但利用横道图表示工程进度计划，存在很多缺点：

① 不能明确地反映各项工作之间错综复杂的相互关系。

② 不能明确地反映影响工期的关键工作和关键线路，也就无法反映整个工程项目的关键所在，不便于进度控制人员抓住主要矛盾。

③ 不能反映工作所具有的机动时间。

④ 不能反映工程费用与工期之间的关系。

序号	工作名称	工程量/m	时间/d	2016年					2017年						
				9月	10月	11月	12月	1月	2月	3月	4月	5月	6月	7月	8月
1	主副井贯通	45	30												
2	车场绕道A	35	45												
3	1号交岔点	12	15												
4	副井马头门	15	30												
5	等候室	18	30												
6	副井空车线	15	60												
7	中央水泵房	18	90												
8	中央变电所	16	90												
9	管子道	20	30												
10	2号交岔点	10	15												
11	水仓入口	10	30												
12	内水仓	90	75												
13	外水仓	150	150												
14	主井临时绕道	12	30												
15	车场绕道B	20	30												
16	车场绕道C	18	30												
17	副井重车线	50	60												
18	其他巷道或硐室		120												

图4-1 某矿井井底车场巷道及硐室施工横道图进度计划

4.1.1.2 网络进度计划及编制

4.1.1.2.1 工程网络进度计划

工程网络进度计划是用网络图来表示的进度计划。网络图由箭线和节点组成，是用来表示工作流程的有向、有序网状图形。利用网络图的形式来表达各项工作的相互制约和相互依赖的关系，并标注时间参数，用于编制计划、控制进度、优化管理的方法，成为网络计划技术。我国采用的工程网络计划类型包括：

① 双代号网络计划：以箭线及其两端节点的编号表示工作的网络计划。

② 双代号时标网络计划：以时间坐标为尺度编制的双代号网络计划。

③ 单代号网络计划：以节点及其编号表示工作，以箭线表示工作之间逻辑关系的网络计划。

④ 单代号搭接网络计划：指前后工作之间有多种逻辑关系的肯定型(工作持续时间确定)的代号网络计划。

网络计划工作之间的逻辑关系包括工艺关系和组织关系。

矿山工程利用网络进度计划，可以使施工进度得到有效控制。实践已证明，网络进度计划是用于控制工程进度的最有效工具。根据矿山工程项目施工的特点，目前施工进度计划主要采用肯定型网络计划中的双代号网络计划，尤其是双代号时标网络计划，它以时间坐标为尺度表示各项工作进度的安排，工作计划时间直观明了。

利用网络进度计划表示矿山工程的施工进度安排并进行进度控制，可以弥补横道图计划的许多不足。与横道图计划相比，网络进度计划的主要特点是：

① 网络计划能够明确表达各项工作之间的逻辑关系。

② 通过网络计划时间参数的计算，可以找出关键线路和关键工作。

③ 通过网络计划时间参数的计算，可以明确各项工作的机动时间。

④ 网络计划可以利用电子计算机进行计算、优化和调整。

当然，网络计划也有其不足之处，它没有横道图计划那么直观明了，但在一定条件下可通过时标网络计划进行弥补。

4.1.1.2.2　*网络进度计划编制程序*

① 调查研究。调查研究的内容包括全部文件资料。包括合同规定的工程任务构成及相关政策、规程要求，特别要对施工图进行透彻研究；还有熟悉施工的客观条件，了解现场施工的具体条件。

② 确定方案。施工方案是决定施工进度的主要因素。确定施工方案后就可以确定项目施工总体部署、划分施工阶段、制定施工方法、明确工艺流程、决定施工顺序等。其中施工顺序是网络计划工作的重点。这些一般都是施工组织设计中已经考虑的内容，故可以直接根据有关文件获得后进行进度计划的编制。

③ 划分工序并估算时间。根据工程内容和施工方案，将工程任务划分为若干道工序。要求每一道工序都有明确的任务内容，有一定的实物工程量和形象进度目标，完成与否有明确的判别标志。确定工序后，估算每道工序所需要的工作时间，进行进度计划的定量分析。对于工序时间的确定，一般采用经验确定和定额计算两种方法。

④ 绘制进度计划图表。在充分掌握施工程序何和安排的基础上，绘制横道图或网络图并进行优化，确定关键线路和计划工期，提交进度计划图表。

4.1.1.2.3　*网络计划时间参数计算*

网络计划时间参数计算的目的在于确定网络计划的关键工作、关键线路和计算工期，为网络计划的优化、调整和执行提供明确的时间参数。矿山工程施工常采用双代号网络计划，其时间参数计算如下。

(1) 时间参数的概念

① 工作持续时间

网络计划中的工作通常用其起始节点号表示，工作 i-j 的持续时间是指一项工作从开始到完成的时间，用 $D_{i\text{-}j}$ 表示。

② 工期

工期(T)泛指完成任务所需要的时间，一般有以下三种：

a. 计算工期，根据网络计划时间参数计算出来的工期，用 T_c 表示；

b. 要求工期，任务委托人所要求的工期，用 T_r 表示；

c. 计划工期，根据要求工期和计算工期所确定的作为实施目标的工期，用 T_p 表示。

网络计划的计划工期 T_p 应根据实际情况分别确定，当已规定了要求工期 T_r 时，$T_p\leqslant$

T_r。当未规定要求工期时,可令计划工期等于计算工期,$T_p=T_c$。

③ 工作的六个时间参数

a. 最早开始时间,是指在各紧前工作全部完成后,工作 i-j 有可能开始的最早时刻,用 $ES_{i\text{-}j}$ 表示。

b. 最早完成时间,是指在各紧前工作全部完成后,工作 i-j 有可能完成的最早时刻,用 $EF_{i\text{-}j}$ 表示。

c. 最迟开始时间,是指在不影响整个任务按期完成的前提下,工作 i-j 必须开始的最迟时刻,用 $LS_{i\text{-}j}$ 表示。

d. 最迟完成时间,是指在不影响整个任务按期完成的前提下,工作 i-j 必须完成的最迟时刻,用 $LF_{i\text{-}j}$ 表示。

e. 总时差,是指在不影响总工期的前提下,工作 i-j 可以利用的机动时间,用 $TF_{i\text{-}j}$ 表示。

f. 自由时差,是指在不影响其紧后工作最早开始的前提下,工作 i-j 可以利用的机动时间,用 $FF_{i\text{-}j}$ 表示。

(2) 双代号网络计划时间参数计算

① 最早开始时间和最早完成时间的计算

工作最早时间参数受到紧前工作的约束,故其计算顺序应从起点节点开始顺着箭线方向依次逐项计算。

以网络计划的起点节点为开始节点的工作最早开始时间为零。如网络计划起点节点的编号为 1,则:

$$ES_{i\text{-}j}=0 \quad (i=1) \tag{4-1}$$

最早完成时间等于最早开始时间加上其持续时间:

$$EF_{i\text{-}j}=ES_{i\text{-}j}+D_{i\text{-}j} \tag{4-2}$$

最早开始时间等于各紧前工作的最早完成时间 $EF_{h\text{-}i}$ 的最大值:

$$ES_{i\text{-}j}=\max\{EF_{h\text{-}j}\} \tag{4-3}$$

或

$$ES_{i\text{-}j}=\max\{ES_{h\text{-}i}+D_{h\text{-}i}\} \tag{4-4}$$

② 确定计算工期

计算工期等于以网络计划的终点节点为箭头节点的各个工作的最早完成时间的最大值。当网络计划终点节点的编号为 n 时,计算工期:

$$T_c=\max\{EF_{i\text{-}n}\} \tag{4-5}$$

当无要求工期的限制时,取计划工期等于计算工期,即取 $T_p=T_c$。

③ 最迟开始时间和最迟完成时间的计算

工作最迟时间参数受到紧后工作的约束,故其计算顺序应从终点节点起,逆着箭线方向依次逐项计算。

以网络计划的终点节点($j=n$)为箭头节点的工作的最迟完成时间等于计划工期,即:

$$LF_{i\text{-}n}=T_p \tag{4-6}$$

最迟开始时间等于最迟完成时间减去其持续时间:

$$LS_{i\text{-}j}=LF_{i\text{-}j}-D_{i\text{-}j} \tag{4-7}$$

最迟完成时间等于各紧后工作的最迟开始时间 $LS_{j\text{-}k}$ 的最小值:

$$LF_{i\text{-}j} = \min\{LS_{j\text{-}k}\} \tag{4-8}$$

或

$$LF_{i\text{-}j} = \min\{LF_{j\text{-}k} - D_{j\text{-}k}\} \tag{4-9}$$

④ 工作总时差的计算

总时差等于其最迟开始时间减去最早开始时间，或等于最迟完成时间减去最早完成时间，即：

$$TF_{i\text{-}j} = LS_{i\text{-}j} - ES_{i\text{-}j} \tag{4-10}$$

或

$$TF_{i\text{-}j} = LF_{i\text{-}j} - EF_{i\text{-}j} \tag{4-11}$$

⑤ 工作自由时差的计算

当工作 $i\text{-}j$ 有紧后工作 $j\text{-}k$ 时，其自由时差应为：

$$FF_{i\text{-}j} = ES_{j\text{-}k} - EF_{i\text{-}j} \tag{4-12}$$

或

$$FF_{i\text{-}j} = ES_{j\text{-}k} - ES_{i\text{-}j} - D_{i\text{-}j} \tag{4-13}$$

以网络计划的终点节点($j=n$)为箭头节点的工作，其自由时差 $FF_{i\text{-}n}$。应按网络计划的计划工期 T_p确定，即：

$$FF_{i\text{-}n} = T_p - EF_{i\text{-}n} \tag{4-14}$$

网络计划时间参数的计算可直接在网络图上进行，从网络计划的起点开始计算工作的最早开始和最早完成时间，确定出计划工期后，从网络计划的终点向起点计算工作的最迟完成和最迟开始时间，最后计算工作的自由时差和总时差。示例如图 4-2 所示。

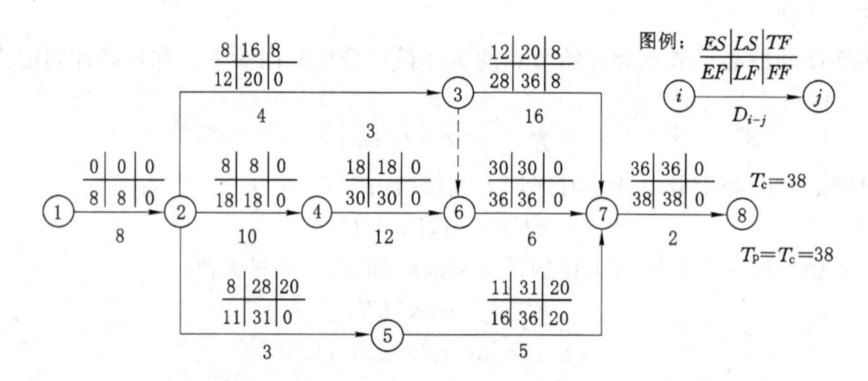

图 4-2 某工程网络计划时间参数图上计算方法和结果

(3) 关键工作和关键线路的确定

① 关键工作

网络计划中总时差最小的工作是关键工作。

② 关键线路

自始至终全部由关键工作组成的线路为关键线路，或线路上总的工作持续时间最长的线路为关键线路。网络图上的关键线路可用双线或粗线标注。

(4) 网络计划的优化

① 绘制资源曲线

满足工期要求的网络计划确定后，应根据时标网络计划绘制施工主要资源的计划用量曲线。

② 可行性判断

主要是判别资源的计划用量是否超过实际可能的投入量。如果超过了，要进行调整，就是要将施工高峰错开，削减资源用量高峰；或者改变施工方法，减少资源用量。这时就要增加或改变某些组织逻辑关系，在保证工期要求的同时，满足资源的计划用量要求，然后重新绘制时间坐标网络计划图。

③ 优化程度判别和提交施工网络计划

可行的计划不一定是最优的计划。进度计划优化的目的是在满足一定约束条件下实现工程施工预定的目标要求，计划的优化是提高经济效益的关键步骤。通常的优化应考虑包括有工期优化、费用优化和资源优化的内容；如果计划的优化程度已经可以令人满意，就得到了可以用来指导施工、控制进度的施工网络计划了。

大多数的工序都有确定的实物工程量，可按工序的工程量，并根据投入资源的多少及该工序的定额计算出作业时间。若该工序无定额可查，则可组织有关管理干部、技术人员、操作工人等，根据有关条件和经验，对完成该工序所需时间进行估计。

4.1.2 矿山工程施工进度计划编制

4.1.2.1 矿山工程施工进度计划编制要点

4.1.2.1.1 施工顺序安排

（1）施工顺序安排的原则

矿山工程施工顺序的安排应遵循的原则是建井工期最短，经济技术合理、施工可行，并在具体工程条件、矿井地质和水文地质条件下可以获得最佳的经济效益。

如高瓦斯矿井宜采用下山掘进，便于瓦斯管理，节省通风费用；涌水量大的矿井采用上山掘井，可节省排水费用，加快施工速度；关键路线上的工程的贯通点，宜选择在最佳的位置。从多年来建井的实践证明，采用井塔及多绳轮提升机时，其土建、机电设备安装的工程量比较大、工期较长；当安排在建井后期完成时，工作集中、时间紧迫，又受设计、设备、气候等较多影响，所以应特别注意此类工程的合理安排和互相配合。

（2）矿山工程施工顺序安排的要点

① 优选施工方案。决定井筒施工方案的主要因素包括井筒穿过地层的地质水文条件、涌水量大小；井筒设计规格尺寸、支护方式、施工技术装备条件与施工工艺可能性、施工队伍技术水平与管理水平，在保证施工安全和质量要求的条件下，考虑技术先进性，以及经济效益条件。一般要求井筒施工方案应有先进的平均月成井速度。

② 合理进行工程排队。施工队伍安排的原则是首先要根据施工期各个环节的工作能力，包括提升运输能力、通风能力，确定可能安排的工作面，具体安排掘进队伍；在保证工期和按时完成各个施工环节与系统的同时，考虑施工队伍平衡，避免施工队伍调配和人员增减的过分频繁。

4.1.2.1.2 井巷工程施工的关键路线

（1）矿山井巷工程关键路线的构成

在矿山井巷工程中，部分前后连贯的工程构成了全矿井施工需时最长的工程，这就形成了关键路线。如井筒→井底车场重车线→主要石门→运输大巷→采区车场→采区上山→最后一个采区切割巷道或与风井贯通巷道等。井巷工程关键路线决定着矿井的建设工期。

（2）缩短井巷工程关键路线的主要方法

① 如在矿井边界设有风井，则可由主副井、风井对头掘进，贯通点安排在运输大巷和上山的交接处。

② 在条件许可的情况下，可开掘措施工程以缩短井巷主要矛盾线的长度，但需经建设、设计单位共同研究并报请设计批准单位审查批准。

③ 合理安排工程开工顺序与施工内容，应积极采取多头、平行交叉作业。

④ 加强资源配备，把重点队和技术力量过硬的施工队放在主要矛盾线上施工。

⑤ 做好主要矛盾线上各项工程的施工准备工作，在人员、器材和设备方面给予优先保证，为主要矛盾线工程不间断施工创造必要的物质条件。

⑥ 加强主要矛盾线工程施工的综合平衡，搞好各工序衔接，解决薄弱环节，把辅助时间压缩到最低。

4.1.2.2 矿山建设施工工期的确定方法

(1) 建井工期的概念

① 施工准备期——矿井从完成建设用地的征购工作，施工人员进场，开始场内施工准备工作之日起，至项目正式开工为止所经理的时间。

② 矿井投产工期——从项目正式开工（矿井以关键路线上任何一个井筒破土动工）之日起到部分工作面建成，并经试运转，试生产后正式投产所经历的时间。

③ 矿井竣工工期（或建井工期）——从项目正式开工之日起到按照设计规定完成建设工程，并经过试生产，试运转后正式竣工、交付生产所经历的时间。

④ 建井总工期（或称建井总工期）——矿井施工准备工期与矿井竣工工期之和。

(2) 建井工期的推算方法

目前，确定建井工期的主要方法是根据关键路线的工作内容来进行。具体的推算方法可以有三种，见表 4-1。

表 4-1　　建井工期的推算方法

推算方法	计算方法	备注及符号说明
根据矿井建设的关键线路来推算（包含了以下三种推算方法的内容）	运用统筹法，进行三类工程综合排队，优化施工方案，确定出矿井建设的关键线路，关键线路所占时间为矿井建设工期	T_1、T_2、T_3分别为三种推算方法计算的矿井建设工期，月 t_1—井筒掘砌工期，月 t_2—主副井短路贯通工期，月 t_3—井巷工程主要矛盾线内的井底车场空重车线、主要石门运输大巷掘砌工期，月 t_4—井巷工程主要矛盾线内的采区巷道掘砌工期，月 t_5—采区工程完工后采掘设备装备期，收尾工期，月 t_6—矿井试生产，试运转工期，月 t_7—不可预见工期（一般指灾害和自然条件而引起的工期损失，5%左右），月 t_8—副井永久提升系统装备期（包括井筒装备、永久锁口、井塔、井口房、井塔内永久设备安装和调试等），月 t_9—主井永久提升系统装备期（内容同副井），月 t_{10}—地面生产系统与 t_8 不能平行施工的装备期（包括地面煤仓、胶带走廊、筛分楼的土建和机电安装工期），月 t_{11}—主要生产系统的试运转，矿井试生产期，月 t_{12}—成套设备订货、到货的总期限（从矿井开工之日算起），月 t_{13}—最后成套设备到货后需要安装的工期，月
1. 依据井巷工程的施工期来推算	按照矿井井巷工程关键线路的施工期推算矿井建设工期： $T_1=t_1+t_2+t_3+t_4+t_5+t_6+t_7$	
2. 依据与井巷工程紧密相连的土建、安装工程施工期来推算	与井巷工程紧密相连的土建工程，即为主副永久装备系统和地面生产系统与三类工程相连部分施工期： $T_2=t_1+t_2+t_8+t_9+t_{10}+t_{11}$	
3. 依照主要生产设备订货、到货和安装时间来推算	矿井主要生产系统的成套设备供应，包括主副井永久提升系统，采区设备的供应： $T_3=t_{12}+t_{13}+t_{11}$	

注：本表算法为一般情况，如部分施工期可平行或没有，可另单独处理。

4.2 矿山工程施工进度控制方法

4.2.1 矿山工程施工进度控制特点

4.2.1.1 矿山工程项目进度控制作用和意义

矿山工程项目进度控制的最终目标是充分调动企业的人力、物力和财力,以及可能的自然资源与环境、外协条件,实现项目的进度计划目标,以达到尽可能的项目效益。

矿山工程项目的特点决定了矿山工程项目实施进度控制的重要意义。

(1) 落实国家资源开发的规划

资源开发是国民经济计划的重要方面,涉及国民经济各方面的发展和要求。一个大型矿山项目是国家能源开发计划的内容。因此,矿山项目完成的时间,不仅影响建设单位、施工单位的直接利益,也关系到国家经济计划的落实和国家持续发展的可行性的重要问题。

(2) 矿山工程项目的复杂性体现了工程进度控制的重要性

矿山工程项目是由矿建、土建、安装三大内容构成,包括地面和地下工程部分,相互之间关系密切而相互制约,如矿山项目早期井下任务重,后期安装、土建任务紧张。前期安装和土建给井下任务让道、围绕井下工作展开的安排,不仅是为顺利完成矿建工作,也为后期工作争取了时间。

矿山工程项目还是一个由多系统组成的工作,包括生产、通风、提升运输、排水一直到通讯以及选矿与矿物储运系统,这些系统不仅是构成生产不可缺少的部分,而且也在施工过程中成为施工、安全等方面的一个链环,也会相互影响甚至决定其他施工内容的条件和工程的连续性,因此施工顺序和进度的安排必须考虑这种复杂的关系。井底车场施工阶段要求巷道尽快形成回路,就是为解决井下多工作面施工的通风、运输、排水等的重要问题。只要有一个环节疏忽,就会给后续施工带来许多困难。

(3) 进度控制与施工成本的关系密切

矿山工程进度控制除影响施工成本的一般关系外,还在于项目自身的特点。例如,矿山工程使用大量施工材料、备件;安装工程,包括购置大型专用设备的费用在项目中占有相当的比例,在大型临时工程的修建以及已建巷道的维护等方面的投入多少都与施工安排及其进度快慢有重要关系。因此根据进度计划安排设备和材料资金,合理安排大型临时工程,充分利用一些永久工程和设备,以及从工程顺序和施工速度上缩短巷道维护期等措施,对矿山工程投资的时间效益具有重要意义。

(4) 施工条件的困难形成对矿山工程项目进度控制的挑战

矿山工程施工条件的复杂性、困难性和地质条件的不确定性对施工进度的影响之大是其他工程所难以见到的。这些情况都会造成对进度计划的偏离。因此,一方面要求在进度安排时有更科学合理的方法,既能保持较高的施工速度,又要考虑到一定风险;另一方面是更需要采用科学和有力的方法,加强对工程进度计划的控制和调整,解决各种因素对矿山工程进度的影响,甚至有时为实现工期的目标,在允许的条件下采用增加辅助工程的内容、改变巷道断面或结构形式等方法,都是可行的。

4.2.1.2 矿山工程项目进度控制主要特点

(1) 施工顺序明确而限制多

从总体来讲，矿山项目的施工从地面到井下、从后向前推进的顺序是比较明确的，没有过多的选择余地，不能随意安排。从另一方面来讲，这也说明了矿山工程施工顺序所受限制比较多。井下的一个局部工程内容，必须先有通道(井筒或巷道)到达以后才能进行；从井上到井下的运输必须通过井筒内能力有限的提升运输设备来完成。因此这些条件往往就成为限制和决定施工能力的决定性条件。

(2) 复杂的环境因素对进度计划影响大

矿山工程施工的环境与地质条件是复杂的，也有较大的不确定性，意外情况总是难以避免，突发性事故也相对较多。可以说，井下的这种“不可预见事件”，经常成为工程事故和影响施工进度的原因。这种“不可预见事件”，给制定预期计划造成许多困难。矿山工程项目的管理者，至少应从两个方面重视这一特点，即为提高管理水平，必须尽量多掌握施工环境和地质、水文条件，有足够的应急措施；对缺少环境和地质资料会给工程项目带来严重风险和困难，应有充分的认识。同时，也必须对复杂条件有充分的准备。

(3) 进度控制手段的特点

对一般工程而言，进度计划出现偏差时可采取的手段有多种选择，包括行政的、施工组织的、经济的、资源调配等方面。但是，对于矿山工程项目而言，这些手段并非都是有效或者是同样有效的。例如，一个工作面的施工空间有限，就是限制井下施工速度快慢的一个重要条件。过多配备施工人员不仅不能提高施工速度，反而会相互牵制和干扰；临时调配一件大型施工设备进出工作面所花的代价，与能够获得的效果相比较，其结果可能并不会像地面工程那样明显。特别是井筒施工，施工设备要占有很大空间，井筒施工设备的尽量精简而合理布置，就成为提高施工速度的重要因素。可见，施工技术和施工管理手段，在矿山工程项目的进度控制中占有更重要的地位。

(4) 平行施工和平行作业

矿山工程项目在施工顺序难以改变的情况下，为加快工程进度，除直接加快各工序的施工速度外，较多地采用平行施工或平行作业的方法，包括单一井巷中的掘、砌(甚至安装)平行，两个巷道的交替作业等。采用双向贯通掘进的施工方法，也是一种出于平行作业的思路。加快巷道贯通不仅是施工速度问题，也是加快巷道形成回路、形成第二通道的要求。但是这种方法在井下是有条件的，就是必须在要建的巷道两端开出工作面。有时为加快巷道贯通也可以采用增加贯通巷道。这种加快施工进度的方法，表现在施工网络图上，就不仅是简单的工时缩短，而是出现了网络结构的改变。

(5) 技术手段的重要性

一个矿山工程项目的施工快慢，与所采用的施工方案、施工工艺、施工技术、施工装备等有很大关系。在一些地质条件复杂的地方，由于施工方案不正确或施工技术水平不高，使井巷工程寸步难行、无法推进，甚至会造成安全事故。我国井筒施工速度从每月几十米，到现在可以施工百余米，与采用伞钻、抓岩机、大容积吊桶等技术密切相关；同时也得益于采用“打干井”技术，井筒施工条件得到了极大的改善，施工速度得到了很大的提高。一些因为难以施工和维护而难以有进度的巷道，在更换施工队伍和施工观念后，就变得比较快速、顺利的现场例子也有很多。因此，对于矿山工程项目，施工方案的确定和施工技术水平的提高，是保证实现快速施工的重要环节。

4.2.2 施工进度计划的调整

4.2.2.1 矿山工程项目进度控制的过程

矿山工程施工项目进度计划控制的实施，从矿井施工准备开始直至竣工投产，整个工程建设过程自始至终需要施工进度控制人员掌握项目的进展情况，发现进度出现偏差，及时进行调整。

(1) 矿山工程施工项目进度控制目标

矿山工程施工项目进度控制的目标是建设工期，为了有效地实施控制，需要对矿井建设总工期目标进行分解，以明确各个阶段、各个工程、各个单位和关键节点的目标。

① 明确施工阶段目标，控制工程的进度。

矿山工程施工项目根据其施工的性质通常划分为施工准备阶段、井筒施工阶段、井巷过渡及巷道和硐室施工阶段和采区巷道施工阶段。施工准备阶段应保证完成井筒开工所具备的各种条件，涉及“三通一平”及各类临时设施的准备等，任何工作出现拖延，都会影响到井筒的正常开工，从而影响到总工期。井筒施工阶段，尽管井筒工程量少，但占用工期长，井筒施工又是关键线路上的工程，施工单位应尽量采用成熟且先进的技术，加快井筒的施工进度，保证井筒按预定计划到底进行短路贯通。井巷过渡及巷道和硐室施工阶段，施工任务重、工作面多、施工队伍多，同时涉及提升运输、通风排水等辅助工作，因此要控制关键线路上的工程施工进度，协调好非关键工作的进度安排，组织好平行交叉和搭接施工作业。另外，此时副井进入永久装备，需要加快进度，防止其出现延误影响矿井建设后期的提升工作。采区巷道施工阶段要求矿井基本形成通风系统，提升能力得到改善，在安排采区巷道施工时要注意协调好安装工程的配套作业，同时要加快地面土建和安装工程施工作业，确保竣工投产工期总目标。

② 明确承包单位责任，协调工程的进度。

矿山工程项目构成复杂，要求安排的施工队伍多，对于每一个单位工程或分部工程，施工单位都应当根据施工总进度计划的要求明确所承担项目的开、竣工时间，特别是一项工程由多家施工单位承包时，更应当协调好施工安排，以便专业工程的平行交叉作业的顺利开展，保证工程按计划进度顺利实施。如立井井筒施工，采用冻结法施工时，井筒冻结和掘砌由不同施工单位承包，这时掘砌单位对施工工期的控制依赖于冻结单位，如果井筒冻结不能保证按时开挖，就会影响井筒掘砌工期；再者，如果井筒冻结温度过低使冻土挖掘困难，也会影响井筒的施工进度。因此承包单位之间的相互协调有利于工程进度的正常实施。

③ 明确重要施工节点，组织综合施工。

矿井建设过程中，围绕第一个井筒的开工，要完成施工准备工作。围绕井筒到底进行短路贯通，是井巷过渡转入巷道施工和进行主、副井交替装备的开始。围绕井筒永久装备完成并交付使用，是地面土建、安装工程施工的开始和竣工的标志。围绕工程施工中的重要施工节点，要组织综合施工，实现工程进度的节点控制。如在主副井施工到底进行短路贯通后副井即可进行永久装备，围绕副井永久装备，应当完成井筒装备安装、提升机房建设、提升机安装、井架安装、井口房施工、副井提升配套的地面浴室、更衣室、地面排矸设施等建设，组织综合配套施工是确保副井永久装备按进度计划顺利实施的关键。

4.2.2.2 矿山工程施工进度影响因素及对策

影响矿山地面工程与井巷工程进度的因素及相关对策见表 4-2。

表 4-2　　矿山建设项目影响工期的因素及应采取的措施表

序号	影响工期的因素	具体内容	对策
1	影响进度的相关部门、单位	施工单位； 设计、物资供应、资金管理部门； 与工程建设有关的运输、通信、供电等部门和单位	由监理单位与建设项目有关部门和单位对工程进度和工作进度进行协调； 加强向有关政府职能部门汇报请示，争取最快解决； 计划工期要预留足够的机动时间
2	设计变更因素	建设单位或政府主管部门改变部分工程内容，或较大地改变了原设计的工作量； 设计失误造成差错； 工程条件变化，需改变原有设计方案（施工图）	原则上应维护原经过主管部门批准的设计权威性； 对一些必不可少的设计变更，应本着实事求是少改动的原则； 提前在工程施工前 3 个月做好预见性工作，使设计修改有充分的时间； 监理单位在工程建设中要加强与设计、行政管理的协调平衡
3	物资供应进度因素	材料、设备、机具不能及时到位；或虽已到货但质量不合格	加强对工程建设物资供应（部门、人员）的管理； 加强物资供应的计划管理，提前做好物资供应的合同签订、资金供应； 建立物资供应的质量保证体系
4	资金供应的因素	计划不周； 施工单位未按工程进度要求提前开工单位工程	加强资金供应计划，落实资金供应渠道，无资金供应保证的工程不能开工； 建设项目开工前要有资金储备； 施工单位应有一定量的垫付资金储备；对提前开工的工程，可签发停工令或拒签工程付款签证
5	不利的施工条件因素	施工中的地质条件较原提供资料更复杂； 自然环境的变化	准备阶段做好充分调研； 加强地质勘探和工程地质工作，并使设计和施工有切合实际的防患措施； 施工组织设计应有明确、可靠的预防措施； 及时采取有效、合理的技术和管理措施以应对条件的变化； 每年要提前编制夏季防洪、防雷电、防汛、冬期防寒、防冻措施计划，确保工程正常施工
6	技术因素	工程施工过程中由于技术措施不当；或者对于采用的新技术、新材料、新工艺，事先未做充分准备，仓促使用； 到货的材料、设备、机具未作试验、调试、质量检验，一旦投运出现技术问题，都可能延误工期	施工技术措施应进行认真的研究，充分准备，尽可能采用成熟、可靠的材料、设备、工艺； 对于必须采用的新技术、新材料、新工艺，要充分做好调研、编制推新的技术措施，有充分把握后再投入使用； 对于正常的材料、设备、机具要有一套完整的检验、调试、试运的质量保证和管理制度

续表 4-2

序号	影响工期的因素	具体内容	对策
7	施工组织因素	劳动力、施工机具调配不当；施工季节选择不当	协助施工单位编制并严格审批施工组织设计； 仔细选择工程建设的各阶段、各单位工程的施工季节，充分做好对劳动力、机具的配备； 现场施工指挥及时到位
8	不可预见事件因素	不可预见的自然灾害（如地震、洪水、地质条件的突变）； 社会环境及其他不可预见的变化（如地方干扰）等	对可能预见的自然灾害应有足够的对策（如对地震、防洪、防汛）； 有地质条件突变的应急措施（防突水、防瓦斯、煤层突出）； 及早恢复施工，抢回损失的工期； 充分做好协调社会环境工作，加强与外部环境联系，使不发生或减少对工程干扰

4.2.2.3 矿山工程进度计划调整的主要原则

工程进度更新主要包括两个方面的工作，即分析进度偏差的原因和进行工程进度计划的调整。常见的进度拖延情况有：计划失误、合同变更、组织管理不力、技术难题未能攻克、不可抗力事件发生等。

(1) 进度控制的一般性措施

① 突出关键路线，坚持抓关键路线。

② 加强生产要素配置管理。配置生产要素是指对劳动力、资金、材料、设备等进行存量、流量、流向分布的调查、汇总、分析、预测和控制。

③ 严格控制工序，掌握现场施工实际情况，为计划实施的检查、分析、调整、总结提供原始资料。

(2) 进度拖延的事后控制

进度拖延的事后措施，其最关键内容是要分析引起拖延的原因，并针对原因采取措施；还可以采取投入更多的资源加速活动、采取措施保证后期的活动按计划执行；分析进度网络，找出有工期延迟的路径；改进技术和方法提高劳动生产率；或者征得业主的同意后，缩小工程的范围，甚至删去一些工作包(或分项工程)；或采用外包策略，让更专业的公司完成一些分项工程。

(3) 关键工作的调整原则

① 当关键工作的实际进度较计划进度提前时，若仅要求按计划工期执行，则可利用该机会降低资源强度及费用。

② 当关键工作的实际进度较计划进度落后时，就要缩短后续关键工作的持续时间，达到满足工期的要求。

4.2.2.4 矿山工程进度计划调整的方法

(1) 矿山工程进度计划调整的系统过程

矿山工程施工进度计划的调整依赖于对实际施工进度的控制，作为建设项目的进度控制人员，可以对施工进度跟踪检查，其具体方法可采用收集进度报表、现场实地检查、定期召开会议等，然后根据收集的进度数据进行分析来判断实际进度。在此基础上，分析进度出现偏差的原因及其对后续工作和总工期的影响，并根据后续工作和总工期的限制条件采取相应的计划调整办法。

（2）矿山工程施工进度计划调整方法

根据对矿山工程进行计划的检查，如果发生进度偏差，必须及时分析原因，并根据限制条件采用合理的调整方法。通常当施工进度偏差影响到后续工作和总工期时，应及时进行计划调整。

① 对于矿山工程施工的关键工作实际进度较计划进度落后时，通常要缩短后续关键工作的持续时间，其调整方法可以有：

a. 重新安排后续关键工序的时间，一般可通过挖掘潜力加快后续工作的施工进度，从而缩短后续关键工作的时间，达到关键线路的工期不变。由于矿山工程施工项目受影响的因素较多，在实际调整时，应当尽量调整工期延误工序的紧后工序或紧后临近工序，尽早使项目施工进度恢复正常。

b. 改变后续工作的逻辑关系，如调整顺序作业为平行作业、搭接作业，缩短后续部分工作的时间，达到缩短总工期的目的。这种调整方法在实施时应保证原定计划工期不变，原定工作之间的顺序也不变。

c. 重新编制施工进度计划，满足原定的工期要求。由于关键工作出现偏差，如果局部调整不能奏效，可以将剩余工作重新编制计划，充分利用某些工作的机动时间，特别是安排好配套或辅助工作的施工，达到满足施工总工期的要求。

② 对于矿山工程施工的非关键工作实际进度较计划进度落后时，如果影响后续工作特别是总工期的情况，需要进行调整，其调整方法可以有：

a. 当工作进度偏差影响后续工作但不影响工期时，可充分利用后续工作的时差，调整后续工作的开始时间，尽早将延误的工期追回。

b. 当工作进度偏差影响后续工作也影响总工期时，除了充分利用后续工作的时差外，还要缩短部分后续工作的时间，也可改变后续工作的逻辑关系，以保持总工期不变，其调整方法与调整关键工作出现偏差的情况类似。

③ 发生施工进度拖延时，可以增减工作项目。如某些项目暂时不建或缓建并不影响工程项目的竣工投产或动用，也不影响项目正常效益的发挥。但要注意增减工作项目不应影响原进度计划总的逻辑关系，以便使原计划得以顺利实施。矿井建设工作中，例如适当调整工作面的布置以减少巷道的掘进工程量，地面建筑工程采用分期分批建设等都可以达到缩短工期的目的。

④ 认真做好资源调整工作。在工程项目的施工过程中，发生进度偏差有很多因素，如若资源供应发生异常时，应进行资源调整，保证计划正常实施。资源调整的方法可通过资源优化的方法进行解决。例如井巷施工中，要认真调配好劳动力，组织好运输作业，确保提升运输能力，保证水、电、气的供应等。

4.2.3 矿山工程施工进度控制

4.2.3.1 矿山工程进度控制的目标和内容

（1）进度控制的目标及范围

矿山工程施工进度控制的是工期目标，即实施施工组织优化的工期或合同工期。进度控制范围是在控制目标的基础上确定的，包括：对整个施工阶段的控制；对整个项目结构的控制，尤其是矿、土、安三类工程的综合平衡的控制；对相关工作实施进度控制；对影响进度的各项因素实施控制。控制的关键是组织协调。

（2）进度控制的任务和内容

矿山工程进度控制的主要任务是通过完善项目控制性进度计划，审查施工单位施工进度计划，做好各项动态控制工作，协调各单位关系，预防工期拖延，以使实际进度达到计划施工进度的要求，并处理好工期索赔问题。进度控制的方法包括采用行政手段、经济手段和管理技术方法。

4.2.3.2　矿山工程施工进度控制的过程

4.2.3.2.1　矿山工程施工项目进度控制的实施

矿山工程施工项目进度控制的实施贯穿于整个项目建设的始末，作为进度控制人员，对项目具体的实施控制包括如下几个方面：

（1）认真编制建设项目的进度计划

根据项目建设的要求编制符合实际的可操作性的工程总进度计划，并由此根据施工阶段、施工单位、项目组成编制分解计划，明确目标，方便进度计划的控制和调整。

（2）审核施工承包单位的进度计划

针对施工承包单位提交的进度计划要根据总进度计划的要求认真进行审核，审核其施工的开竣工时间、施工顺序和施工工艺的合理性、资源配套要求及与其他施工承包单位进度计划的协调性，对存在问题及时要求整改，避免影响工程的正常施工。

（3）督促和检查施工进度计划的实施

在矿山工程项目施工过程中，实施进度的控制要求控制人员深入现场获取工程进展的实际情况，并与计划进度进行对比分析，对出现进度偏差的情况进行分析，找出原因，对存在问题提出整改，同时协助解决施工中存在的相关问题，防止进度拖延问题的扩大。

（4）调整进度计划并控制其执行

由于施工单位进度发生偏差而影响工程建设的进度，这时应当根据进度控制的基本原则对施工进度计划进行调整。进度调整要以关键工作、关键节点时间为控制点，尽量在较短的时间内使工程进度恢复到正常状态，同时实施调整后的进度计划，严格控制施工进度。

4.2.3.2.2　矿山工程施工进度控制要点

（1）优选施工方案

① 优选施工方案的原则

a. 选择最优的矿井施工方案，合理安排与组织，尽可能缩短井巷工程关键线路的工期。

b. 选择合理的井筒施工方案，其中选择通过含水地层的施工方案是关键。

c. 充分利用网络技术，创造条件多头作业、平行作业、立体交叉作业。

d. 讲求经济效益，合理安排工程量和投资的最佳配合，以节省投资和贷款利息的偿还。为此大型矿井可实施分期建设、分期投产，早日发挥投资效益。

e. 利用永久设施（包括永久设备、永久建筑）为建井服务。

② 优选施工方案的具体措施

a. 根据实际情况，综合分析、全面衡量，缩短井巷工程关键线路的工程量。

b. 井巷工程关键路线贯通掘进，由主、副井开拓井底车场、硐室，提前形成永久排水、供电系统,加快主、副井永久提升系统的装备,以适应矿井加快建设的提升能力需要。由风井提前开拓巷道,提前形成通风系统,加大通风能力,适应多头掘进需要。

c. 在制定各单位工程施工技术方案时,必须充分考虑自然条件,全面分析和制定技术安全措施,并组织实施,做到灾害预防措施有力,避免发生重大安全事故。

d. 采用的施工工艺和装备,要经方案讨论对比,然后选择经济合理的工艺和方案。

(2) 合理安排施工顺序

① 加快井巷工程关键路线施工速度

a. 全面规划,统筹安排。特别要仔细安排矿、土、安相互交叉影响较大的工序内容。

b. 充分重视安装工程施工。随生产设备和设施的大型化和现代化,安装工程量越来越重,甚至会成为关键路线上的内容。尽量提前利用永久设备,对提高施工能力也是非常有益的。

c. 采取多头作业、平行交叉作业,积极推广先进技术,采用新工艺、新技术、新装备以提高井巷工程单进水平。

d. 把施工水平高、装备精良的重点掘进队放在关键路线上,为快速施工创造条件。

e. 关键路线上各工程开工前,要充分做好各项施工准备工作,提前编制施工方案和技术措施,以及各项辅助生产系统的准备。

f. 加强综合平衡,使用网络技术动态管理,适时调整各项单位工程进度,做到各工程的合理衔接,加快后续工程进度,解决薄弱环节,做好工程优化,降低辅助生产占用的工时。

② 缩短工程过渡阶段工期

a. 井筒试开挖阶段,要做好井架、井口棚、井内三盘(封口盘、固定盘、吊盘)安设,试开挖后即可转入正式开工。

b. 井筒提升悬吊设计,表土段与基岩段要统一考虑,表土段施工结束,悬吊系统作必要的调整即可转入基岩段掘砌。井筒如采用分段排水。在转入基岩段施工前,则尽早建立转水站及排水系统。基岩段如有强含水地层,应提前做好防排水措施工程,采用工作面预注浆或其他防水措施,以缩短通过含水地层的工期。

c. 由井筒转入平巷施工的过渡阶段,提升、运输、通风、排水、供电都要作重大调整。为此,应提前做好过渡期施工的各辅助生产系统的施工组织设计,做好各项工程转换的施工准备(包括技术准备、设备准备、物资准备、人员准备),以便井筒施工结束后尽快转入平巷施工。

d. 主、风井井底贯通后,矿井的通风、排水、供电、运输系统亦要作必要的调整,因此,贯通前要做好各项调整的施工设计和准备工作,确保矿井主、风井贯通后的安全施工。

e. 做好矿井建设期提升系统的交替装备,主要是主、副井交替装备的施工组织,争取提前使用永久提升设备。

(3) 加强施工组织管理

① 选择一个强有力的监理单位

矿井建设过程中,建设单位应当选择一个强有力的监理单位,以便实施工程进度、质量、投资的有效控制,协调好建设单位与施工单位之间的各项关系。

② 搞好综合平衡协调

由于关键路线并不是固定不变的,在施工过程中,随着客观条件和工程实际进度的变化，关键路线也可能随之变化。因此搞好三类工程进度的综合平衡，避免关键路线的转化，对加快工程进度十分必要。

4.2.4 加快井巷施工进度的主要措施

4.2.4.1 加快矿山工程施工进度的组织措施

矿山工程施工项目数量多、类型复杂，并且包括矿建、土建和安装三类工程项目，因此必须认真进行组织和落实，加快施工进度。在工程施工过程中，可以采取下列主要措施：

(1) 增加工作面，组织更多的施工队伍

针对矿山工程项目数量多的特点，在前期准备工作中可针对不同的井筒有针对性地组织施工队伍，保证围绕井筒开工的各项准备工作顺利开展。在井筒到底转入巷道和硐室时，在满足提升运输、通风排水的条件下，尽可能多开工作面，组织多工作面的平行施工。对于地面土建工程，如果具备独立施工的条件，尽量多安排施工队伍。而进入矿井建设后期，安装工作上升为主要矛盾，要尽可能创造更多的工作面安排施工队伍进行安装作业，在条件许可的情况下最大限度组织平行作业，可有效缩短矿井建设的总工期。

(2) 增加施工作业时间

对于矿山工程的关键工程，应当安排不间断施工。对于发生延误的工序，其后续关键工作要充分利用时间，加班加点进行作业。如地面安装工程，在时间紧迫的情况下，可延长每天的工作时间，或者安排夜班作业，缩短实际安装作业天数，达到缩短工期的目的。

(3) 增加劳动力及施工机械设备

要有效缩短工作的持续时间，可适当增加劳动力的数量，特别是以劳动力为主的工序。如冻结井筒冻土的挖掘工作，在机械设备不能发挥作用的情况下，如果工作面允许，可多安排劳动力进行冻土的挖掘，这样能有效加快出渣速度，提高井筒冻结段的施工进度，缩短井筒的工作时间，从而达到缩短建设工期的目的。在施工中，有条件时还可以增加施工机械设备的数量，大大提高工作面的工作效率。例如井筒基岩段出渣工作，如果井筒内布置 2～3 个吊桶，而只有一台抓岩设备，出渣速度难以保证，若井筒断面允许布置两台抓岩设备，就可有效提高出渣速度，这对加快井筒的施工进度是十分有效的。

4.2.4.2 加快矿山工程施工进度的技术措施

(1) 优化施工方案，采用先进的施工技术

矿山工程施工技术随着科学技术的发展也在不断进步，优化施工方案或采用先进的施工技术，可以有效地缩短施工工期。如井筒表土施工，采用冻结法可确保井筒安全通过表土层，避免发生施工安全事故。井筒全深冻结施工，可有效保证井筒顺利通过基岩含水层，确保井筒的计划工期，避免了由于井筒治水而发生工期延误的可能性。巷道施工采用锚喷支护技术取代传统的砌碹支护，大大降低了工人的劳动强度，加快了施工进度，节约了投资。在地面提绞设备安装工作中，提升机控制系统选择先进的自动控制技术，尽管初期投资较大，但可节约安装工期，且其长远经济效益显著。

(2) 改进施工工艺，缩短工艺的技术间隙时间

矿山工程施工项目品种繁多，不断改进施工工艺，缩短工艺之间的技术间隙时间，可缩短施工的总时间，从而实现缩短总工期的目的。如井筒冻结段内层井壁的施工，过去普遍推广的滑模套内壁工艺，由于需要专门制作滑模盘，而且在滑模施工中必须连续作业，有时施工难以保证，经常发生延误时间的现象。施工企业通过不断总结经验，改进套壁工艺，采用

块模倒换的施工方法，在严格控制混凝土初凝时间基础上，实现了冻结段井筒内壁块模倒换的连续施工工艺，缩短了套壁时间，节约了施工工期，加快了冻结井筒的施工速度。

(3) 采用更先进的施工机械设备，加快施工速度

矿山工程施工的主要工序已基本实现机械化，选择先进的高效施工设备，可以充分发挥机械设备的性能，达到加快施工速度的目的。如井筒基岩段施工出渣工作，采用传统的人力操纵装岩机，6～8人操作，其出渣效率只有20 m^3/h左右，而采用先进的中心回转抓岩机，仅需要1～2人操作，其出渣效率可达到50 m^3/h左右，不仅节省了人力，还加快了出渣速度。再如煤巷掘进工作，特别是长距离顺槽的掘进，传统的钻爆法施工速度仅有100～200 m/月，而采用煤巷综掘机掘进，平均可达300～500 m/月，最快可达1 000 m/月。因此采用更为先进的施工机械设备，是加快矿山工程施工进度的有效保证。

4.2.4.3 加快矿山工程施工进度的管理措施

(1) 建立和健全矿山工程施工进度的管理措施

矿山工程施工企业要建立加快工程施工进度的管理措施，从施工技术、组织管理、经济管理、配套技术等方面不断完善企业内部管理制度，提高管理技术和水平。对于承担的工程建设项目实施项目法人责任制和项目负责人负责制，进度控制责任明确，分工具体，保证项目进度的正常实施。

(2) 科学规划、认真部署，实施科学的管理方法

针对矿山工程施工项目复杂的实际情况，施工企业要制定科学的管理方法，认真编制合理的施工进度计划，进行科学的施工组织，在项目管理上，采用现代管理方法，利用计算机实现施工项目的信息处理、预测、决策和对策管理。在具体工程管理工作中，强调系统工程的管理办法，实现资源优化配置与动态管理，满足建设单位的工期目标。

4.2.4.4 加快井巷工程关键路线工作施工速度的具体措施

① 全面规划，统筹安排。特别要仔细安排矿、土、安相互交叉影响较大的工序内容。

② 充分重视安装工程施工，并尽量提前利用永久设备，对提高施工能力也是非常有益的。

③ 采取多头作业、平行交叉作业，积极采用新技术、新工艺、新装备，提高井巷工程单进水平。

④ 把施工水平高、装备精良的重点掘进队放在关键路线上，为快速施工创造条件。

⑤ 充分做好各项施工准备工作，减少施工准备占用时间，降低辅助生产占用的工时。

⑥ 加强综合平衡，做好工序间的衔接，解决薄弱环节；利用网络技术做好动态管理，适时调整各项单位工程进度。

4.2.4.5 缩短矿山工程井巷过渡阶段工程工期的主要措施

① 井筒提升试开挖阶段，要做好井架、井口棚、井内三盘(封口盘、固定盘、吊盘)安设，试开挖后即可转入正式开工。

② 井筒提升和吊挂设计，表土段与基岩段要统一考虑。表土段施工结束，吊挂系统作必要的调整即可转入基岩段掘砌。例如，采用分段排水的井筒施工，在转入基岩段施工前后，则应尽早建立转水泵站；基岩段如有强含水地层，应提前做好防排水措施工程，采用预注浆或其他防水措施。

③ 由井筒转入平巷施工的过渡阶段，提升、运输、通风、排水、供电都要作重大调整。为

此，应提前半年左右做好过渡期施工的各辅助生产系统的施工组织设计，做好各项工程转换的施工准备（包括技术准备、设备准备、物资准备、人员准备），以便井筒施工结束后尽快转入平巷施工。

④ 主、副井井底贯通前要做好各系统调整的施工设计和准备工作，确保贯通后的通风、排水、供电、运输系统调整工作迅速完成和后续施工安全。

⑤ 做好矿井建设期提升系统的交替装备，主要是主、副井交替装备的施工组织，争取提前使用永久提升设备。

5 工程项目质量管理

5.1 工程项目质量管理体系

质量是建设工程项目管理的主要控制目标之一。建设工程项目的质量管理及控制，需要系统、有效的应用质量管理和质量控制的基本原理和方法，建立和运行工程项目质量控制体系，落实项目各参与方的质量责任，通过项目实施过程各个环节质量控制的职能活动，有效预防和正确处理可能发生的工程质量事故，在政府的监督下实现建设工程项目的质量目标。

5.1.1 工程项目质量管理的目标与任务

5.1.1.1 工程项目质量管理和控制的概念

(1) 质量和工程项目质量

我国标准《质量管理体系 基础和术语》(GB/T 19000—2008/ISO 9000:2005)关于质量的定义是:一组固有特性满足要求的程度。该定义可理解为:质量不仅是指产品的质量，也包括产品生产活动或过程的工作质量，还包括质量管理体系运行的质量;质量由一组固有的特性来表征(所谓“固有的”特性是指本来就有的，永久的特性)，这些固有特性是指满足顾客和其他相关方要求的特性，以其满足要求的程度来衡量。

工程项目质量是指通过项目实施形成的工程实体的质量，是反映工程满足相关标准规定或合同约定的要求，包括其在安全、使用功能及其在耐久性能、环境保护等方面所有明显和隐含能力的特性总和。其质量特性主要体现在适用性、安全性、耐久性、可靠性、经济性及与环境的协调性等六个方面。

(2) 质量管理和工程项目质量管理

我国标准《质量管理体系 基础和术语》(GB/T 19000—2008/ISO 9000:2005)关于质量管理的定义是:在质量方面指挥和控制组织的协调的活动。在质量方面的活动，通常包括质量方针和质量目标的建立、质量策划、质量控制、质量保证和质量改进等。所以，质量管理就是建立和确定质量方针、质量目标及职责，并在质量管理体系中通过质量策划、质量控制、质量保证和质量改进等手段来实施和实现全部质量管理职能的所有活动。

工程项目质量管理是指在工程项目实施过程中指挥和控制项目参与各方关于质量的相互协调的活动，是围绕着使工程项目满足质量要求而开展的策划、组织、计划、实施、检查、监督和审核等所有管理活动的总和。它是工程项目的建设、勘察、设计、施工、工程监理等单位的共同职责，项目参与各方必须调动与项目质量有关的所有人员的积极性，共同做好本职工作，才能完成项目质量管理的任务。

(3) 质量控制与工程项目质量控制

我国标准《质量管理体系 基础和术语》(GB/T 19000—2008/ISO 9000:2005)关于质量控制的定义是:是质量管理的一部分,是致力于满足质量要求的一系列相关活动。质量控制是在明确的质量目标和具体的条件下,通过行动方案和资源配置的计划、实施、检查和监督,进行质量目标的事前预控、事中控制和事后纠偏控制,实现预期质量目标的系统过程。

工程项目质量控制,就是在项目实施整个过程中,包括项目的勘察设计、招标采购、施工安装、竣工验收等各个阶段,项目参与各方致力于实现业主要求的项目质量总目标的一系列活动。工程项目质量控制包括项目的建设、勘察、设计、施工、工程监理等各方的质量控制活动。

5.1.1.2 工程项目质量控制的目标与任务

工程项目质量控制的目标,就是实现由项目决策所决定的项目质量目标,使项目的适用性、安全性、耐久性、可靠性、经济性及与环境的协调性等方面满足业主方需要并符合国家法律、行政法规和技术标准、规范的要求。项目的质量涵盖设计质量、材料质量、设备质量、施工质量和影响项目运行或运营的环境质量等,各项质量均应符合相关的技术规范和标准的规定,满足业主方的质量要求。

工程项目质量控制的任务就是对项目的建设、勘察、设计、施工、监理等单位的工程质量行为,以及涉及项目工程实体质量的设计质量、材料质量、设备质量、施工质量进行控制。

由于项目的质量目标最终是由项目工程实体的质量来体现,而项目工程实体的质量最终是通过施工作业过程直接形成的,设计质量、材料质量、设备质量往往也要在施工过程中进行检验,因此施工质量控制是项目质量控制的重点。

5.1.1.3 工程项目质量控制的责任和义务

《中华人民共和国建筑法》(以下简称《建筑法》)和《建设工程质量管理条例》(国务院令第279号)规定:建设工程项目的建设单位、勘察单位、设计单位、施工单位、工程监理单位都要依法对建设工程质量负责。

(1) 建设单位的质量责任和义务

① 建设单位应当将工程发包给具有相应资质等级的单位,并不得将建设工程肢解发包。

② 建设单位应当依法对工程建设项目的勘察、设计、施工、工程监理以及与工程建设有关的重要设备、材料等的采购进行招标。

③ 建设单位必须向有关的勘察、设计、施工、工程监理等单位提供与建设工程有关的原始资料。原始资料必须真实、准确、齐全。

④ 建设工程发包单位不得迫使承包方以低于成本的价格竞标,不得任意压缩合理工期;不得明示或者暗示设计单位或者施工单位违反工程建设强制性标准,降低建设工程质量。

⑤ 建设单位应当将施工图设计文件上报县级以上人民政府建设行政主管部门或者其他有关部门审查。施工图设计文件未经审查批准的,不得使用。

⑥ 实行监理的建设工程,建设单位应当委托具有相应资质等级的工程监理单位进行监理。

⑦ 建设单位在领取施工许可证或者开工报告前,应当按照国家有关规定办理工程质量监督手续。

⑧ 按照合同约定，由建设单位采购建筑材料、建筑构配件和设备的，建设单位应当保证建筑材料、建筑构配件和设备符合设计文件和合同要求。建设单位不得明示或者暗示施工单位使用不合格的建筑材料、建筑构配件和设备。

⑨ 涉及建筑主体和承重结构变动的装修工程，建设单位应当在施工前委托原设计单位或者具有相应资质等级的设计单位提出设计方案；没有设计方案的，不得施工。房屋建筑使用者在装修过程中不得擅自变动房屋建筑主体和承重结构。

⑩ 建设单位收到建设工程竣工报告后，应当组织设计、施工、工程监理等有关单位进行竣工验收。建设工程经验收合格后方可交付使用。

⑪ 建设单位应当严格按照国家有关档案管理的规定，及时收集、整理建设项目各环节的文件资料，建立、健全建设项目档案，并在建设工程竣工验收后，及时向建设行政主管部门或者其他有关部门移交建设项目档案。

(2) 勘察、设计单位的质量责任和义务

① 从事建设工程勘察、设计的单位应当依法取得相应等级的资质证书，在其资质等级许可的范围内承揽工程，并不得转包或者违法分包所承揽的工程。

② 勘察、设计单位必须按照工程建设强制性标准进行勘察、设计，并对其勘察、设计的质量负责。注册建筑师、注册结构工程师等注册执业人员应当在设计文件上签字，对设计文件负责。

③ 勘察单位提供的地质、测量、水文等勘察成果必须真实、准确。

④ 设计单位应当根据勘察成果文件进行建设工程设计。设计文件应当符合国家规定的设计深度要求，注明工程合理使用年限。

⑤ 设计单位在设计文件中选用的建筑材料、建筑构配件和设备，应当注明规格、型号、性能等技术指标，其质量要求必须符合国家规定的标准。除有特殊要求的建筑材料、专用设备、工艺生产线等外，设计单位不得指定生产、供应商。

⑥ 设计单位应当就审查合格的施工图设计文件向施工单位做出详细说明。

⑦ 设计单位应当参与建设工程质量事故分析，并对因设计造成的质量事故提出相应的技术处理方案。

(3) 施工单位的质量责任和义务

① 施工单位应当依法取得相应等级的资质证书，在其资质等级许可范围内承揽工程，并不得转包或者违法分包工程。

② 施工单位对建设工程的施工质量负责。施工单位应当建立质量责任制，确定工程项目的项目经理、技术负责人和施工管理负责人。建设工程实行总承包的，总承包单位应当对全部建设工程质量负责；建设工程勘察、设计、施工、设备采购的一项或者多项实行总承包的，总承包单位应当对其承包的建设工程或者采购的设备的质量负责。

③ 总承包单位依法将建设工程分包给其他单位的，分包单位应当按照分包合同的约定对其分包工程的质量向总承包单位负责，总承包单位与分包单位对分包工程的质量承担连带责任。

④ 施工单位必须按照工程设计图纸和施工技术标准施工，不得擅自修改工程设计，不得偷工减料。施工单位在施工过程中发现设计文件和图纸有差错的，应当及时提出意见和建议。

⑤ 施工单位必须按照工程设计要求、施工技术标准和合同约定，对建筑材料、建筑构配件、设备和商品混凝土进行检验，检验应当有书面记录和专人签字；未经检验或者检验不合格的，不得使用。

⑥ 施工单位必须建立、健全施工质量的检验制度，严格工序管理，做好隐蔽工程的质量检查和记录。隐蔽工程在隐蔽前，施工单位应当通知建设单位和建设工程质量监督机构。

⑦ 施工人员对涉及结构安全的试块、试件以及有关材料，应当在建设单位或者工程监理单位监督下现场取样，并送具有相应资质等级的质量检测单位进行检测。

⑧ 施工单位对施工中出现质量问题的建设工程或者竣工验收不合格的建设工程，应当负责返修。

⑨ 施工单位应当建立、健全教育培训制度，加强对职工的教育培训；未经教育培训或者考核不合格的人员，不得上岗作业。

(4) 工程监理单位的质量责任和义务

① 工程监理单位应当依法取得相应等级的资质证书，在其资质等级许可的范围内承担工程监理业务，并不得转让工程监理业务。

② 工程监理单位与被监理工程的施工承包单位以及建筑材料、建筑构配件和设备供应单位有隶属关系或者其他利害关系的，不得承担该项建设工程的监理业务。

③ 工程监理单位应当依照法律、法规以及有关技术标准、设计文件和建设工程承包合同，代表建设单位对施工质量实施监理，并对施工质量承担监理责任。

④ 工程监理单位应当选派具备相应资格的总监理工程师和监理工程师进驻施工现场。未经监理工程师签字，建筑材料、建筑构配件和设备不得在工程上使用或者安装，施工单位不得进行下一道工序的施工。未经总监理工程师签字，建设单位不拨付工程款，不进行竣工验收。

⑤ 监理工程师应当按照工程监理规范的要求，采取旁站、巡视和平行检验等形式，对建设工程实施监理。

5.1.2 施工质量控制和质量保障措施

5.1.2.1 施工质量管理体系的基本内容和宗旨

(1) 矿山工程质量管理体系的基本内容

矿山工程质量管理体系适用于矿山工程的施工项目，是为实现工程质量目标所需的系统质量管理模式。它要求将企业及其可利用的社会资源与项目的整个过程相结合，以过程管理方法进行系统管理，也就是，从建立项目的质量目标、进行项目策划和设计，到项目实施、监控、纠正与改进活动的全过程质量系统管理。

(2) 质量管理体系的宗旨

建立质量管理体系，就是根据项目的具体情况，以全员参与并在全过程控制的原则下，通过对相应质量目标的组织手段，进行的一系列质量管理活动，以保证质量目标的实现。

5.1.2.2 矿山工程项目施工质量保证体系

(1) 质量保证体系的内容

质量保证体系的内容包括了项目施工质量目标和质量计划，以及思想保证体系、组织保证体系和工作保证体系，即在目标和计划的基础上建立起全面质量管理的思想、观点和方法，组织全体人员树立强烈的质量观念；建立健全各级质量管理的组织体系，构成分工负责、相互协调的有机整体；建立施工准备阶段、施工实施阶段和竣工验收阶段的项目全过程质量控制手段和质量工作预防和检查相结合的控制方法。

(2) 质量保证体系的运行方式

质量保证体系运作的基本方式可以描述为计划—实施—检查—处理的管理循环，简称PDCA循环。

计划(P)阶段的工作步骤，包括：① 找出存在的质量问题；② 分析产生质量问题的原因和影响因素；③ 确定质量问题的主要原因；④ 针对原因制定技术措施方案及解决问题的计划、预测预期效果、最后具体落实到执行者、时间进度、地点和完成方法等各个方面。

实施(D)阶段工作为⑤ 将指定的计划和措施具体组织实施。

检查(C)阶段为⑥ 计划执行中或执行后，检查执行情况是否符合计划的预期结果。

处理(A)阶段的工作步骤有⑦总结经验教训，巩固成绩，处理差错；⑧ 将未解决的问题转入下一个循环，作为下一个循环的计划目标。

5.1.2.3 项目施工过程的质量控制

(1) 质量控制含义和内容

质量控制是在明确的质量方针指导下，按施工方案和资源配置计划，经实施、检查、处置的过程环节，进行施工质量目标的事前控制、事中控制和事后控制的系统过程。

质量控制工作包括相关质量文件的审核和现场质量检查(包括开工前检查、工序交接检查、隐蔽工程检查、停工后的复工检查、分项分部工程完工检查、成品保护检查等)，以及质量控制的综合管理(包括质量统计数据分析、依据持续改进原则的质量工作)。

(2) 质量控制的影响因素

质量控制的影响因素就是通常指的人、料(材料)、机(设备)、法(方法)、环(环境)五元素。这些影响因素的具体内容和相关控制内容有：

① 人的因素，包括涉及单位、个人所需的各类资质要求，人的生理条件、心理因素。

② 工程材料因素，包括材料采购、制作的控制，材料进场控制(合格证、抽样核检)，存放等控制措施。

③ 施工机具、设备因素，相关的控制措施包括使用培训、操作规程要求、机具保养工作等。

④ 施工方法(方案)因素，需要在技术措施、施工方法、工艺规程和技术要求、机具配置条件等方面进行控制。

⑤ 施工环境的因素，包括有：a. 工程技术环境，如工程地质条件影响、水文条件因素、天气影响；b. 管理环境，如质量管理体系的条件、企业质量管理制度和工作制度及执行、质量保证活动的状态、协调工作状态等；c. 作业环境，这对于井下作业环境尤其需要重视，包括通风、粉尘、照明、气温、涌水以及文明生产环境等。

5.2 工程项目质量控制方法

建设工程项目施工是实现项目设计意图形成工程实体的阶段，是最终形成项目质量和实现项目使用价值的阶段。项目施工质量控制是整个工程项目质量控制的关键和重点。建设工程项目的施工质量控制，有两个方面的含义：一是指项目施工单位的施工质量控制，包括施工总承包、分包单位，综合的和专业的施工质量控制；二是指广义的施工阶段项目质量控制，即除了施工单位的施工质量控制外，还包括建设单位、设计单位、监理单位以及政府质量监督机构，在施工阶段对项目施工质量所实施的监督管理和控制职能。因此，应掌握项目施工质量控制的依据与基本环节、施工质量控制点的选择与控制对象、施工过程的质量控制方法。

5.2.1 施工质量控制的依据与基本环节

5.2.1.1 施工阶段质量控制的依据

(1) 共同性依据

共同性依据指适用于施工质量管理有关的、通用的、具有普遍指导意义和必须遵守的基本法规，主要包括：国家和政府有关部门颁布的与工程质量管理有关的法律法规性文件，如《建筑法》《中华人民共和国招标投标法》《建设工程质量管理条例》等。

(2) 专业技术性依据

专业技术性依据指针对不同的行业、不同质量控制对象制定的专业技术规范文件，主要包括规范、规程、标准、规定等，如《建设工程项目管理规范》《爆破安全规程》《建筑工程施工质量验收统一标准》《煤矿防治水规定》等。

(3) 项目专用性依据

项目专用性依据指本项目的工程建设合同、勘察设计文件、设计交底及图纸会审记录、设计修改和技术变更通知，以及相关会议记录和工程联系单等。

5.2.1.2 施工质量控制的基本环节

施工质量控制应贯彻全面、全员、全过程质量管理的思想，运用动态控制原理进行质量的事前控制、事中控制和事后控制。

(1) 事前质量控制

事前质量控制是指在正式施工前进行的事前主动质量控制，通过编制施工质量计划，明确质量目标，制定施工方案，设置质量控制点，落实质量责任，分析可能导致质量目标偏离的各种影响因素，针对这些影响因素制定有效的预防措施，防患于未然。

事前质量控制必须充分发挥组织的技术和管理方面的整体优势，把长期形成的先进技术、管理方法和经验智慧创造性地应用于工程项目。

事前质量控制要求针对质量控制对象的控制目标、活动条件、影响因素进行周密分析，找出薄弱环节，制定有效的控制措施和对策。

(2) 事中质量控制

事中质量控制是指在施工质量形成过程中，对影响施工质量的各种因素进行全面的动态控制。事中质量控制也称为作业活动过程质量控制，包括质量活动主体的自我控制和他人监控的控制方式。自我控制是第一位的，即作业者在作业过程对自己质量活动行为的约束和技术能力的发挥，以完成符合预定质量目标的作业任务；他人监控是对作业者的质量活动过程和结果，由来自企业内部管理者和企业外部有关方面进行监督检查，如工程监理机构、政府质量监督部门等的监控。

施工质量的自控和监控是相辅相成的系统过程。自控主体的质量意识和能力是关键，是施工质量的决定因素；各监控主体所进行的施工质量监控是对自控行为的推动和约束。因此，自控主体必须正确处理自控和监控的关系，在致力于施工质量自控的同时，还必须接受来自业主、监理等方面对其质量行为和结果所进行的监督管理，包括质量检查、评价和验收。自控主体不能因为监控主体的存在和监控职能的实施而减轻或免除其质量责任。

事中质量控制的目标是确保工序质量合格，杜绝质量事故发生；控制的关键是坚持质量标准；控制的重点是工序质量、工作质量和质量控制点的控制。

(3) 事后质量控制

事后质量控制也称为事后质量把关，以使不合格的工序或最终产品(包括单位工程或整个工程项目)不流入下道工序、不进入市场。事后控制包括对质量活动结果的评价、认定；对工序质量偏差的纠正；对不合格产品进行整改和处理。控制的重点是发现施工质量方面的缺陷，并通过分析提出施工质量改进的措施，保持质量处于受控状态。

以上三大环节不是互相孤立和截然分开的，它们共同构成有机的系统过程，实质上也就是质量管理 PDCA 循环的具体化，在每一次滚动循环中不断提高，达到质量管理和质量控制的持续改进。

5.2.2 施工质量控制点的选择与控制对象

5.2.2.1 质量控制点的选择

质量控制点是指为了保证作业过程质量而确定的重点控制对象，关键部分或薄弱环节。一般选择下列部位或环节作为质量控制点：

① 对工程质量形成过程产生直接影响的关键部位、工序、环节及隐蔽工程。

② 施工过程中的薄弱环节或者质量不稳定的工序、部位或对象。

③ 对后续工程施工或对后续工程质量或安全有重大影响的工序、部位或对象。

④ 采用新技术、新工艺、新材料的部位或环节。

⑤ 施工质量无把握的施工条件困难的或技术难度大的工序或环节。

⑥ 用户反馈指出的和过去有过返工的不良工序。

5.2.2.2 质量控制点重点控制对象

质量控制点重点控制对象包括：人的行为，物的质量与性能，施工方法与关键的操作，施工技术参数，施工顺序，新工艺、新技术、新材料的应用，产品质量不稳定、不合格率较高及易发生质量通病的工序，易对工程质量产生重大影响的施工方法，以及特种地基或特种结构等。

5.2.2.3 矿山工程常见施工质量控制点

矿山工程施工包括矿山井巷工程、地面建筑工程以及井上下安装工程等内容，施工项目多，质量控制面广，施工质量控制点应结合工程实际情况进行确定。常见的井巷工程及矿山地面建筑工程的施工质量控制点设置往往包括下列几个方面的主要内容：

(1) 工程的关键分部、分项及隐蔽工程

井筒表土、基岩掘砌工程，井壁混凝土浇筑工程，巷道锚杆支护工程，井架、井塔的基础工程，注浆防水工程等。

(2) 工程的关键部位

矿井井筒锁口、井壁壁座、井筒与巷道连接处、巷道交岔点、提升机滚筒、提升天轮、地面皮带运输走廊、基坑支撑或拉锚系统等。

(3) 工程施工的薄弱环节

井壁混凝土防水施工、井壁接茬、巷道锚杆安装、喷射混凝土的厚度控制、地下连续墙的连接、基坑开挖时的防水等。

(4) 工程关键施工作业

井壁混凝土的浇筑、锚杆支护钻孔、喷射混凝土作业、巷道交岔点迎脸施工、井架的起吊组装、提升机安装等。

(5) 工程关键质量特性

混凝土的强度,井筒的规格,巷道的方向、坡度,井筒涌水量,基坑防水性能等级等。

(6) 工程采用新技术、新工艺、新材料的部位或环节

井壁大流态混凝土技术、立井井壁高强混凝土施工方法、可压缩井壁结构、螺旋矿仓施工工艺、巷道锚注支护工艺、地面建筑屋面防水新技术等。

5.2.3 项目施工过程质量控制

工程项目施工过程的质量控制是在项目工程质量实际形成过程中的事中质量控制。

建设工程项目施工是由一系列相互关联、相互制约的作业过程(工序)构成,因此施工质量控制,必须对全部作业过程,即各道工序的作业质量持续进行控制。工序作业质量的控制,首先是质量生产者即作业者的自控,在施工生产要素合格的条件下,作业者能力及其发挥的状况是决定作业质量的关键。其次,是来自作业者外部的各种作业质量检查、验收和对质量行为的监督,也是不可缺少的设防和把关的管理措施。

5.2.3.1 工序施工质量控制

工序是人、材料、机械设备、施工方法和环境因素对工程质量综合作用的过程,所以对施工过程的质量控制,必须以工序作业质量控制为基础和核心。因此,工序的质量控制是施工阶段质量控制的重点。只有严格控制工序质量才能确保施工项目的实体质量。工序施工质量控制主要包括工序施工条件质量控制和工序施工效果质量控制。

(1) 工序施工条件控制

工序施工条件是指从事工序活动的各生产要素质量及生产环境条件。工序施工条件控制就是控制工序活动的各种投入要素质量和环境条件质量。控制的手段主要有:检查、测试、试验、跟踪监督等。控制的依据主要是:设计质量标准、材料质量标准、机械设备技术性能标准、施工工艺标准以及操作规程等。

(2) 工序施工效果控制

工序施工效果主要反映工序产品的质量特征和特性指标。对工序施工效果的控制就是控制工序产品的质量特征和特性指标能否达到设计质量标准以及施工质量验收标准的要求。工序施工效果控制属于事后质量控制,其控制的主要途径是:实测获取数据、统计分析所获取的数据、判断认定质量等级和纠正质量偏差。

5.2.3.2 施工作业质量的自控

(1) 施工作业质量自控的意义

施工作业质量的自控,从经营的层面来说,强调的是作为建筑产品生产者和经营者的施工企业,应全面履行企业的质量责任,向顾客提供质量合格的工程产品;从生产的过程来说,强调的是施工作业者的岗位质量责任,向后道工序提供合格的作业成果(中间产品)。因此,施工方是施工阶段质量自控主体。施工方不能因为监控主体的存在和监控责任的实施而减轻或免除其质量责任。我国《建筑法》和《建设工程质量管理条例》规定:建筑施工企业对工

程的施工质量负责；建筑施工企业必须按照工程设计要求、施工技术标准和合同的约定，对建筑材料、建筑构配件和设备进行检验，不合格的不得使用。

施工方作为工程施工质量的自控主体，既要遵循本企业质量管理体系的要求，也要根据其在所承建的工程项目质量控制系统中的地位和责任，通过具体项目质量计划的编制与实施，有效地实现施工质量的自控目标。

(2) 施工作业质量自控的程序

施工作业质量的自控过程是由施工作业组织的成员进行的，其基本的控制程序包括：施工作业技术交底、施工作业活动的实施和施工作业质量的自检自查、互检互查以及专职管理人员的质量检查等。

① 施工作业技术交底。施工作业技术交底是施工组织设计和施工方案的具体化，施工作业技术交底的内容必须具有可行性和可操作性。

从项目的施工组织设计到分部分项工程的作业计划，在实施之前都必须逐级进行交底，其目的是使管理者的计划和决策意图为实施人员所理解。施工作业技术交底是最基层的技术和管理交底活动，施工总承包方和工程监理机构都要对施工作业交底进行监督。施工作业技术交底的内容包括作业范围、施工依据、作业程序、技术标准和要领、质量目标以及其他与安全、进度、成本、环境等目标管理有关的要求和注意事项。

② 施工作业活动的实施。施工作业活动是由一系列工序所组成的。为了保证工序质量的受控，首先要对作业条件进行再确认，即按照作业计划检查作业准备状态是否落实到位，其中包括对施工程序和作业工艺顺序的检查确认，在此基础上严格按作业计划的程序、步骤和质量要求展开工序作业活动。

③ 施工作业质量的检查。施工作业的质量检查是贯穿整个施工过程的最基本的质量控制活动，包括施工单位内部的工序作业质量自检、互检、专检和交接检查；以及施工单位上级部门的检查等。施工作业质量检查是施工质量验收的基础，已完检验批及分部分项工程的施工质量，必须在施工单位完成质量自检并确认合格之后才能报请现场监理机构进行检查验收。

前道工序作业质量经验收合格后才可进入下道工序施工。未经验收合格的工序，不得进入下道工序施工。

5.2.3.3 施工作业质量的监控

(1) 施工作业质量的监控主体

为了保证项目质量，建设单位、监理单位、设计单位及政府的工程质量监督部门，在施工阶段依据法律法规和工程施工承包合同，对施工单位的质量行为和项目实体质量实施监督控制。

设计单位派出的设计人员到施工现场进行设计服务，解决施工中发现和提出的与设计有关的问题，及时做好相关设计核定工作；设计单位应当就审查合格的施工图纸设计文件向施工单位做出详细说明；应当参与建设工程质量事故分析，并对因设计造成的质量事故，提出相应的技术处理方案。

在工程项目开工前，监督机构接受建设单位有关建设工程质量监督的申报手续，并对建设单位提供的有关文件进行审查，审查合格签发有关质量监督文件。建设单位凭工程质量监督文件，向建设行政主管部门申领施工许可证。建设工程质量监督机构(质量监督站)对建设市场的行为主体所发生的质量行为实施监控、督察、见证。监督的对象是工程，被监督的部门有设计、勘察、建设、监理、总包、施工单位、检测机构及设备构配件生产厂家等。监督机构按照监督方案对工程项目全过程施工的情况进行不定期的检查，对在施工过程中发生的质量问题和质量事故进行查处。根据质量监督检查的状况，对查实的问题可签发"质量问题整改通知单"或"局部暂停施工指令单"，对问题严重的单位也可根据问题的性质签发"临时收缴资质证书通知书"。

作为监控主体之一的项目监理机构，在施工作业实施过程中，工程监理应当依照法律、行政法规及有关的技术标准、设计文件和建筑工程承包合同，根据其监理规划与实施细则，采取现场旁站、见证取样、巡视、平行检验等形式，代表建设单位对施工作业质量进行监督检查，如发现工程施工不符合设计要求、施工技术标准和合同约定的，以"监理工程师通知单"的形式要求施工企业进行整改。监理机构应进行检查而没有检查或没有按规定进行检查的，给建设单位造成损失时应承担赔偿责任。

必须强调，施工质量的自控主体和监控主体，在施工全过程相互依存、各尽其责，共同推动着施工质量控制过程的展开和最终实现工程项目的质量总目标。

(2) 现场质量检查

现场质量检查是施工作业质量监控的主要手段。

① 现场质量检查的内容。

现场质量检查的内容一般包括：开工前的检查，主要检查是否具备开工条件，开工后是否能够保持连续正常施工，能否保证工程质量；工序交接检查，对于重要的工序或对工程质量有重大影响的工序，应严格执行"三检"制度(即自检、互检、专检)，未经监理工程师(或建设单位项目技术负责人)检查认可，不得进行下道工序施工；隐蔽工程的检查，施工中凡是隐蔽工程必须检查认证后方可进行隐蔽；停工后复工的检查，因客观因素停工或处理质量事故等停工复工时，经检查认可后方能复工；分项、分部工程完工后的检查，应经检查认可，并签署验收记录后，才能进行下一工程项目的施工；成品保护的检查，检查成品有无保护措施以及保护措施是否有效可靠。

② 现场质量检查的方法。

现场质量检查的方法一般有：a. 目测法，即凭借感官进行检查，也称观感质量检验；b. 实测法，是通过实测数据与施工规范、质量标准的要求及允许偏差值进行对照，以此判断质量是否符合要求；c. 试验法，是指通过必要的试验手段对质量进行判断的检查方法。

(3) 技术核定与见证取样送检

① 技术核定。

在建设工程项目施工过程中，因施工方对施工图纸的某些要求不甚明白，或图纸内部存在某些矛盾，或工程材料调整与代用，改变建筑节点构造、管线位置或走向等，需要通过设计单位明确或确认的，施工方必须以技术核定单的方式向监理工程师提出，报送设计单位核准确认。

② 见证取样送检。

为了保证建设工程质量，我国规定对工程所使用的主要材料、半成品、构配件以及施工过程留置的试块、试件等应实行现场见证取样送检。见证人员由建设单位及工程监理机构中有相关专业知识的人员担任；送检的试验室应具备经国家或地方工程检验检测主管部门核准的相关资质；见证取样送检必须严格按程序进行，包括取样见证并记录、样本编号、填单、封箱、送试验室、核对、交接、试验检测、报告等。

检测机构应当建立档案管理制度。检测合同、委托单、原始记录、检测报告应当按年度统一编号，编号应当连续，不得随意抽撤、涂改。

(4) 隐蔽工程验收与成品质量保护

① 隐蔽工程验收。

凡被后续施工所覆盖的施工内容，如地基基础工程、钢筋工程、预埋管线等均属隐蔽工程。加强隐蔽工程质量验收是施工质量控制的重要环节。其程序要求施工方首先应完成自检并合格，然后填写专用的《隐蔽工程验收单》。验收单所列的验收内容应与已完工的隐蔽工程实物相一致，并事先通知监理机构及有关单位按约定时间进行验收。验收合格的隐蔽工程由各方共同签署验收记录；验收不合格的隐蔽工程，应按验收整改意见进行整改后重新验收。严格隐蔽工程验收的程序和记录，对于预防工程质量隐患，提供可追溯质量记录具有重要作用。

② 施工成品质量保护。

建设工程项目已完施工的成品保护，目的是避免已完施工成品受到来自后续施工以及其他方面的污染或损坏。已完施工的成品保护问题和相应措施，在工程施工组织设计与计划阶段就应该从施工顺序上进行考虑，防止施工顺序不当或交叉作业造成相互干扰、污染和损坏；成品形成后可采取防护、覆盖、封闭、包裹等相应措施进行保护。

5.3 矿山工程质量检查与验收

5.3.1 矿山工程施工质量验收组织

矿山工程质量检查与验收，包括工程材料质量和施工质量的检查、验收。施工质量验收包括施工过程的质量验收及工程项目竣工质量验收两个部分。施工质量验收应按照《建筑工程施工质量验收统一标准》(GB 50300—2013)进行。该标准是建筑工程各专业工程施工质量验收规范编制的统一准则，各专业工程施工质量验收规范应与该标准配合使用。考虑矿山工程质量检查与验收中，煤矿井巷工程施工检查与验收较为复杂或严格，因此，矿山工程项目施工质量一般按照《煤矿井巷工程施工规范》(GB 50511—2010)和《煤矿井巷工程质量验收规范》(GB 50213—2010)执行，非煤矿山工程质量检查与验收则应按相应专业工程施工规范和质量验收规范要求执行。

5.3.1.1 矿山工程施工质量验收项目的划分

5.3.1.1.1 质量检验评定的工程划分

根据《建筑工程施工质量验收统一标准》(GB 50300—2013)，检验批是按相同的生产条件或按规定的方式汇总起来供抽样检验用的，由一定数量样本组成的检验体。检验批是工程验收的最小单位，是更大的检验批以及分项工程乃至整个工程质量验收的基础。检验批是施工过程中条件相同并有一定数量的材料、构配件或安装项目，由于其质量基本均匀一致，因此可以作为检验的基本单元。

矿山工程各分项工程可根据与施工方式一致且便于控制施工质量的原则，按工作班、结构关系或施工段划分为若干检验批；或者按照分项工程中的施工循环、质量控制或专业验收需要等原则来划分。

① 矿山工程项目检验验收过程分为单位(子单位)工程检验、分部(子分部)工程检验、分项工程检验、检验批检验。

② 矿山工程施工中有建筑规模较大的单位工程时,可将其具有独立施工条件或能形成独立使用功能的部分作为一个子单位工程。

③ 当分部工程较大或较复杂、工期较长时,可按材料种类、施工特点、施工程序、专业系统等划分为若干个子分部工程。

④ 分项工程应按主要施工工序、工种、材料、施工工艺、设备类别等进行划分,可以由一个或若干个检验批组成。

⑤ 检验批可根据施工及质量控制和专业验收需要按施工段等进行划分。检验批不宜划分太多。

5.3.1.1.2 质量检验批的检验要求

(1) 实物检查内容

① 对原材料、构配件和器具等产品的进场复验,应按进场的批次和产品的抽样检验方案执行。

② 混凝土强度、预制构件结构性能等应按国家现行有关标准和规范规定的抽样检验方案执行。

③ 规范中采用计数检验的项目应按抽查总点数的合格率进行检查。

(2) 资料检查

资料检查包括原材料、构配件和器具等的产品合格证(中文质量合格证明文件、规格、型号及性能检测报告等)及进场复验报告、施工过程中重要工序的自检和交接检记录、抽样检验报告、见证检测报告、隐蔽工程验收记录等。

5.3.1.2 矿山工程施工质量验收的程序

(1) 检验批及分项工程的验收程序与组织

检验批由专业监理工程师组织项目专业质量检验员等进行验收,分项工程由专业监理工程师组织项目专业技术负责人等进行验收。

检验批和分项工程是建筑工程质量的基础,因此,所有检验批和分项工程均应由监理工程师或建设单位技术负责人组织验收。验收前,施工单位先填好“检验批和分项工程的质量验收记录”(有关监理记录和结论不填),并由项目专业质量检验员和项目专业技术负责人分别在检验批和分项工程质量检验中相关栏目签字,然后由监理工程师组织,严格按规定程序进行验收。

(2) 分部工程验收程序与组织

分部工程应由总监理工程师(建设单位项目负责人)组织施工单位项目负责人和项目技术、质量负责人等进行验收。

(3) 单位工程的验收程序及组织

① 竣工初验收程序。当建设工程达到竣工条件后,施工单位应在自查、自评工程完成后填写工程竣工报验单,并将全部竣工资料报送项目监理机构,申请竣工验收。经项目监理机构对竣工资料及实物全面检查、验收合格后,由监理工程师签署工程竣工报验单,并向建设单位提出质量评估报告。

② 正式验收。建设单位收到工程验收报告后，应由建设单位负责人组织施工（含分包单位）、设计、监理等单位负责人进行单位工程验收。单位工程由分包单位施工时，分包单位对所承包的工程项目应按规定的程序检查评定，总包单位应派人员参加，分包工程完成后，应将工程有关资料交总包单位，建设单位验收合格，方可交付使用。

5.3.2 矿山井巷主要分项工程的质量要求及验收内容

5.3.2.1 掘进工程

（1）冲积层掘进工程

① 掘进及其临时支护应符合施工组织设计和作业规程的有关规定。

② 掘进规格允许偏差应符合有关规定。

③ 斜井井口和平硐硐口部分采用明槽开挖时，明槽外形尺寸的允许偏差应符合有关规定。

（2）基岩掘进工程

① 光面爆破和临时支护应符合作业规程的规定，要求爆破图表齐全，爆破参数选择合理。

② 掘进断面规格允许偏差和掘进坡度偏差应符合有关规定。

③ 壁座（或支撑圈）、水沟（含管线沟槽）、设备基础掘进断面规格等应符合有关规定。

（3）裸体井巷掘进工程

① 光面爆破应符合作业规程的规定，要求爆破图表齐全，爆破参数选择合理。

② 掘进断面规格允许偏差和掘进坡度偏差应符合有关规定。

③ 光面爆破周边眼的眼痕率不应小于60%。

5.3.2.2 锚喷支护工程

（1）锚杆支护工程

① 锚杆的杆体及配件的材质、品种、规格、强度、结构等必须符合设计要求；水泥卷、树脂卷和砂浆锚固材料的材质、规格、配比、性能等必须符合设计要求。

② 锚杆安装的间距、排距、锚杆孔的深度、锚杆方向与井巷轮廓线（或岩层层理）角度、锚杆外露长度等符合有关规定。

③ 托板安装、锚杆的抗拔力应符合要求。

（2）锚索（预应力锚杆）支护工程

① 锚索（预应力锚杆）的材质、规格、承载力等必须符合设计要求；锚索（预应力锚杆）的锚固材料、锚固方式等必须符合设计要求。

② 锚索（预应力锚杆）安装的间距、排距、有效深度、钻孔方向的偏斜度等符合设计要求。

③ 锚索（预应力锚杆）锁定后的预应力应符合设计要求。

（3）喷射混凝土（金属网喷射混凝土）支护工程

① 金属网的材质、规格、品种，金属网网格的焊接、压接或绑扎，网与网之间的搭接长度应符合设计要求；喷射混凝土所用的水泥、水、骨料、外加剂的质量，喷射混凝土的配合比、外加剂掺量等符合设计要求；喷射混凝土抗压强度及其强度的检验应符合有关规定。

② 金属网喷射混凝土支护断面规格允许偏差、喷射混凝土厚度应符合有关规定。

③ 金属网喷射混凝土的表面平整度和基础深度的允许偏差及其检验方法符合有关规

定;金属网在喷射混凝土中的位置应符合有关规定。

5.3.2.3 支架支护工程

(1) 刚性支架支护工程

① 各种支架及其构件、配件的材质、规格、背板和充填材料的材质、规格应符合设计要求。

② 巷道断面规格的允许偏差,水平巷道支架的前倾和后仰、倾斜巷道支架的迎山角,撑(拉)杆和垫板的安设数量、位置,背板的安设数量、位置,支架柱窝深度或底梁铺设等应符合设计有关规定。

③ 支架梁水平度、扭矩、支架间距、立柱斜度、棚梁接口离合错位的允许偏差及检验方法应符合有关规定。

(2) 可缩性支架支护工程

① 支架及其附件的材质和加工应符合设计要求;装配附件应齐全,且无锈蚀现象,螺纹部分有防锈油脂;背板和充填材料的材质、规格应符合设计要求和有关规定。

② 巷道断面规格的允许偏差,水平巷道支架的前倾和后仰、倾斜巷道支架的迎山角,撑(拉)杆和垫板的安设数量、位置,背板的安设数量、位置,支架柱窝深度或底梁铺设等应符合设计有关规定。

③ 可缩性支架架设的搭接长度、卡缆螺栓扭矩、支架间距、支架梁扭矩、卡缆间距、底梁深度的允许偏差及检验方法应符合有关规定。

5.3.2.4 混凝土支护工程

① 混凝土所用的水泥、水、骨料、外加剂的质量,混凝土的配合比、外加剂掺量等符合设计要求;混凝土抗压强度及其强度的检验应符合有关规定。

② 混凝土支护断面规格允许偏差、混凝土支护厚度应符合有关规定。

③ 混凝土支护的表面质量、壁后充填材料及充填应符合有关规定。

④ 混凝土支护的表面平整度和基础深度的允许偏差及其检验方法应符合有关规定。

⑤ 建成后的井巷工程漏水量及其防水质量标准应符合有关规定。

5.3.3 立井井筒工程质量要求及验收主要内容

5.3.3.1 立井井筒施工现浇混凝土的质量检查

立井井筒现浇混凝土井壁的施工质量检查主要包括井壁外观及厚度的检查、井壁混凝土强度的检查两个方面。

对于现浇混凝土井壁,其厚度应符合设计规定,局部(连续长度不得大于井筒周长的1/10、高度不得大于1.5 m)厚度的偏差不得小于设计厚度50 mm;井壁的表面不平整度不得大于10 mm,接茬部位不得大于30 mm;井壁表面质量无明显裂缝,1 m^2范围内蜂窝、孔洞等不超过2处。

对于井壁混凝土的强度检查,施工中应预留试块,每20～30 m不得小于1组,每组3块,并应按井筒标准条件进行养护,试块的混凝土强度应符合国家现行《混凝土强度检验评定标准》(GB/T 50107—2010)和设计的相关要求。当井壁的混凝土试块资料不全或判定质量有异议时,可采用非破损检验方法(如回弹仪、超声回弹法、超声波法)、微破损检验方法(如后装拔出法)或局部破损检验方法(如钻取混凝土芯样)进行检查;若强度低于规定时,应对完成的结构按实际条件验算结构的安全度并采取必要的补强措施。应尽量减少重复检验和破损性检验。

5.3.3.2　立井井筒竣工验收质量检查

(1) 井筒竣工后应检查的内容

① 井筒中心坐标、井口标高、井筒的深度以及与井筒连接的各水平或倾斜的巷道口的标高和方位。

② 井壁的质量和井筒的总漏水量，一昼夜应测漏水量 3 次，取其平均值。

③ 井筒的断面和井壁的垂直程度。

④ 隐蔽工程记录、材料和试块的试验报告。

(2) 井筒竣工验收时应提供的资料

① 实测井筒的平面布置图，应标明井筒的中心坐标、井口标高，与十字线方向方位，与设计图有偏差时应注明造成的原因。

② 实测井筒的纵、横断面图。

③ 井筒的实际水文资料及地质柱状图。

④ 测量记录。

⑤ 设计变更文件、隐蔽工程验收记录、工程材料和试块试验报告等。

⑥ 重大质量事故的处理记录。

(3) 井筒竣工验收时的质量要求

① 井筒中心坐标、井口标高，必须符合设计要求，允许偏差应符合国家现行有关测量规范、规程的规定；与井筒相连的各水平或倾斜的巷道口的标高和方位，应符合设计规定；井筒的最终深度，应符合设计规定。

② 锚喷支护或混凝土支护的井壁断面允许偏差和垂直程度，应符合有关规定。

③ 采用普通法施工的井筒，建成后的总漏水量：井筒深度不大于 600 m，总漏水量不得大于 6 m^3/h；井筒深度大于 600 m，总漏水量不得大于 10 m^3/h；井壁不得有 0.5 m^3/h 以上的集中出水孔。采用特殊法施工的井筒段，除执行上述规定外，其漏水量应符合下列规定：钻井法施工井筒段，漏水量不得大于 0.5 m^3/h；采用冻结法施工，冻结法施工井筒段深度不大于 400 m，漏水量不得大于 0.5 m^3/h；井筒深度大于 400 m，每百米漏水增加量不得大于 0.5 m^3/h；不得有集中出水孔和含砂的出水孔。

④ 施工期间，在井壁内埋设的卡子、梁、导水管、注浆管等设施的外露部分应切除；废弃的孔口、梁窝等，应以不低于永久井壁设计强度的材料封堵；施工中所开凿的各种临时硐室，需废弃的，应封堵。

5.3.4　巷道工程质量要求与验收主要内容

5.3.4.1　巷道竣工后应检查的内容

① 标高、坡度和方向、起点、终点和连接点的坐标位置。

② 中线和腰线及其偏差。

③ 永久支护规格质量。

④ 水沟的坡度、断面和水流畅通情况。

5.3.4.2　巷道竣工验收时应提供的资料

① 实测平面图，纵、横断面图，井上下对照图。

② 井下导线点、水准点图及有关测量记录成果表。

③ 地质素描图、柱状图和矿层断面图。

④ 主要岩石和矿石标本、水文记录和水样、气样、矿石化验记录。

⑤ 隐蔽工程验收记录、材料和试块试验报告。

5.3.4.3 巷道竣工验收质量要求

① 巷道起点的标高与设计规定相差不应超过 100 mm;巷道底板应平整,局部凸凹深度不应超过设计规定 100 mm;巷道坡度必须符合设计规定。

② 水沟位置、标高、深度、宽度和厚度的允许偏差应符合有关规定。

③ 主要运输巷道轨道的敷设、架线电机车的导线吊挂应符合有关规定。

④ 裸体巷道和喷射混凝土巷道的规格质量。

裸体巷道规格质量:主要巷道净宽(中线至任何一帮最凸出处的距离)不得小于设计规定,一般巷道净宽不得小于设计规定 50 mm,均不应大于设计规定 150 mm;主要巷道净高(腰线至顶、底板最凸出处的距离),腰线上下均不得小于设计规定,也不应大于设计规定 150 mm;一般巷道净高不得小于设计规定 50 mm(裸体一般巷道净高不得小于设计规定 30 mm),也不应大于设计规定 150 mm。

喷射混凝土厚度不应小于设计规定的 90%。可在检查点断面内均匀选 3 个测点。

⑤ 刚性支架巷道的规格质量。

刚性支架巷道净宽、净高的质量要求与砌碹巷道质量要求相同。

水平巷道支架的前倾后仰允许偏差为±1°,倾斜巷道支架迎山角应符合有关规定。撑(拉)杆和垫板的安设数量、位置,背板的安设数量、位置,支架柱窝深度或底梁铺设,支架梁水平度、扭矩、支架间距、立柱斜度、棚梁接口离合错位的允许偏差及检验方法应符合有关规定。

⑥ 可缩性支架巷道的规格质量。

巷道净宽:主要巷道不得小于设计规定,一般巷道不得小于设计规定 30 mm,且均不应大于设计规定 100 mm。

巷道净高:腰线(腰线至顶梁底面、底板最凸出处的距离)上下均不得小于设计规定 30 mm,也不应大于设计规定 100 mm。

可缩性支架水平巷道支架的前倾后仰、倾斜巷道支架迎山角,撑(拉)杆和垫板的安设数量、位置,背板的安设数量、位置,支架柱窝深度或底梁铺设,与刚性支架巷道质量要求相同。可缩性支架架设的搭接长度、卡缆螺栓扭矩、支架间距、支架梁扭矩、卡缆间距、底梁深度的允许偏差及检验方法应符合有关规定。

⑦ 混凝土巷道的规格质量。

巷道净宽和净高:主要巷道不得小于设计规定,一般巷道不得小于设计规定 30 mm,且均不应大于设计规定 50 mm。

混凝土支护壁厚,巷道局部(连续高度、宽度 1 m 范围内)厚度的允许偏差不得小于设计厚度 30 mm;井壁的表面不平整度不得大于 10 mm,接茬部位不得大于 15 mm;井壁表面质量无明显裂缝,1 m^2范围内蜂窝、孔洞等不超过 2 处。

施工中应预留试块,每 30～50 m 不得小于 1 组,每组 3 块,其养护和试块的混凝土强度要求,与立井井筒现浇混凝土井壁一样。对于混凝土的强度检查,应尽量减少重复检验和破损性检验。

5.3.5 井巷工程质量评定及竣工验收

5.3.5.1 井巷工程施工质量评定

5.3.5.1.1 井巷工程质量评定标准

(1) 检验批或分项工程质量验收的评定标准

检验批或分项工程按主控项目和一般项目验收,检验批或分项工程质量合格应符合:

① 主控项目的质量经抽样检验均应合格。

② 一般项目的质量经抽检合格,当采用计数检验时,除有专门要求外,一般项目的合格率应达到80%及以上(井巷工程应达到70%及以上),且不得有严重缺陷或不得影响安全使用。

③ 具有完整的施工操作依据和质量验收记录。

(2) 分部(子分部)工程质量检验的评定标准

分部(子分部)工程质量验收合格应符合下列规定:

① 分部(子分部)工程所含分项工程的质量均应验收合格。

② 质量控制资料应完整。

③ 地基与基础、主体结构和设备安装等分部工程有关安全及功能的检验和抽样检测结果应符合有关规定。

④ 观感质量验收应符合要求。

(3) 单位(子单位)工程质量验收合格应符合下列规定:

① 单位(子单位)工程所含分部(子分部)工程的质量均应验收合格。

② 质量控制资料应完整。

③ 单位(子单位)工程所含分部工程有关安全、节能、环境保护和主要使用功能的检测资料应完整。

④ 主要使用功能的抽查结果应符合相关专业质量验收规范的规定。

⑤ 观感质量验收应符合要求。

5.3.5.1.2 井巷工程质量评定的操作和核定

施工班组应对其操作的每道工序,每一作业循环作为一个检查点,并对其中的测点进行自检;矿山井巷工程的施工班组应对每一作业循环的分项工程质量进行自检。自检工作应做好施工自检记录。

检验批或分项工程质量评定应在施工班组自检的基础上,由监理工程师(建设单位技术负责人)组织施工单位项目质量(技术)负责人等进行检验评定,由监理工程师(建设单位技术负责人)核定。

分部工程应由总监理工程师(建设单位代表)组织施工单位项目负责人和技术、质量负责人等进行检验评定,建设单位代表核定。分部工程含地基与基础、主体结构的,勘察和设计单位工程项目负责人还应参加相关分部工程检验评定。

单位工程完工后,施工单位应自行组织相关人员进行检验评定,最终向建设单位提交工程竣工报告。建设单位收到竣工报告后,应由建设单位(项目)负责人组织施工(含分包单位)、设计、监理等单位(项目)负责人等进行检验评定。因勘察单位工程项目负责人参加了含地基与基础、主体结构的相关分部工程检验评定,单位工程竣工验收时可不再参加。单位工程竣工验收合格后,建设单位应在规定时间内向有关部门报告备案,并应向质量监督部门或工程质量监督机构申请质量认证，由质量监督部门或工程质量监督机构组织工程质量认证。工程未经质量认证，不得进行工程竣工结(决)算及投入使用。

单位工程观感质量和单位工程质量保证资料核查由建设(或监理)单位组织建设、设计、监理和施工单位进行检验评定。

质量检验应逐级进行。分项工程的验收是在检验批的基础上进行；分部工程的验收是在其所含分项工程验收的基础上进行；单位工程验收在其各分部工程验收的基础上进行，有的单位工程验收是投入使用前的最终验收(竣工验收)。在全部单位工程质量验收合格后，方可进行单项工程竣工验收及质量认证。

5.3.5.2　矿山井巷工程竣工验收

竣工质量验收是施工质量控制的最后一个环节，是对施工过程质量控制成果的全面检验，是从终端把关方面进行质量控制。未经验收或验收不合格的工程，不得交付使用。

(1) 竣工质量验收的依据

矿山井巷工程竣工质量验收的依据有：

① 国家相关法律法规和建设主管部门颁布的管理条例和办法。

② 工程施工质量验收统一标准。

③ 专业工程施工质量验收规范。

④ 批准的设计文件、施工图纸及说明书。

⑤ 工程施工承包合同。

⑥ 其他相关文件。

(2) 竣工质量验收的要求

矿山工程应按下列要求进行竣工质量验收：

① 工程质量的验收均应在施工单位自检合格的基础上进行。

② 参加工程施工质量验收的各方人员应具备相应的资格。

③ 检验批的质量应按主控项目和一般项目验收。

④ 涉及结构安全、节能、环境保护和主要使用功能的试块、试件及材料，应在进场时或施工中按规定进行见证检验。

⑤ 隐蔽工程在隐蔽前应由施工单位通知监理单位进行验收，并应形成验收文件，验收合格后方可继续施工。

⑥ 对涉及结构安全、节能、环境保护和使用功能的重要分部工程应在验收前进行抽样检测。

⑦ 工程的观感质量应由验收人员现场检查，并应共同确认。

(3) 竣工质量验收的标准

单位工程是工程项目竣工质量验收的基本对象。单位工程质量验收合格应符合下列规定：

① 所含分部工程的质量均应验收合格。

② 质量控制资料应完整。

③ 所含分部工程中有关安全、节能、环境保护和主要使用功能的检验资料应完整。

④ 主要使用功能的抽查结果应符合相关专业质量验收规范的规定。

⑤ 观感质量应符合要求。

(4) 竣工质量验收的程序

建设工程项目竣工验收,可分为验收准备、竣工预验收和正式验收三个环节进行。整个验收过程涉及建设单位、设计单位、监理单位及施工总分包各方的工作,必须按照工程项目质量控制系统的职能分工,以监理工程师为核心进行竣工验收的组织协调。

① 竣工验收准备。

施工单位按照合同规定的施工范围和质量标准完成施工任务后,应自行组织有关人员进行质量检查评定。自检合格后,向现场监理机构提交工程竣工预验收申请报告,要求组织工程竣工预验收。施工单位的竣工验收准备,包括工程实体的验收准备和相关工程档案资料的验收准备,使之达到竣工验收的要求。

② 竣工预验收。

监理机构收到施工单位的工程竣工预验收申请报告后,应就验收的准备情况和验收条件进行检查,对工程质量进行竣工预验收。对工程实体质量及档案资料存在的缺陷,及时提出整改意见,并与施工单位协商整改方案,确定整改要求和完成时间。具备下列条件时,由施工单位向建设单位提交工程竣工验收报告,申请工程竣工验收:

a. 完成建设工程设计和合同约定的各项内容。

b. 有完整的技术档案和施工管理资料。

C. 有工程使用的主要建筑材料、构配件和设备的进场试验报告。

d. 有工程勘察、设计、施工、工程监理等单位分别签署的质量合格文件。

e. 有施工单位签署的工程保修书。

③ 正式竣工验收。

建设单位收到工程竣工验收报告后,应由建设单位(项目)负责人组织施工(含分包单位)、设计、勘察、监理等单位(项目)负责人进行单位工程验收。

建设单位应组织勘察、设计、施工、监理等单位和其他方面的专家组成竣工验收小组,负责检查验收的具体工作,并制定验收方案。

建设单位应在工程竣工验收前将验收时间、地点、验收组名单书面通知该工程的工程质量监督机构。建设单位组织竣工验收会议。正式验收过程的主要工作有:

a. 建设、勘察、设计、施工、监理单位分别汇报工程合同履约情况及工程施工各环节施工满足设计要求,质量符合法律、法规和强制性标准的情况。

b. 检查审核设计、勘察、施工、监理单位的工程档案资料及质量验收资料。

c. 实地检查工程外观质量,对工程的使用功能进行抽查。

d. 对工程施工质量管理各环节工作、对工程实体质量及质保资料情况进行全面评价,形成经验收组人员共同确认签署的工程竣工验收意见。

e. 竣工验收合格,建设单位应及时提出工程竣工验收报告,验收报告应附有工程施工许可证、设计文件审查意见、质量检测功能性试验资料、工程质量保修书等法规所规定的其他文件。

f. 工程质量监督机构应对工程竣工验收工作进行监督。

5.4 矿山工程质量事故处理

5.4.1 工程质量问题和事故的分类

5.4.1.1 工程质量不合格

(1) 质量不合格和质量缺陷

根据我国标准《质量管理体系 基础和术语》(GB/T 19000—2008/ISO 9000:2005)规定:凡工程产品没有满足某个规定的要求,就称之为质量不合格;而未满足某个与预期或规定用途有关的要求,称为质量缺陷。

(2) 质量问题和质量事故

凡是工程质量不合格,影响使用功能或工程结构安全,造成永久质量缺陷或存在重大质量隐患,甚至直接导致工程倒塌或人身伤亡,必须进行返修、加固或报废处理,按照由此造成人员伤亡和直接经济损失的大小区分,小于规定限额的为质量问题,在限额及以上的为质量事故。

5.4.1.2 工程质量事故

根据住房和城乡建设部《关于做好房屋建筑和市政基础设施工程质量事故报告和调查处理工作的通知》(建质[2010]111 号),工程质量事故是指由于建设、勘察、设计、施工、监理等单位违反工程质量有关法律法规和工程建设标准,使工程产生结构安全、重要使用功能等方面的质量缺陷,造成人身伤亡或者重大经济损失的事故。

工程质量事故具有成因复杂、后果严重、种类繁多、往往与安全事故共生的特点,建设工程质量事故的分类有多种方法,不同专业工程类别对工程质量事故的等级划分也不尽相同。如果与安全事故共生,还应按照《生产安全事故报告和调查处理条例》(国务院第 493 号令)要求进行事故报告和调查处理。现按住房和城乡建设部《关于做好房屋建筑和市政基础设施工程质量事故报告和调查处理工作的通知》(建质[2010]111 号)要求进行简述。

(1) 按工程质量事故造成的人员伤亡或者直接经济损失分级

上述建质[2010]111 号文根据工程质量事故造成的人员伤亡或者直接经济损失,将工程质量事故分为 4 个等级:

① 特别重大事故,是指造成 30 人以上死亡,或者 100 人以上重伤,或者 1 亿元以上直接经济损失的事故。

② 重大事故,是指造成 10 人以上 30 人以下死亡,或者 50 人以上 100 人以下重伤,或者 5 000 万元以上 1 亿元以下直接经济损失的事故。

③ 较大事故,是指造成 3 人以上 10 人以下死亡,或者 10 人以上 50 人以下重伤,或者 1 000万元以上 5 000 万元以下直接经济损失的事故。

④ 一般事故,是指造成 3 人以下死亡,或者 10 人以下重伤,或者 100 万元以上 1 000 万元以下直接经济损失的事故。

该等级划分所称的“以上”包括本数,所称的“以下”不包括本数。

(2) 按事故责任分类

① 指导责任事故:指由于工程实施指导或领导失误而造成的质量事故。例如,由于工程负责人片面追求施工进度,放松或不按质量标准进行控制和检验,降低施工质量标准等。

② 操作责任事故:指在施工过程中,由于实施操作者不按规程和标准实施操作,而造成的质量事故。例如,浇筑混凝土时随意加水,或振捣疏漏造成混凝土质量事故等。

③ 自然灾害事故:指由于突发的严重自然灾害等不可抗力造成的质量事故。例如地震、台风、暴雨、雷电、洪水等对工程造成破坏甚至倒塌。这类事故虽然不是人为责任直接造成,但灾害事故造成的损失程度也往往与人们是否在事前采取了有效的预防措施有关,相关责任人员也可能负有一定责任。

5.4.2 矿山工程施工质量缺陷处理

(1) 返修处理

当项目某部分的质量虽未达到规范、标准或设计规定的要求,存在一定的缺陷,但经过采取整修等措施后可以达到要求的质量标准,又不影响使用功能或外观的要求时,可采取返修处理的方法。例如,某混凝土结构表面出现蜂窝、麻面,或者混凝土结构局部出现损伤,如结构受撞击、局部未振实、冻害、火灾、酸类腐蚀、碱骨料反应等,当这些缺陷或损伤仅在结构的表面或局部,不影响其使用和外观,可进行返修处理。再比如混凝土结构出现裂缝,经分析研究后如果不影响结构的安全和使用功能时,也可采取返修处理。当裂缝宽度不大于0.2 mm时,可采用表面密封法;当裂缝宽度大于0.3 mm时,采用嵌缝密闭法;当裂缝较深时,则应采取灌浆修补法。

(2) 加固处理

主要是针对危及结构承载力的质量缺陷的处理。通过加固处理,使建筑结构恢复或提高承载力,重新满足结构安全性与可靠性的要求,使结构能继续使用或改作其他用途。对混凝土结构常用的加固方法主要有:增大截面加固法、外包角钢加固法、粘钢加固法、增设支点加固法、增设剪力墙加固法、预应力加固法等。

(3) 返工处理

当工程质量缺陷经过返修、加固处理后仍不能满足规定的质量标准要求,或不具备补救可能性,则必须采取重新制作、重新施工的返工处理措施。例如,某巷道现浇混凝土结构误用了安定性不合格的水泥,无法采用其他补救办法,不得不拆除重新浇筑。

(4) 限制使用

当工程质量缺陷按修补方法处理后无法保证达到规定的使用要求和安全要求,而又无法返工处理的情况下,不得已时可做出诸如结构卸荷或减荷以及限制使用的决定。

(5) 不作处理

某些工程质量问题虽然达不到规定的要求或标准,但其情况不严重,对结构安全或使用功能影响很小,经过分析、论证、法定检测单位鉴定和设计单位等认可后可不作专门处理。一般可不作专门处理的情况有以下几种:

① 不影响结构安全和使用功能的。例如,有的工业建筑物出现放线定位的偏差,且严重超过规范标准规定,若要纠正会造成重大经济损失,但经过分析、论证其偏差不影响生产工艺和正常使用,在外观上也无明显影响,可不作处理。又如,某些部位的混凝土表面的裂缝,经检查分析属于表面养护不够的干缩微裂,不影响安全和外观,也可不作处理。

② 后道工序可以弥补的质量缺陷。例如混凝土结构表面的轻微麻面,可通过后续的抹灰、刮涂、喷涂等弥补,也可不作处理。再比如喷射混凝土表面平整度偏差不符合要求,但由于后续现浇混凝土施工可以弥补,所以也可不作处理。

③ 法定检测单位鉴定合格的。例如，某检验批混凝土试块强度值不满足规范要求，强度不足，但经法定检测单位对混凝土实体强度进行实际检测后，其实际强度达到规范允许和设计要求值时可不作处理。对经检测未达到要求值但相差不多，经分析论证，只要使用前经再次检测达到设计强度，也可不作处理，但应严格控制施工荷载。

④ 出现的质量缺陷，经检测鉴定达不到设计要求，但经原设计单位核算，仍能满足结构安全和使用功能的。例如，某一结构构件截面尺寸不足，或材料强度不足，影响结构承载力，但按实际情况进行复核验算后仍能满足设计要求的承载力时，可不进行专门处理。这种做法实际上是挖掘设计潜力或降低设计的安全系数，应谨慎处理。

(6) 报废处理

出现质量事故的项目，通过分析或实践，采取上述处理方法后仍不能满足规定的质量要求或标准，则必须予以报废处理。

5.4.3 矿山工程施工质量事故的处理

5.4.3.1 施工质量事故处理的依据

(1) 质量事故的实况资料

包括质量事故发生的时间、地点；质量事故状况的描述；质量事故发展变化的情况；有关质量事故的观测记录、事故现场状态的照片或录像；事故调查组调查研究所获得的第一手资料。

(2) 有关合同及合同文件

包括工程承包合同、设计委托合同、设备与器材购销合同、监理合同及分包合同等。

(3) 有关的技术文件和档案

主要是有关的设计文件(如施工图纸和技术说明)、与施工有关的技术文件、档案和资料(如施工方案、施工计划、施工记录、施工日志、有关建筑材料的质量证明资料、现场制备材料的质量证明资料、质量事故发生后对事故状况的观测记录、试验记录或试验报告等)。

(4) 相关的建设法规

主要有《建筑法》、《建设工程质量管理条例》、《生产安全事故报告和调查处理条例》(国务院第 493 号令)和《关于做好房屋建筑和市政基础设施工程质量事故报告和调查处理工作的通知》(建质[2010]111 号)等与工程质量及质量事故处理有关的法规，以及勘察、设计、施工、监理等单位资质管理和从业者资格管理方面的法规，建筑市场管理方面的法规，以及相关技术标准、规范、规程和管理办法等。

5.4.3.2 质量事故报告和调查处理程序

(1) 事故报告

工程质量事故发生后，事故现场有关人员应当立即向工程建设单位负责人报告；工程建设单位负责人接到报告后，应于 1 小时内向事故发生地县级以上人民政府住房和城乡建设主管部门及有关部门报告；同时应按照应急预案采取相应措施。情况紧急时，事故现场有关人员可直接向事故发生地县级以上人民政府住房和城乡建设主管部门报告。

住房和城乡建设主管部门接到事故报告后，应当依照下列规定上报事故情况，并同时通知公安、监察机关等有关部门：较大、重大及特别重大事故逐级上报至国务院住房和城乡建设主管部门，一般事故逐级上报至省级人民政府住房和城乡建设主管部门，必要时可以越级上报事故情况；住房和城乡建设主管部门上报事故情况，应当同时报告本级人民政府；国务院住房和城乡建设主管部门接到重大和特别重大事故的报告后，应当立即报告国务院；住房和城乡建设主管部门逐级上报事故情况时，每级上报时间不得超过 2 小时。

事故报告应包括下列内容：

① 事故发生的时间、地点、工程项目名称、工程各参建单位名称；

② 事故发生的简要经过、伤亡人数和初步估计的直接经济损失；

③ 事故原因的初步判断；

④ 事故发生后采取的措施及事故控制情况；

⑤ 事故报告单位、联系人及联系方式；

⑥ 其他应当报告的情况。

如质量事故与安全事故共生，还应按照《生产安全事故报告和调查处理条例》(国务院令第 493 号)要求进行事故报告和调查处理。

(2) 事故调查

事故调查要按规定区分事故的大小分别由相应级别的人民政府直接或授权委托有关部门组织事故调查组进行调查。未造成人员伤亡的一般事故，县级人民政府也可以委托事故发生单位组织事故调查组进行调查。事故调查应力求及时、客观、全面，以便为事故的分析与处理提供正确的依据。调查结果要整理撰写成事故调查报告，其主要内容应包括：

① 事故项目及各参建单位概况；

② 事故发生经过和事故救援情况；

③ 事故造成的人员伤亡和直接经济损失；

④ 事故项目有关质量检测报告和技术分析报告；

⑤ 事故发生的原因和事故性质；

⑥ 事故责任的认定和事故责任者的处理建议；

⑦ 事故防范和整改措施。

(3) 事故的原因分析

原因分析要建立在事故情况调查的基础上，避免情况不明就主观推断事故的原因。特别是对涉及勘察、设计、施工、材料和管理等方面的质量事故，事故的原因往往错综复杂，因此，必须对调查所得到的数据、资料进行仔细的分析，依据国家有关法律法规和工程建设标准分析事故的直接原因和间接原因，必要时组织对事故项目进行检测鉴定和专家技术论证，去伪存真，找出造成事故的主要原因。

(4) 制定事故处理的技术方案

事故的处理要建立在原因分析的基础上，要广泛地听取专家及有关方面的意见，经科学论证，决定事故是否要进行技术处理和怎样处理。在制定事故处理的技术方案时，应做到安全可靠、技术可行、不留隐患、经济合理、具有可操作性、满足项目的安全和使用功能要求。

(5) 事故处理

事故处理的内容包括：事故的技术处理，按经过论证的技术方案进行处理，解决事故造成的质量缺陷问题；事故的责任处罚，依据有关人民政府对事故调查报告的批复和有关法律法规的规定，对事故相关责任者实施行政处罚，负有事故责任的人员涉嫌犯罪的，依法追究刑事责任。

(6) 事故处理的鉴定验收

质量事故的技术处理是否达到预期的目的，是否依然存在隐患，应当通过检查鉴定和验收做出确认。事故处理的质量检查鉴定，应严格按施工验收规范和相关质量标准的规定进行，必要时还应通过实际量测、试验和仪器检测等方法获取必要的数据，以便准确地对事故处理的结果做出鉴定，形成鉴定结论。

（7）提交事故处理报告

事故处理后必须尽快提交完整的事故处理报告，其内容包括：事故调查的原始资料、测试的数据；事故原因分析和论证结果；事故处理的依据；事故处理的技术方案及措施；实施技术处理过程中有关的数据、记录、资料；检查验收记录；对事故相关责任者的处罚情况和事故处理的结论等。

5.4.3.3　施工质量事故处理的基本要求

① 质量事故的处理应达到安全可靠、不留隐患、满足生产和使用要求、施工方便、经济合理的目的。

② 消除造成事故的原因，注意综合治理，防止事故再次发生。

③ 正确确定技术处理的范围，正确选择处理的时间和方法。

④ 切实做好事故处理的检查验收工作，认真落实防范措施。

⑤ 确保事故处理期间的安全。

6 工程项目成本管理

6.1 工程项目费用构成及计算

6.1.1 矿山工程项目费用构成

矿山工程项目的投资由建筑安装工程费、设备及工器具购置费、工程建设其他费、预备费、建设期利息等组成,而矿山工程施工成本则主要指建筑安装工程费。

按照中华人民共和国住房和城乡建设部和中华人民共和国财政部联合发布的《建筑安装工程费用项目组成》(建标[2013]44 号)的规定,建筑安装工程费用项目组成可按费用构成要素来划分,也可按造价形成划分。

6.1.1.1 建筑安装工程费(按照费用构成要素划分)

建筑安装工程费按照费用构成要素划分由人工费、材料(包含工程设备,下同)费、施工机具使用费、企业管理费、利润、规费和税金组成。

(1) 人工费

人工费是指按工资总额构成规定,支付给从事建筑安装工程施工的生产工人和附属生产单位工人的各项费用,内容包括:

① 计时工资或计件工资:是指按计时工资标准和工作时间或对已做工作按计件单价支付给个人的劳动报酬。

② 奖金:是指对超额劳动和增收节支支付给个人的劳动报酬。如节约奖、劳动竞赛奖等。

③ 津贴补贴:是指为了补偿职工特殊或额外的劳动消耗和因其他特殊原因支付给个人的津贴,以及为了保证职工工资水平不受物价影响支付给个人的物价补贴。如流动施工津贴、特殊地区施工津贴、高温(寒)作业临时津贴、高空津贴等。

④ 加班加点工资:是指按规定支付的在法定节假日工作的加班工资和在法定日工作时间外延时工作的加点工资。

⑤ 特殊情况下支付的工资:是指根据国家法律、法规和政策规定,因病、工伤、产假、计划生育假、婚丧假、事假、探亲假、定期休假、停工学习、执行国家或社会义务等原因按计时工资标准或计时工资标准的一定比例支付的工资。

(2) 材料费

材料费是指施工过程中耗费的原材料、辅助材料、构配件、零件、半成品或成品、工程设备的费用,内容包括:

① 材料原价:是指材料、工程设备的出厂价格或商家供应价格。

② 运杂费:是指材料、工程设备自来源地运至工地仓库或指定堆放地点所发生的全部

费用。

③ 运输损耗费：是指材料在运输装卸过程中不可避免的损耗。

④ 采购及保管费：是指为组织采购、供应和保管材料、工程设备的过程中所需要的各项费用，包括采购费、仓储费、工地保管费、仓储损耗。

工程设备是指构成或计划构成永久工程一部分的机电设备、金属结构设备、仪器装置及其他类似的设备和装置。

(3) 施工机具使用费

施工机具使用费是指施工作业所发生的施工机械、仪器仪表使用费或其租赁费。

① 施工机械使用费：以施工机械台班耗用量乘以施工机械台班单价表示，施工机械台班单价应由下列七项费用组成：

a. 折旧费：指施工机械在规定的使用年限内陆续收回其原值的费用。

b. 大修理费：指施工机械按规定的大修理间隔台班进行必要的大修理，以恢复其正常功能所需的费用。

c. 经常修理费：指施工机械除大修理以外的各级保养和临时故障排除所需的费用。包括为保障机械正常运转所需替换设备与随机配备工具附具的摊销和维护费用，机械运转中日常保养所需润滑与擦拭的材料费用及机械停滞期间的维护和保养费用等。

d. 安拆费及场外运费：安拆费指施工机械(大型机械除外)在现场进行安装与拆卸所需的人工、材料、机械和试运转费用以及机械辅助设施的折旧、搭设、拆除等费用；场外运费指施工机械整体或分体自停放地点运至施工现场或由一施工地点运至另一施工地点的运输、装卸、辅助材料及架线等费用。

e. 人工费：指机上司机(司炉)和其他操作人员的人工费。

f. 燃料动力费：指施工机械在运转作业中所消耗的各种燃料及水、电等费用。

g. 税费：指施工机械按照国家规定应缴纳的车船使用税、保险费及年检费等。

② 仪器仪表使用费：是指工程施工所需使用的仪器仪表的摊销及维修费用。

(4) 企业管理费

企业管理费指建筑安装企业组织施工生产和经营管理所需的费用，包括：

① 管理人员工资：是指按规定支付给管理人员的计时工资、奖金、津贴补贴、加班加点工资及特殊情况下支付的工资等。

② 办公费：是指企业管理办公用的文具、纸张、账表、印刷、邮电、书报、办公软件、现场监控、会议、水电、烧水和集体取暖降温(包括现场临时宿舍取暖降温)等费用。

③ 差旅交通费：是指职工因公出差、调动工作的差旅费、住勤补助费、市内交通费和误餐补助费、职工探亲路费、劳动力招募费、职工退休、退职一次性路费、工伤人员就医路费、工地转移费以及管理部门使用的交通工具的油料、燃料等费用。

④ 固定资产使用费：是指管理和试验部门及附属生产单位使用的属于固定资产的房屋、设备、仪器等的折旧、大修、维修或租赁费。

⑤ 工具用具使用费：是指企业施工生产和管理使用的不属于固定资产的工具、器具、家具、交通工具和检验、试验、测绘、消防用具等的购置、维修和摊销费。

⑥ 劳动保险和职工福利费：是指由企业支付的职工退职金、按规定支付给离休干部的经费，集体福利费、夏季防暑降温补贴、冬季取暖补贴、上下班交通补贴等。

⑦ 劳动保护费:是企业按规定发放的劳动保护用品的支出。如工作服、手套、防暑降温饮料以及在有碍身体健康的环境中施工的保健费用等。

⑧ 检验试验费:是指施工企业按照有关标准规定,对建筑以及材料、构件和建筑安装物进行一般鉴定、检查所发生的费用,包括自设实验室进行试验所耗用的材料等费用。不包括新结构、新材料的试验费,对构件做破坏性试验及其他特殊要求检验试验的费用和建设单位委托检测机构进行检测的费用,对此类检测发生的费用由建设单位在工程建设其他费用中列支。但对施工企业提供的具有合格证明的材料进行检测不合格的,该检测费用由施工企业支付。

⑨ 工会经费:是指企业按《工会法》规定的全部职工工资总额比例计提的工会经费。

⑩ 职工教育经费:是指按职工工资总额的规定比例计提,企业为职工进行专业技术和职业技能培训,包括专业技术人员继续教育、职工职业技能鉴定、职业资格认定以及根据需要对职工进行各类文化教育所发生的费用。

⑪ 财产保险费:是指施工管理用财产、车辆等的保险费用。

⑫ 财务费:是指企业为施工生产筹集资金或提供预付款担保、履约担保、职工工资支付担保等所发生的各种费用。

⑬ 税金:是指企业按规定缴纳的房产税、车船使用税、土地使用税、印花税等。

⑭ 其他:包括技术转让费、技术开发费、投标费、业务招待费、绿化费、广告费、公证费、法律顾问费、审计费、咨询费、保险费等。

(5) 利润

利润是指施工企业完成所承包工程获得的盈利。

(6) 规费

规费是指按国家法律、法规规定,由省级政府和省级有关权力部门规定必须缴纳或计取的费用,包括:

① 社会保险费:a. 养老保险费——是指企业按照规定标准为职工缴纳的基本养老保险费。b. 失业保险费——是指企业按照规定标准为职工缴纳的失业保险费。c. 医疗保险费——是指企业按照规定标准为职工缴纳的基本医疗保险费。d. 生育保险费——是指企业按照规定标准为职工缴纳的生育保险费。e. 工伤保险费:是指企业按照规定标准为职工缴纳的工伤保险费。

② 住房公积金:是指企业按规定标准为职工缴纳的住房公积金。

③ 工程排污费:是指按规定缴纳的施工现场工程排污费。

其他应列而未列入的规费,按实际发生计取。

(7) 税金

税金是指国家税法规定的应计入建筑安装工程造价内的营业税、城市维护建设税、教育费附加以及地方教育附加。营业税改征增值税后,建筑安装工程费用的税金是指国家税法规定应计入建筑安装工程造价内的增值税销项税额,城市维护建设税、教育费附加以及地方教育附加则计入企业管理费。

6.1.1.2 建筑安装工程费(按照工程造价形成划分)

建筑安装工程费按照工程造价形成由分部分项工程费、措施项目费、其他项目费、规费、税金组成,分部分项工程费、措施项目费、其他项目费包含人工费、材料费、施工机具使用费、企业管理费和利润。营业税改征增值税后，建筑安装工程费由分部分项工程费、措施项目费、其他项目费组成，分部分项工程费、措施项目费、其他项目费包含人工费、材料费、施工机具使用费、企业管理费、利润、规费、税金。

6.1.1.2.1 分部分项工程费

分部分项工程费是指各专业工程的分部分项工程应予列支的各项费用。

① 专业工程：是指按现行国家计量规范划分的房屋建筑与装饰工程、仿古建筑工程、通用安装工程、市政工程、园林绿化工程、矿山工程、构筑物工程、城市轨道交通工程、爆破工程等各类工程。

② 分部分项工程：指按现行国家计量规范对各专业工程划分的项目。如房屋建筑与装饰工程划分的土石方工程、地基处理与桩基工程、砌筑工程、钢筋及钢筋混凝土工程等。

各类专业工程的分部分项工程划分见现行国家或行业计量规范。

6.1.1.2.2 措施项目费

措施项目费是指为完成建设工程施工，发生于该工程施工前和施工过程中的技术、生活、安全、环境保护等方面的费用，内容包括：

(1) 安全文明施工费：① 环境保护费——施工现场为达到环保部门要求所需要的各项费用。② 文明施工费——施工现场文明施工所需要的各项费用。③ 安全施工费——施工现场安全施工所需要的各项费用。④ 临时设施费——施工企业为进行建设工程施工所必须搭设的生活和生产用的临时建筑物、构筑物和其他临时设施费用，包括临时设施的搭设、维修、拆除、清理费或摊销费等。

(2) 夜间施工增加费：是指因夜间施工所发生的夜班补助费、夜间施工降效、夜间施工照明设备摊销及照明用电等费用。

(3) 二次搬运费：是指因施工场地条件限制而发生的材料、构配件、半成品等一次运输不能到达堆放地点，必须进行二次或多次搬运所发生的费用。

(4) 冬雨季施工增加费：是指在冬季或雨季施工需增加的临时设施、防滑、排除雨雪，人工及施工机械效率降低等费用。

(5) 已完工程及设备保护费：是指竣工验收前对已完工程及设备采取的必要保护措施所发生的费用。

(6) 工程定位复测费：是指工程施工过程中进行全部施工测量放线和复测工作的费用。

(7) 特殊地区施工增加费：是指工程在沙漠或其边缘地区、高海拔、高寒、原始森林等特殊地区施工增加的费用。

(8) 大型机械设备进出场及安拆费：是指机械整体或分体自停放场地运至施工现场或由一个施工地点运至另一个施工地点，所发生的机械进出场运输及转移费用及机械在施工现场进行安装、拆卸所需的人工费、材料费、机械费、试运转费和安装所需的辅助设施的费用。

(9) 脚手架工程费：是指施工需要的各种脚手架搭、拆、运输费用以及脚手架购置费的摊销(或租赁)费用。

措施项目及其包含的内容详见各类专业工程的现行国家或行业计量规范。

6.1.1.2.3 其他项目费

① 暂列金额：是指建设单位在工程量清单中暂定并包括在工程合同价款中的一笔款

项。用于施工合同签订时尚未确定或者不可预见的所需材料、工程设备、服务的采购，施工中可能发生的工程变更、合同约定调整因素出现时的工程价款调整以及发生的索赔、现场签证确认等的费用。

② 计日工：是指在施工过程中施工企业完成建设单位提出的施工图纸以外的零星项目或工作所需的费用。

③ 总承包服务费：是指总承包人为配合、协调建设单位进行的专业工程发包，对建设单位自行采购的材料、工程设备等进行保管以及施工现场管理、竣工资料汇总整理等服务所需的费用。

6.1.1.3 矿山工程项目费用构成特点

由于矿山工程项目工作内容的一些特殊性，因此其在构成上有一些其独特的特点。

① 一个完整的矿山工程项目，往往包括矿井建设工程、地面建筑工程、机电安装工程，这些不同工程的构成内容和计费方法，都会有一定差异。

② 实现一个矿山井巷工程项目，通常需要有较大量的只是辅助于工程实体形成的费用消耗，这一部分费用同样也包括人工费、材料费、施工机具使用费等的基本内容。按以往习惯，这部分费用被称为井巷工程辅助费。

③ 井巷工程辅助费，是指井巷工程施工所发生的提升、给排水、通风、运输、照明供电、供热、其他等辅助系统的工程费用，也就是指井巷施工所发生的提升等辅助系统工程的费用同样应分别列入建筑安装费中的人工费、材料费、施工机具使用费等费用。

④ 与井巷工程辅助费具有同样性质的，还有如特殊凿井工程费用。特殊凿井工程费用指井筒工程采用冻结、大钻机钻井和地面预注浆等特殊凿井施工方法施工所发生的费用。

6.1.1.4 矿山工程项目费用标准的适用范围

6.1.1.4.1 矿建工程

(1) 井巷工程：① 立井井筒及硐室工程，适用于立井井筒、立井井筒与井底车场连接处、箕斗装载硐室及位于井筒中的硐室。② 一般支护井巷工程，适用于一般支护的斜井、斜巷、平硐、平巷及硐室工程。③ 金属支架支护井巷工程，适用于施工企业自行制作(包括刷油)的金属支架支护的斜井、斜巷、平硐、平巷及硐室工程。

(2) 井下铺轨工程，适用于井下铺轨、道岔铺设工程。

(3) 特殊凿井工程，适用于井筒冻结、地面预注浆等特殊措施工程和大钻机钻井工程。

(4) 露天剥离工程，适用于露天矿基本建设剥离工程。

6.1.1.4.2 地面土建工程

地面土建工程包括一般土建工程、金属结构制作及安装工程、地面轻轨铺设工程、大型土石方工程等。

6.1.1.4.3 安装工程

安装工程包括地面安装工程与井下安装工程。井下安装工程包括井筒装备(含辅助工程)、井下机电设备设施安装和管线敷设等工程。

6.1.1.5 矿山工程费用计算需注意的内容

6.1.1.5.1 井巷工程和井下铺轨工程

① 根据矿井施工特点，井巷工程和井下铺轨工程的临时设施费分为井筒期(一期)、巷道期(二、三期)和尾工期，并按地区类别不同而异，其划分原则与井巷工程辅助费定额的规

定相同。

② 井巷工程和井下铺轨工程的安全施工费分为高沼气矿井和低沼气矿井两档，按设计规定的矿井沼气等级套用相应费率。

6.1.1.5.2 特殊凿井工程、地面土建工程和安装工程

① 特殊凿井工程、人工土石方和安装工程的企业管理费、利润的计算均按人工费的费率计取。

② 特殊凿井工程、露天剥离工程、地面土建工程和安装工程的安全施工费计取，与矿井瓦斯等级无关，不考虑高沼气矿井和低沼气矿井的区别。

6.1.1.5.3 关于工程建设其他费用

在矿山工程项目建设中，列入其他费用的除常规内容外还应特别注意的有以下几项：

(1) 通用性项目

环境影响评价费、节能评估费、安全生产评价费等。

(2) 专业性项目

① 采矿权转让费：指获得采矿权所支付的采矿使用费、采矿权价款、矿产资源补偿费和资源税等费用。

② 地质灾害防治费：指对矿山地质环境恢复治理、地质灾害防治所发生的费用。

③ 井筒地质检查钻探费：指建设工程在井筒开工前，为了解井筒所在位置的地质及水文情况所需的钻探费用。

④ 探矿权转让费：指建设单位支付精查、详查(最终)、普查(最终)、扩大延深、补充勘探、矿区水源勘探及补充地震勘探阶段全部技术资料的费用。

⑤ 维修费：指井下锚喷支护巷道、木支架巷道和工业广场永久建筑工程及外部公路建成后至移交生产前，由施工单位使用和代管期间的维修费。

⑥ 矿井井位确定费：指测量、标桩灌注等费用。

6.1.2 矿山工程项目费用计算

6.1.2.1 费用构成要素计算方法

(1) 人工费

$$人工费 = \sum(工日消耗量 \times 日工资单价)$$

$$人工费 = \sum(工程工日消耗量 \times 日工资单价)$$

日工资单价是指施工企业平均技术熟练程度的生产工人在每工作日(国家法定工作时间内)按规定从事施工作业应得的日工资总额。

工程造价管理机构确定日工资单价应根据工程项目的技术要求，通过市场调查，参考实物工程量人工单价综合分析确定，最低日工资单价不得低于工程所在地人力资源和社会保障部门所发布的最低工资标准的倍数：普工 1.3 倍；一般技工 2 倍；高级技工 3 倍。

(2) 材料费

$$材料费 = \sum(材料消耗量 \times 材料单价)$$

$$工程设备费 = \sum(工程设备量 \times 工程设备单价)$$

(3) 施工机具使用费

① 施工机械使用费

$$施工机械使用费=\sum(施工机械台班消耗量\times机械台班单价)$$

机械台班单价=台班折旧费+台班大修费+台班经常修理费+台班安拆费及场外运费+台班人工费+台班燃料动力费+台班车船税费

施工企业可以参考工程造价管理机构发布的台班单价，自主确定施工机械使用费的报价。如租赁施工机械，施工机械使用费$=\sum$(施工机械台班消耗量×机械台班租赁单价)。

② 仪器仪表使用费

仪器仪表使用费=工程使用的仪器仪表摊销费+维修费

(4) 企业管理费

工程造价管理机构在确定计价定额中企业管理费时，应以定额人工费或(定额人工费+定额机械费)作为计算基数。

(5) 利润

① 施工企业根据企业自身需求并结合建筑市场实际自主确定，列入报价中。

② 工程造价管理机构在确定计价定额中的利润时，应以定额人工费或定额人工费与定额机械费之和作为计算基数。

(6) 规费

① 社会保险费和住房公积金。

社会保险费和住房公积金应以定额人工费为计算基础，根据工程所在地省、自治区、直辖市或行业建设主管部门规定费率计算。

$$社会保险费和住房公积金=\sum(工程定额人工费\times社会保险费和住房公积金费率)$$

② 工程排污费。

工程排污费等其他应列而未列入的规费应按工程所在地环境保护等部门规定的标准缴纳，按实计取列入。

(7) 税金

按照省、自治区、直辖市或行业建设主管部门发布的标准计算税金，不得作为竞争性费用。

6.1.2.2　建筑安装工程计价

(1) 分部分项工程费

$$分部分项工程费=\sum(分部分项工程量\times综合单价)$$

式中，综合单价包括人工费、材料费、施工机具使用费、企业管理费和利润以及一定范围的风险费用(下同)。

(2) 措施项目费

① 国家计量规范规定应予计量的措施项目计算方法：

$$措施项目费=\sum(措施项目工程量\times综合单价)$$

② 国家计量规范规定不宜计量的措施项目计算方法如下：

a. 安全文明施工费：

安全文明施工费=计算基数×安全文明施工费费率(%)

计算基数应为定额基价(定额分部分项工程费+定额中可以计量的措施项目费)、定额人工费或(定额人工费+定额机械费),其费率由工程造价管理机构根据各专业工程的特点综合确定。

b. 夜间施工增加费:

夜间施工增加费=计算基数×夜间施工增加费费率(%)

c. 二次搬运费:

二次搬运费=计算基数×二次搬运费费率(%)

d. 冬雨期施工增加费:

冬雨期施工增加费=计算基数×冬雨期施工增加费费率(%)

e. 已完工程及设备保护费:

已完工程及设备保护费=计算基数×已完工程及设备保护费费率(%)

上述第2项至第5项措施项目的计费基数应为定额人工费或(定额人工费+定额机械费),其费率由工程造价管理机构根据各专业工程特点和调查资料综合分析后确定。

(3) 其他项目费

① 暂列金额由建设单位根据工程特点,按有关计价规定估算,施工过程中由建设单位掌握使用,扣除合同价款调整后如有余额,归建设单位。

② 计日工由建设单位和施工企业按施工过程中的签证计价。

③ 总承包服务费由建设单位在招标控制价中根据总包服务范围和有关计价规定编制,施工企业投标时自主报价,施工过程中按签约合同价执行。

(4) 规费和税金

建设单位和施工企业均应按照省、自治区、直辖市或行业建设主管部门发布的标准计算规费和税金,不得作为竞争性费用。

6.1.3 矿山工程工程量清单计价

6.1.3.1 工程量清单计价规范主要内容

工程量清单计价,是一种主要由市场定价的计价模式。自2003年起开始在全国范围内逐步推广工程量清单计价方法。为深入推行工程量清单计价改革工作,在《建设工程工程量清单计价规范》(GB 50500—2008)进行修订的基础上,推出了《建设工程工程量清单计价规范》(GB 50500—2013)(以下简称《计价规范》)。《计价规范》规定,使用国有资金投资的建设工程发承包必须采用工程量清单计价。非国有资金投资的建设工程,宜采用工程量清单计价。不采用工程量清单计价的建设工程,应执行本规范除工程量清单等专门性规定外的其他规定。工程量清单应采用综合单价计价。措施项目中的安全文明施工费必须按国家或省级、行业建设主管部门的规定计算,不得作为竞争性费用。规费和税金必须按国家或省级、行业建设主管部门的规定计算,不得作为竞争性费用。

(1) 工程量清单的构成

工程量清单是指载明建设工程分部分项工程项目、措施项目、其他项目的名称和相应数量等内容的明细清单。在建设工程发承包及实施过程的不同阶段,可分别称为招标工程量清单、已标价工程量清单等。招标工程量清单应由具有编制能力的招标人或受其委托、具有相应资质的工程造价咨询人编制。

① 分部分项工程项目清单必须载明项目编码、项目名称、项目特征、计量单位和工程

数量。

② 措施项目清单必须根据相关工程现行国家计量规范的规定编制，应根据拟建工程的实际情况列项。

③ 其他项目清单应按照暂列金额、暂估价(包括材料暂估单价、工程设备暂估单价、专业工程暂估价)、计日工和总承包服务费内容进行列项。

已标价工程量清单则是指构成合同文件组成部分的投标文件中已标明价格，且承包人已确认的工程量清单。

(2) 工程量清单的作用

工程量清单是工程量清单计价的基础，贯穿于建设工程的招投标阶段和施工阶段，是编制招标控制价、投标报价、计算工程量、支付工程款、调整合同价款、办理竣工结算以及工程索赔等的依据。工程量清单的主要作用如下：

① 工程量清单为投标人的投标竞争提供了一个平等和共同的基础。

② 工程量清单是建设工程计价的依据。

③ 工程量清单是工程付款和结算的依据。

④ 工程量清单是调整工程价款、处理工程索赔的依据。

(3) 工程量清单计价的基本过程

工程量清单计价过程可以分为两个阶段：工程量清单编制和工程量清单应用。工程量清单的编制程序如图 6-1 所示，工程量清单应用过程如图 6-2 所示。

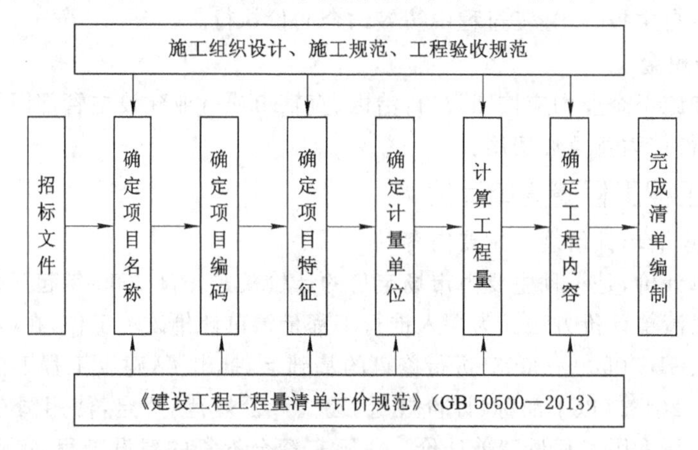

图 6-1　工程量清单的编制程序

(4) 工程量清单计价的方法

《矿山工程工程量计算规范》(GB 50859—2013)是用于矿山工程的工程量清单项目(含措施项目)说明及其计算规则。

工程量清单计价的基本过程可以描述为在统一的工程量计算规则的基础上，制定工程量清单项目设置规则，根据具体工程的施工图纸计算出各个清单项目的工程量，再根据各种渠道所获得的工程造价信息和经验数据按综合单价法计算得到工程造价。

① 工程造价的计算。采用工程量清单计价，建筑安装工程造价由分部分项工程费、措施项目费、其他项目费、规费和税金组成。《计价规范》规定，分部分项工程量清单应采用综

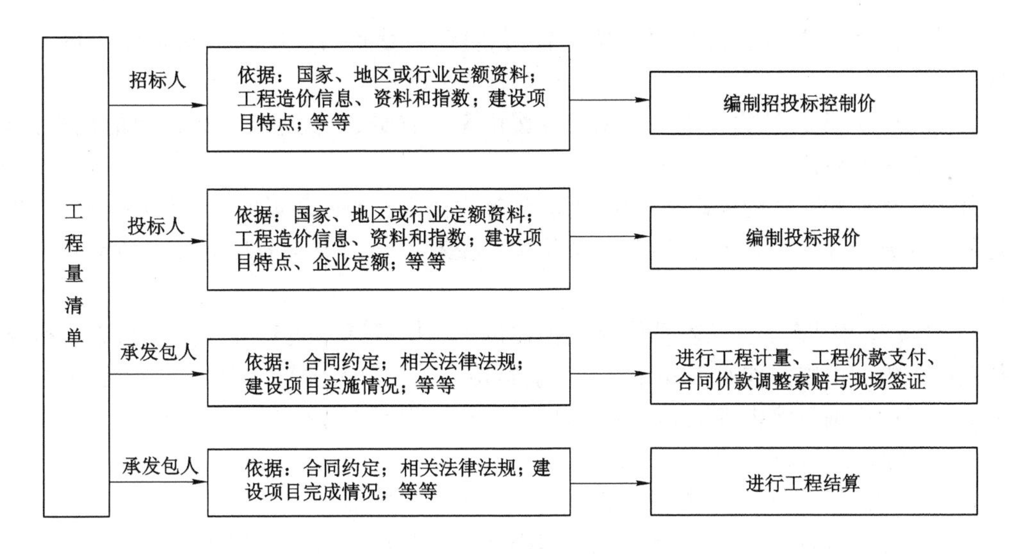

图 6-2　工程量清单应用过程

合单价计价。

② 分部分项工程费计算。根据前述计算方法，利用综合单价法计算分部分项工程费需要解决两个核心问题，即确定各分部分项工程的工程量及其综合单价。

a. 分部分项工程量的确定。招标文件中的工程量清单标明的工程量是招标人编制招标控制价和投标人投标报价的共同基础，它是工程量清单编制人按施工图图示尺寸和清单工程量计算规则计算得到的净工程量。但是，该工程量不能作为承包人在履行合同义务中应予完成的实际和准确的工程量，发承包双方进行工程竣工结算时的工程量应按发、承包双方在合同中约定应予计量且实际完成的工程量确定，当然该工程量的计算也应严格遵照清单工程量计算规则，以实体工程量为准。

b. 综合单价的编制。《计价规范》中的工程量清单综合单价是指完成一个规定计量单位的分部分项工程量清单项目或措施清单项目所需的人工费、材料费、施工机具使用费和企业管理费与利润，以及一定范围内的风险费用。该定义并不是真正意义上的全费用综合单价，而是一种狭义的综合单价，规费和税金等不可竞争的费用并不包括在项目单价中。建筑业实现“营业税”改征“增值税”后，原来的计税方法发生根本变化，因此，应采用包含税金的全费用单价才能适应“营改增”后的计价需要。

综合单价的计算通常采用定额组价的方法，即以计价定额为基础进行组合计算。由于《计价规范》与定额中的工程量计算规则、计量单位、工程内容不尽相同，综合单价的计算不是简单地将其所含的各项费用进行汇总，而是要通过具体计算后综合而成。

③ 措施项目费计算。措施项目费是指为完成工程项目施工，而用于发生在该工程施工准备和施工过程中的技术、生活、安全、环境保护等方面的非工程实体项目所支出的费用。措施项目清单计价应根据建设工程的施工组织设计，对可以计算工程量的措施项目，应按分部分项工程量清单的方式采用综合单价计价；其余的措施项目可以以“项”为单位的方式计价。

措施项目费的计算方法可采用综合单价法、参数法计价和分包法计价。

④ 其他项目费计算。其他项目费由暂列金额、暂估价、计日工、总承包服务费等内容构成。

⑤ 规费与税金的计算。规费和税金应按国家或省级、行业建设主管部门的规定计算，不得作为竞争性费用。

每一项规费和税金的规定文件中，对其计算方法都有明确的说明，故可以按各项法规和规定的计算方式计取。具体计算时，一般按国家及有关部门规定的计算公式和费率标准进行计算。

⑥ 风险费用的确定。风险具体指工程建设施工阶段承发包双方在招投标活动和合同履约及施工中所面临的涉及工程计价方面的风险。采用工程量清单计价的工程，应在招标文件或合同中明确风险内容及其范围(幅度)，并在工程计价过程中予以考虑。

(5) 投标价的编制方法

《计价规范》规定，投标价是投标人参与工程项目投标时报出的工程造价。即投标价是指在工程招标发包过程中，由投标人或受其委托具有相应资质的工程造价咨询人按照招标文件的要求以及有关计价规定，依据发包人提供的工程量清单、施工设计图纸，结合工程项目特点、施工现场情况及企业自身的施工技术、装备和管理水平等，自主确定的工程造价。

投标价是投标人希望达成工程承包交易的期望价格，但不能高于招标人设定的招标控制价。投标报价的编制是指投标人对拟承建工程项目所要发生的各种费用的计算过程。作为投标计算的必要条件，应预先确定施工方案和施工进度，此外投标计算还必须与采用的合同形式相一致。

6.1.3.2 建筑业营业税改征增值税相关规定和变化

2016 年 3 月，财政部、国家税务总局正式颁布《关于全面推开营业税改征增值税试点的通知》(财税〔2016〕36 号)(以下简称《通知》)。根据《通知》规定，2016 年 5 月 1 日后，建筑业实行营业税改征增值税(以下简称营改增)，建筑业的增值率税率和增值税征收率：为 11%(适用一般计税方法)和 3%(适用简易计税方法)。为满足建筑业营改增后建设工程计价的需要，住建部及各省住房和城乡建设部门陆续下发“建筑业营改增建设工程计价依据调整”的通知，通过对住建部和各地调整办法分析，建设工程计价营改增主要变化为：

(1) 适用简易计税方法计税的工程造价

适用简易计税方法计税的工程，适用 3%的增值税征收率，简易计税方法的应纳税额，是指按照销售额和增值税征收率计算的增值税额，不得抵扣进项税额。应纳税额计算公式：应纳税额＝销售额×征收率。试点纳税人提供建筑服务适用简易计税方法的，以取得的全部价款和价外费用扣除支付的分包款后的余额为销售额。以下几种情况可适用简易计税方法计税：小规模纳税人发生应税行为、一般纳税人以清包工方式提供的建筑服务、一般纳税人为甲供工程提供的建筑服务、一般纳税人为建筑工程老项目(开工日期在 2016 年 4 月 30 前的建筑工程项目)提供的建筑服务。

(2) 适用一般计税方法计税的工程造价

工程量清单计价、定额计价均按照“价税分离”计价规则进行计价。可按以下公式计算：工程造价＝税前工程造价×(1%＋11%)。其中，11%为建筑业适用增值税税率，税前工程造价为人工费、材料费、施工机具使用费、企业管理费、利润和规费之和，各费用项目均以不包含增值税可抵扣进项税额的价格计算，相应计价依据按上述方法调整。企业管理费包括预算定额的原组成内容，城市维护建设税、教育费附加以及地方教育费附加，营改增增加的管理费用等。建筑安装工程费用的税金是指国家税法规定应计入建筑安装工程造价内的增值税销项税额。

建筑业实现“营业税”改征“增值税”后，原来的计税方法发生根本变化，再采用按税前造价计算增值税已不可行，因此应采用包含税金的全费用单价才适应“营改增”后的计价需要。

6.1.3.3 工程量清单的计价方法修改

① 工程量清单应采用综合单价计价，综合单价是指完成一个规定清单项目所需的人工费、材料和工程设备费、施工机具使用费、企业管理费、利润、规费、税金及一定范围内的风险费用。建设工程发承包及实施阶段的工程造价由分部分项工程费、措施项目费、其他项目费组成。

② 其他项目计价：暂列金额和专业工程暂估价应按招标工程量清单中列出的金额填写；材料、工程设备暂估价应按招标工程量清单中列出的单价计入综合单价；计日工和总承包服务费按招标工程量清单中列出的内容和要求计算。材料（设备）暂估价、确认价均应为除税单价，结算价格差额只计取税金。专业工程暂估价应为营改增后的工程造价。

③ 建设工程发承包，必须在招标文件、合同中明确计价中的风险内容及其范围，不得采用无限风险、所有风险或类似语句规定风险内容及范围。风险幅度确定原则：风险幅度均以材料（设备）、施工机具台班等对应除税单价为依据计算。

④ 规定在建筑业营改增后适用一般计税方法计税的建筑工程，在发承包及实施阶段的各项计价活动，包括招标控制价的编制、投标报价、竣工结算等，除税务部门另有规定外，必须按照“价税分离”计价规则进行计价，具体要素价格适用增值税税率执行财税部门的相关规定。规定在建筑业营改增后选择适用简易计税方法计税的建筑工程，在发承包及实施阶段的各项计价活动，可参照原合同价或营改增前的计价依据执行，并执行财税部门的规定。

⑤ 单位工程计价＝分部分项工程费＋措施项目费＋其他项目费。

6.1.4 矿山工程定额体系

6.1.4.1 工程定额体系的构成

矿山工程定额体系可以按照不同的原则和方法对其进行分类（图 6-4）。

6.1.4.2 矿山工程常用定额分类

（1）按反映的物质消耗的内容分类

① 人工消耗定额——完成一定合格产品所消耗的人工的数量标准。

② 材料消耗定额——完成一定合格产品所消耗的材料的数量标准。

③ 机械消耗定额——完成一定合格产品所消耗的施工机械台班数量标准。

（2）按建设程序分类

① 施工定额——在正常的施工技术和组织条件下，以工序或施工过程为对象，按平均先进水平制定的为完成单位合格产品所需消耗的人工、材料、机械台班的数量标准。施工定额是工程建设定额中分项最细，定额子目最多的一种定额。

② 预算定额——完成规定计量单位合格分项工程所需的人工、材料、施工机械台班消耗量的标准，是统一预算工程量计算规则、项目划分、计量单位的依据，是编制地区单位计价表、确定工程价格、编制施工图预算的依据，也是编制概算定额（指标）的基础；也可作为制定

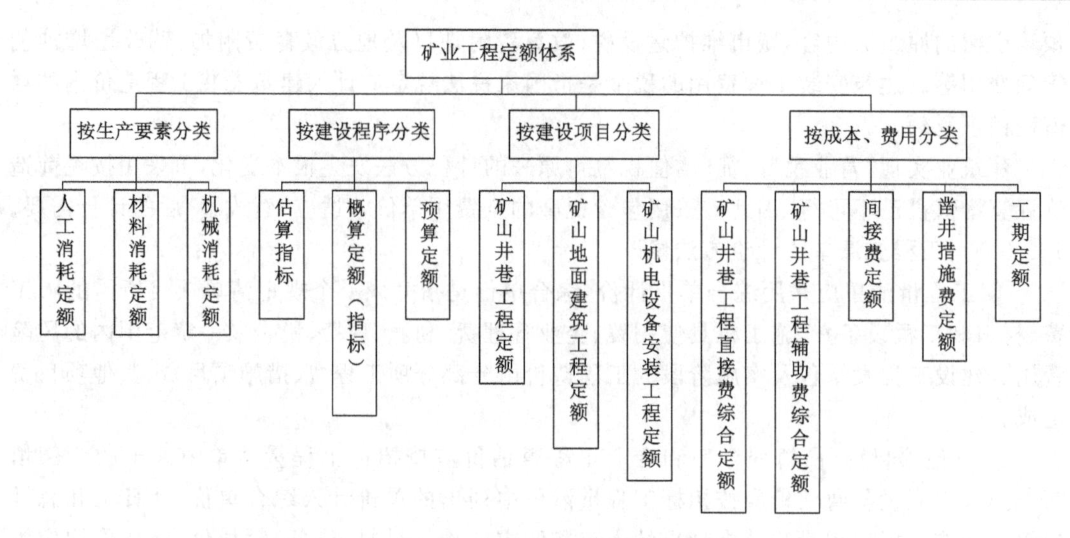

图 6-4　矿山工程定额体系

招标工程招标控制价、投标报价的基础。

③ 概算定额(指标)——在预算定额基础上以主要分项工程综合相关分项的扩大定额，是编制初步设计概算的依据，也可作为编制估算指标的基础。

④ 估算指标——编制项目建议书、可行性研究报告投资估算的依据，是在现有工程价格资料的基础上，经分析整理得出的。估算指标为建设工程的投资估算提供依据，是合理确定项目投资的基础。

(3) 按建设工程内容分类

① 矿山地面建筑工程定额——矿山地面建筑工程定额采用我国通用的土建定额、装饰定额等。

② 矿山机电设备安装工程定额——矿山机电设备安装工程定额采用国家同类内容。矿山特殊凿井工程按定额计算时的计价程序与安装工程相同。

③ 井巷工程定额——井巷工程定额是矿山专业定额。井巷(包括露天)工程的计价程序与土建工程相同。

(4) 按定额的适用范围分类

① 国家定额——是指国家建设行政主管部门组织、在全国范围内使用的定额。目前我国的国家定额有土建工程基础定额、安装工程预算定额等。

② 行业定额——是指由行业建设行政主管部门组织，在本行业范围内使用的定额。目前我国的各行业几乎都有自己的行业定额。

③ 地区定额——是指由地区建设行政主管部门组织，在本地区范围内使用的定额。目前我国的地区定额一般都是在国家定额的基础上编制的地区单位计价表。

④ 企业定额——是指由施工企业根据本企业的人员素质、机械装备程度和企业管理水平，参照国家、部门或地区定额进行编制，只在本企业投标报价时使用的定额。企业定额水平一般高于国家、行业或地区定额，才能适应投标报价，增强市场竞争能力的要求。

(5) 按构成工程的成本和费用分类

按构成工程的成本和费用分类，可将定额分为人工定额、材料定额、施工机械定额和企业管理费、财务费用和其他费用定额以及构成工程建设其他费用的定额(土地征用费、拆迁安置费、建设单位管理费定额等)。

6.2　工程项目施工成本控制

6.2.1　工程项目施工成本计划

6.2.1.1　施工成本计划的类型

对于一个施工项目而言,其成本计划的编制是一个不断深化的过程,在这一过程的不同阶段形成深度和作用不同的成本计划,按其作用可分为以下三类。

① 竞争性成本计划——即工程项目投标及签订合同阶段的估算成本计划。该类成本计划是以招标文件中的合同条件、投标者须知、技术规程、设计图纸或工程量清单等为依据,以有关价格条件说明为基础,结合调研和现场考察获得的情况,根据本企业的工料消耗标准、水平、价格资料和费用指标,对本企业完成招标工程所需要支出的全部费用的估算。在投标报价过程中,虽也着力考虑降低成本的途径和措施,但总体上较为粗略。

② 指导性成本计划——即选派项目经理阶段的预算成本计划,是项目经理的责任成本目标。它是以合同标书为依据,按照企业的预算定额标准制定的设计预算成本计划,且一般情况下只是确定责任总成本指标。

③ 实施性计划成本——即项目施工准备阶段的施工预算成本计划,它以项目实施方案为依据,落实项目经理责任目标为出发点,采用企业的施工定额,通过施工预算的编制而形成的实施性施工成本计划。

施工预算和施工图预算虽仅一字之差,但区别较大。

① 编制的依据不同。施工预算的编制以施工定额为主要依据,施工图预算的编制以预算定额为主要依据,而施工定额比预算定额划分得更详细、更具体,并对其中所包括的内容,如质量要求、施工方法以及所需劳动工日、材料品种、规格型号等均有较详细的规定或要求。

② 适用的范围不同。施工预算是施工企业内部管理用的一种文件,与建设单位无直接关系;而施工图预算既适用于建设单位,又适用于施工单位。

③ 发挥的作用不同。施工预算是施工企业组织生产、编制施工计划、准备现场材料、签发任务书、考核功效、经济核算的依据,它也是施工企业改善经营管理、降低生产成本和推行内部经营承包责任制的重要手段;而施工图预算则是投标报价的主要依据。以上三类成本计划互相衔接和不断深化,构成了整个工程施工成本的计划过程。其中,竞争性计划成本带有成本战略的性质,是项目投标阶段商务标书的基础,而有竞争力的商务标书又是以其先进合理的技术标书为支撑的。因此,它奠定了施工成本的基本框架和水平。指导性计划成本和实施性计划成本,都是战略性成本计划的进一步展开和深化,是对战略性成本计划的战术安排。此外,根据项目管理的需要,实施性成本计划又可按施工成本组成、子项目组成、工程进度分别编制施工成本计划。

6.2.1.2　施工成本计划的编制依据

施工成本计划是施工项目成本控制的一个重要环节,是实现降低施工成本任务的指导性文件。如果针对施工项目所编制的成本计划达不到目标成本要求时,就必须组织施工项目管理班子的有关人员重新研究寻找降低成本的途径,重新进行编制。同时,编制成本计划的过程也是动员全体施工项目管理人员的过程，是挖掘降低成本潜力的过程，是检验施工技术质量管理、工期管理、物资消耗和劳动力消耗管理等是否落实的过程。编制施工成本计划，需要广泛收集相关资料并进行整理，以作为施工成本计划编制的依据。在此基础上，根据有关设计文件、工程承包合同、施工组织设计、施工成本预测资料等，按照施工项目应投入的生产要素，结合各种因素的变化和拟采取的各种措施，估算施工项目生产费用支出的总水平，进而提出施工项目的成本计划控制指标，确定目标总成本。目标成本确定后，应将总目标分解落实到各个机构、班组、便于进行控制的子项目或工序。最后通过综合平衡编制完成施工成本计划。

施工成本计划的编制依据包括：投标报价文件；企业定额、施工预算；施工组织设计或施工方案；人工、材料、机械台班的市场价；企业颁布的材料指导价、企业内部机械台班价格、劳动力内部挂牌价格；周转设备内部租赁价格、摊销损耗标准；已签订的工程合同、分包合同(或估价书)；结构件外加工计划和合同；有关财务成本核算制度和财务历史资料；施工成本预测资料；拟采取的降低施工成本的措施；其他相关资料。

6.2.1.3　施工成本计划的编制方法

施工成本计划的编制以成本预测为基础，关键是确定目标成本。计划的制定需结合施工组织设计的编制过程，通过不断地优化施工技术方案和合理配置生产要素，进行工料机消耗的分析，制定一系列节约成本和挖潜措施，确定施工成本计划。一般情况下，施工成本计划总额应控制在目标成本的范围内，并使成本计划建立在切实可行的基础上。

施工总成本目标确定之后，还需通过编制详细的实施性施工成本计划把目标成本层层分解，落实到施工过程的每个环节，有效地进行成本控制。施工成本计划的编制方式有：按施工成本组成编制施工成本计划、按项目组成编制施工成本计划、按工程进度编制施工成本计划。

(1) 按施工成本组成编制施工成本计划的方法

施工成本可以按成本组成分解为人工费、材料费、施工机械使用费、企业管理费等，编制按施工成本组成分解的施工成本计划。

(2) 按项目组成编制施工成本计划的方法

大中型工程项目通常是由若干单项工程构成的，而每个单项工程包括了多个单位工程，每个单位工程又是由若干个分部分项工程构成。因此，首先要把项目总施工成本分解到单项工程和单位工程中，再进一步分解为分部工程和分项工程。

在完成施工项目成本目标分解之后，就要具体地分配成本，编制分项工程的成本支出计划。从而得到详细的成本计划表。

在编制成本支出计划时，要在项目总的方面考虑总的预备费，也要在主要的分项工程中安排适当的不可预见费，避免在具体编制成本计划时，可能发现个别单位工程或工程量表中某项内容的工程量计算有较大出入，使原来的成本预算失实，并在项目实施过程中对其尽可能采取一些措施。

(3) 按工程进度编制施工成本计划的方法

编制按工程进度的施工成本计划，通常可利用控制项目进度的网络图进一步扩充而得。即在建立网络图时，一方面确定完成各项工作所需花费的时间，另一方面同时确定完成这一工作的合适的施工成本支出计划。在实践中，将工程项目分解为既能方便表示时间，又能方便表示施工成本支出计划的工作是不容易的，通常如果项目分解程度对时间控制合适的话，则对施工成本支出计划可能分解过细，以至于不可能对每项工作确定其施工成本支出计划。反之亦然。因此在编制网络计划时，应在充分考虑进度控制对项目划分要求的同时，还要考虑确定施工成本支出计划对项目划分的要求，做到两者兼顾。

通过对施工成本目标按时间进行分解，在网络计划基础上可获得项目进度计划的横道图，并在此基础上编制成本计划。其表示方式有两种：一种是在时标网络计划图上按月编制的成本计划；另一种是利用时间—成本曲线（S形曲线）表示。

时间—成本累积曲线的绘制步骤如下：

① 确定工程项目进度计划，编制进度计划图。

② 根据单位时间内完成的实物工程量或投入的人力、物力和财力，计算单位时间（月或旬）的成本，在时标网络图上按时间编制成本支出计划。

③ 计算规定时间计划累计支出的成本额，计算方法为各单位时间计划完成的成本额累加求和。

④ 按各规定时间的累计支出的成本额值，绘制S形曲线。

每一条S形曲线都对应某一特定的工程进度计划。因为在进度计划的非关键路线中存在许多有时差的工序或工作，因而S形曲线（成本计划值曲线）必然包络在由全部工作都按最早开始时间开始和全部工作都按最迟必须开始时间开始的曲线所组成的“香蕉图”内。项目负责人可根据编制的成本支出计划来合理安排资金，同时项目负责人也可以根据筹措的资金来调整S形曲线，即通过调整非关键路线上的工序项目的最早或最迟开工时间，力争将实际的成本支出控制在计划范围内。

一般而言，所有工作都按最迟开始时间开始，对节约资金贷款利息是有利的，但同时也降低了项目按期竣工的保证率，因此项目负责人必须合理地确定成本支出计划，达到既节约成本支出，又能控制项目工期的目的。

以上三种编制施工成本计划的方式并不是相互独立的。在实践中，往往是将这几种方式结合起来使用，从而可以取得扬长避短的效果。例如将按项目分解项目总施工成本与按施工成本构成分解项目总施工成本两种方式相结合，横向按施工成本构成分解，纵向按项目分解，或相反。这种分解方式有助于检查各分部分项工程施工成本构成是否完整，有无重复计算或漏算；同时还有助于检查各项具体的施工成本支出的对象是否明确或落实，并且可以从数字上校核分解的结果有无错误。或者还可将按项目分解项目总施工成本计划与按时间分解项目总施工成本计划结合起来，一般纵向按项目分解，横向按时间分解。

6.2.2 工程项目施工成本控制

6.2.2.1 施工成本控制的依据

（1）工程承包合同

施工成本控制要以工程承包合同为依据，围绕降低工程成本这个目标，从预算收入和实际成本两个方面，努力挖掘增收节支潜力，以求获得最大的经济效益。

（2）施工成本计划

施工成本计划是根据施工项目的具体情况制定的施工成本控制方案，既包括预定的具体成本控制目标，又包括实现控制目标的措施和规划，是施工成本控制的指导文件。

（3）进度报告

进度报告提供了每一时刻工程实际完成量和工程施工成本实际支付情况等重要信息。施工成本控制工作正是通过实际情况与施工成本计划相比较，找出两者之间的差别，分析偏差产生的原因，从而采取措施改进以后的工作。此外，进度报告还有助于管理者及时发现工程实施中存在的问题，并在事态还未造成重大损失之前采取有效措施，尽量避免损失。

(4) 工程变更

在项目的实施过程中，由于各方面的原因，工程变更是很难避免的。工程变更一般包括设计变更、进度计划变更、施工条件变更、技术规范与标准变更、施工次序变更、工程数量变更等。一旦出现变更，工程量、工期、成本都必将发生变化，从而使得施工成本控制工作变得更加复杂和困难。因此，施工成本管理人员就应当通过对变更要求当中各类数据的计算、分析，随时掌握变更情况，包括已发生工程量、将要发生工程量、工期是否拖延、支付情况等重要信息，判断变更以及变更可能带来的索赔额度等。

除了上述几种施工成本控制工作的主要依据以外，有关施工组织设计、分包合同等也都是施工成本控制的依据。

6.2.2.2 施工成本控制的步骤

在确定了施工成本计划之后，必须定期进行施工成本计划值与实际值的比较，当实际值偏离计划值时，分析产生偏差的原因，采取适当的纠偏措施，以确保施工成本控制目标的实现，其步骤如下。

(1) 比较

按照某种确定的方式将施工成本计划值与实际值逐项进行比较，以发现施工成本是否已超支。

(2) 分析

在比较的基础上，对比较的结果进行分析，以确定偏差的严重性及产生偏差的原因。这一步是施工成本控制工作的核心，其主要目的在于找出产生偏差的原因，从而采取针对性的措施，减少或避免相同原因的偏差再次发生或减少由此造成的损失。

(3) 预测

按照完成情况估计完成项目所需的总费用。

(4) 纠偏

当工程项目的实际施工成本出现了偏差，应当根据工程的具体情况、偏差分析和预测的结果，采取适当的措施，以期达到使施工成本偏差尽可能小的目的。纠偏是施工成本控制中最具实质性的一步，只有通过纠偏才能最终达到有效控制施工成本的目的。

对偏差原因进行分析的目的是为了有针对性地采取纠偏措施，从而实现成本的动态控制和主动控制。纠偏首先要确定纠偏的主要对象，偏差原因有些是无法避免和控制的。如客观原因，充其量只能对其中少数原因做到防患于未然，力求减少该原因所产生的经济损失。在确定了纠偏的主要对象之后，就需要采取针对性的纠偏措施。纠偏可采用组织措施、经济措施、技术措施和合同措施等。

(5) 检查

它是指对工程的进展进行跟踪和检查，及时了解工程进展状况以及纠偏措施的执行情况和效果，为今后的工作积累经验。

6.2.2.3 施工成本控制的方法

6.2.2.3.1 施工成本的过程控制方法

施工阶段是控制建设工程项目成本发生的主要阶段，通过确定成本目标并按计划成本进行施工资源配置，对施工现场发生的各种成本费用进行有效控制，其具体的控制方法如下。

(1) 人工费的控制

人工费的控制实行"量价分离"的方法，将作业用工及零星用工按定额工日的一定比例综合确定用工数量与单价，通过劳务合同进行控制。

(2) 材料费的控制

材料费控制同样按照"量价分离"原则，控制材料用量和材料价格。

① 材料用量的控制。

在保证符合设计要求和质量标准的前提下，合理使用材料，通过定额管理、计量管理等手段有效控制材料物资的消耗，具体方法如下：

a. 定额控制——对于有消耗定额的材料，以消耗定额为依据，实行限额发料制度。在规定限额内分期分批领用，超过限额领用的材料必须先查明原因，经过一定审批手续才可领料。

b. 指标控制——对于没有消耗定额的材料，则实行计划管理和按指标控制的办法。根据以往项目的实际耗用情况，结合具体施工项目的内容和要求，制定领用材料指标，据以控制发料。超过指标的材料必须经过一定的审批手续才可领用。

c. 计量控制——准确做好材料物资的收发计量检查和投料计量检查。

d. 包干控制——在材料使用过程中，对部分小型及零星材料(如钢钉、钢丝等)根据工程量计算出所需材料量，将其折算成费用，由作业者包干控制。

② 材料价格的控制。

材料价格主要由材料采购部门控制。由于材料价格是由买价、运杂费、运输中的合理损耗等组成，因此控制材料价格，主要是通过掌握市场信息，应用招标和询价等方式控制材料、设备的采购价格。

施工项目的材料物资，包括构成工程实体的主要材料和结构件，以及有助于工程实体形成的周转使用材料和低值易耗品。从价值角度来看，材料物资的价值占建筑安装工程造价的60%以上，其重要程度自然是不言而喻。由于材料物资的供应渠道和管理方式各不相同，所以控制的内容和所采取的控制方法也有所不同。

(3) 施工机械使用费的控制

合理选择施工机械设备对成本控制具有十分重要的意义，尤其是高层建筑施工。据某些工程实例统计，高层建筑地面以上部分的总费用中，垂直运输机械费用占6%～10%。由于不同的起重运输机械各有不同的用途和特点，因此在选择起重运输机械时，首先应根据工程特点和施工条件确定采取何种不同起重运输机械的组合方式。在确定采用何种组合方式时，首先应满足施工需要，同时还要考虑到费用的高低和综合经济效益。

施工机械使用费主要由台班数量和台班单价两个方面决定，为有效控制施工机械使用费支出，主要从以下几个方面进行控制：

① 合理安排施工生产，加强设备租赁计划管理，减少因安排不当引起的设备闲置。

② 加强机械设备的调度工作，尽量避免窝工，提高现场设备利用率。

③ 加强现场设备的维修保养，避免因不正当使用造成机械设备的停置。

④ 做好机上人员与辅助生产人员的协调与配合，提高施工机械台班产量。

(4) 施工分包费用的控制

分包工程价格的高低，必然对项目经理部的施工项目成本产生一定的影响。因此，施工项目成本控制的重要工作之一是对分包价格的控制。项目经理部应在确定施工方案的初期就要确定需要分包的工程范围。决定分包范围的因素主要是施工项目的专业性和项目规模。对分包费用的控制，主要是要做好分包工程的询价、订立平等互利的分包合同、建立稳定的分包关系网络、加强施工验收和分包结算等工作。

6.2.2.3.2 赢得值(挣值)法

赢得值法(Earned Value Management，EVM)，最初是由美国国防部于1967年首次确立的。用赢得值法进行费用、进度综合分析控制，基本参数有三项，即已完工作预算费用、计划工作预算费用和已完工作实际费用。

(1) 赢得值法的三个基本参数

① 已完工作预算费用(Budgeted Cost for Work Performed，BCWP)——是指在某一时间已经完成的工作(或部分工作)，以批准认可的预算为标准所需要的资金总额，称为赢得值或挣值。

已完工作预算费用(BCWP)＝已完成工作量×预算单价

② 计划工作预算费用(Budgeted Cost for Work Scheduled，BCWS)——根据进度计划，在某一时刻应当完成的工作(或部分工作)，以预算为标准所需要的资金总额。

计划工作预算费用(BCWS)＝计划工作量×预算单价

③ 已完工作实际费用(Actual Cost for Work Performed，ACWP)——即到某一时刻为止，已完成的工作(或部分工作)所实际花费的总金额。

已完工作实际费用(ACWP)＝已完成工作量×实际单价

(2) 赢得值法的四个评价指标

在这三个基本参数的基础上，可以确定赢得值法的四个评价指标。它们也都是时间的函数。

① 费用偏差(Cost Variance，CV)

费用偏差(CV)＝已完工作预算费用(BCWP)－已完工作实际费用(ACWP)

当费用偏差(CV)为负值时，即表示项目运行超出预算费用；当费用偏差(CV)为正值时，表示项目运行节支。

② 进度偏差(Schedule Variance，SV)

进度偏差(SV)＝已完工作预算费用(BCWP)－计划工作预算费用(BCWS)

当进度偏差(SV)为负值时，表示进度延误；当进度偏差(SV)为正值时，表示进度提前。

③ 费用绩效指数(CPI)

费用绩效指数(CPI)＝已完工作预算费用(BCWP)/已完工作实际费用(ACWP)

当费用绩效指数 CPI＜1时，表示超支；当费用绩效指数 CPI＞1时，表示节支。

④ 进度绩效指数(SPI)

进度绩效指数(SPI)＝已完工作预算费用(BCWP)/计划工作预算费用(BCWS)

当进度绩效指数 SPI<1 时，表示进度延误；当进度绩效指数 SPI>1 时，表示进度提前。

在项目的费用、进度综合控制中引入赢得值法，可以克服过去进度、费用分开控制的缺点，可定量地判断进度、费用的执行效果。

6.2.3　工程项目施工成本分析

6.2.3.1　施工成本分析的依据

施工成本分析，就是根据会计核算、业务核算和统计核算提供的资料，对施工成本的形成过程和影响成本升降的因素进行分析，以寻求进一步降低成本的途径；另外，通过成本分析，可从账簿、报表反映的成本现象看清成本的实质，从而增强项目成本的透明度和可控性。

(1) 会计核算

会计核算主要是价值核算。会计是对一定单位的经济业务进行计量、记录、分析和检查，做出预测，参与决策，实行监督，旨在实现最优经济效益的一种管理活动。它通过设置账户、复式记账、填制和审核凭证、登记账簿、成本计算、财产清查和编制会计报表等一系列有组织有系统的方法，来记录企业的一切生产经营活动，然后据以提出一些用货币来反映的有关各种综合性经济指标的数据。资产、负债、所有者权益、营业收入、成本、利润等会计六要素指标，主要是通过会计来核算。由于会计记录具有连续性、系统性、综合性等特点，所以它是施工成本分析的重要依据。

(2) 业务核算

业务核算是各业务部门根据业务工作的需要而建立的核算制度，它包括原始记录和计算登记表，如单位工程及分部分项工程进度登记，质量登记，工效、定额计算登记，物资消耗定额记录，测试记录等。业务核算的范围比会计、统计核算要广，会计和统计核算一般是对已经发生的经济活动进行核算，而业务核算不但可以对已经发生的，而且还可以对尚未发生或正在发生的经济活动进行核算，看是否可以做，是否有经济效果。它的特点是对个别的经济业务进行单项核算。例如各种技术措施、新工艺等项目，可以核算已经完成的项目是否达到原定的目的，取得预期的效果，也可以对准备采取措施的项目进行核算和审查，看是否有效果，值不值得采纳，随时都可以进行。业务核算的目的在于迅速取得资料，在经济活动中及时采取措施进行调整。

(3) 统计核算

统计核算是利用会计核算资料和业务核算资料，把企业生产经营活动客观现状的大量数据，按统计方法加以系统整理，表明其规律性。它的计量尺度比会计宽，可以用货币计算，也可以用实物或劳动量计量。它通过全面调查和抽样调查等特有的方法，不仅能提供绝对数指标，还能提供相对数和平均数指标，可以计算当前的实际水平，确定变动速度，可以预测发展的趋势。

6.2.3.2　施工成本分析的方法

(1) 成本分析的基本方法

施工成本分析的基本方法包括比较法、因素分析法、差额计算法、比率法等。

① 比较法——又称“指标对比分析法”，是通过技术经济指标的对比，检查目标的完成情况，分析产生差异的原因，进而挖掘内部潜力的方法。这种方法具有通俗易懂、简单易行、便于掌握的特点，因而得到了广泛的应用，但在应用时必须注意各技术经济指标的可比性。比较法的应用，通常有下列形式：

a. 将实际指标与目标指标对比，以此检查目标完成情况，分析影响目标完成的积极因素和消极因素，以便及时采取措施，保证成本目标的实现。在进行实际指标与目标指标对比时，还应注意目标本身有无问题。如果目标本身出现问题，则应调整目标，重新正确评价实际工作的成绩。

b. 本期实际指标与上期实际指标对比，可以看出各项技术经济指标的变动情况，反映施工管理水平的提高程度。

c. 与本行业平均水平、先进水平对比，可以反映本项目的技术管理和经济管理与行业的平均水平和先进水平的差距，进而采取措施赶超先进水平。

② 因素分析法——又称连环置换法，这种方法可用来分析各种因素对成本的影响程度。在进行分析时，首先要假定众多因素中的一个因素发生了变化，而其他因素不变，然后逐个替换，分别比较其计算结果，以确定各个因素的变化对成本的影响程度。

③ 差额计算法——是因素分析法的一种简化形式，利用各个因素的目标值与实际值的差额来计算其对成本的影响程度。

④ 比率法——指用两个以上的指标的比例进行分析的方法。它的基本特点是：先把对比分析的数值变成相对数，再观察其相互之间的关系。常用的比率法有以下几种。

a. 相关比率法。由于项目经济活动的各个方面是相互联系、相互依存且相互影响的，因而可以将两个性质不同而又相关的指标加以对比，求出比率，并以此来考察经营成果的好坏。例如：产值和工资是两个不同的概念，但他们的关系又是投入与产出的关系。在一般情况下，都希望以最少的工资支出完成最大的产值。因此，用产值工资率指标来考核人工费的支出水平，就很能说明问题。

b. 构成比率法。又称比重分析法或结构对比分析法。通过构成比率，可以考察成本总量的构成情况及各成本项目占成本总量的比重，同时也可以看出量、本、利的比例关系（即预算成本、实际成本和降低成本的比例关系），从而为寻求降低成本的途径指明方向。

c. 动态比率法。动态比率法，就是将同类指标不同时期的数值进行对比，求出比率，以分析该项指标的发展方向和发展速度。动态比率的计算通常采用基期指数和环比指数两种方法。

(2) 综合成本的分析方法

综合成本是指涉及多种生产要素，并受多种因素影响的成本费用，如分部分项工程成本、月（季）度成本、年度成本等。由于这些成本都是随着项目施工的进展而逐步形成的，与生产经营有着密切的关系。因此，做好上述成本的分析工作，无疑将促进项目的生产经营管理，提高项目的经济效益。

① 分部分项工程成本分析。

分部分项工程成本分析是施工项目成本分析的基础。分部分项工程成本分析的对象为已完成分部分项工程。分析的方法：进行预算成本、目标成本和实际成本的“三算”对比，分别计算实际偏差和目标偏差，分析偏差产生的原因，为今后的分部分项工程成本寻求节约途径。

分部分项工程成本分析的资料来源是：预算成本来自投标报价成本，目标成本来自施工预算，实际成本来自施工任务单的实际工程量、实耗人工和限额领料单的实耗材料。

由于施工项目包括很多分部分项工程，不可能也没有必要对每一个分部分项工程都进行成本分析。特别是一些工程量小、成本费用微不足道的零星工程。但是，对于那些主要分部分项工程则必须进行成本分析，而且要做到从开工到竣工进行系统的成本分析。这是一项很有意义的工作，因为通过主要分部分项工程成本的系统分析，可以基本上了解项目成本形成的全过程，为竣工成本分析和今后的项目成本管理提供一份宝贵的参考资料。

② 月(季)度成本分析。

月(季)度成本分析，是施工项目定期的经常性的中间成本分析。对于具有一次性特点的施工项目来说，有着特别重要的意义。因为通过月(季)度成本分析可以及时发现问题，以便按照成本目标指定的方向进行监督和控制，保证项目成本目标的实现。

月(季)度成本分析的依据是当月(季)的成本报表。分析的方法通常有以下几个方面：

a. 通过实际成本与预算成本的对比，分析当月(季)的成本降低水平；通过累计实际成本与累计预算成本的对比，分析累计的成本降低水平，预测实现项目成本目标的前景。

b. 通过实际成本与目标成本的对比，分析目标成本的落实情况，以及目标管理中的问题和不足，进而采取措施，加强成本管理，保证成本目标的落实。

c. 通过对各成本项目的成本分析，可以了解成本总量的构成比例和成本管理的薄弱环节。例如在成本分析中发现人工费、机具费和企业管理费等项目大幅度超支，就应该对这些费用的收支配比关系认真研究，并采取对应的增收节支措施，防止今后再超支。

如果是属于规定的“政策性”亏损，则应从控制支出着手，把超支额压缩到最低限度。

d. 通过主要技术经济指标的实际与目标对比，分析产量、工期、质量、“三材”节约率、机械利用率等对成本的影响。

7 工程项目安全管理

7.1 矿山工程安全管理体系

7.1.1 矿山工程安全管理体系基本内容

7.1.1.1 安全生产管理体系的基本内容

《中华人民共和国安全生产法》(2014 年修订)明确规定,安全生产工作应当以人为本,坚持安全发展,坚持安全第一、预防为主、综合治理的方针,强化和落实生产经营单位的主体责任,建立生产经营单位负责、职工参与、政府监管、行业自律和社会监督的机制。

(1) 生产经营单位是安全生产的责任主体

生产经营单位必须遵守安全生产的法律、法规,加强安全生产管理,建立、健全安全生产责任制和安全生产规章制度,改善安全生产条件,推进安全生产标准化建设,提高安全生产水平,确保安全生产。生产经营单位的主要负责人对本单位的安全生产工作全面负责。

(2) 职工参与

生产经营单位的从业人员有依法获得安全生产保障的权利,并应当依法履行安全生产方面的义务。生产经营单位的工会依法组织职工参加本单位安全生产工作的民主管理和民主监督,维护职工在安全生产方面的合法权益。生产经营单位制定或者修改有关安全生产的规章制度,应当听取工会的意见。

(3) 政府监管

国务院安全生产监督管理部门(国家安全生产监督管理局总局)对全国安全生产工作实施综合监督管理;县级以上地方各级人民政府安全生产监督管理部门对本行政区域内安全生产工作实施综合监督管理。国务院有关部门在各自的职责范围内对有关行业、领域的安全生产工作实施监督管理;县级以上地方各级人民政府有关部门在各自的职责范围内对有关行业、领域的安全生产工作实施监督管理。

(4) 行业自律

所谓行业自律,就是业内自己约束自己,既包括对安全生产法律法规的自觉遵守,又包括对本行业所制定的安全生产制度的自觉执行,自觉承担安全管理的社会责任,从而为维护行业权益,促进整个行业的健康发展奠定坚实的基础。

(5) 社会监督

除了负有安全生产监督管理职责的部门(安全生产监督管理部门和对有关行业、领域的安全生产工作实施监督管理的部门,统称负有安全生产监督管理职责的部门)、政府部门、生产经营单位的安全监督管理部门以及社会安全评价、认证、检测、检验机构对安全生产的监督以外,安全生产法还规定,任何单位或者个人对事故隐患或者安全生产违法行为,均有权向负有安全生产监督管理职责的部门报告或者举报。同时新闻、出版、广播、电影、电视等单位有进行安全生产公益宣传教育的义务，有对违反安全生产法律、法规的行为进行舆论监督的权利。对违法行为情节严重的生产经营单位，应当向社会公告，并通报行业主管部门、投资主管部门、国土资源主管部门、证券监督管理机构以及有关金融机构，以形成安全生产全社会参与、共同促进的良好局面。

7.1.1.2 安全生产管理体系的贯彻工作

安全生产管理体系的贯彻运行靠一系列制度的落实。新修订的《中华人民共和国安全生产法》规定，国家实行生产安全事故责任追究制度；同时规定，生产经营单位应当建立健全生产安全事故隐患排查治理制度，采取技术、管理措施，及时发现并消除事故隐患。国家鼓励生产经营单位投保安全生产责任保险。

《中华人民共和国安全生产法》强调，国家加强生产安全事故应急能力建设，在重点行业、领域建立应急救援基地和应急救援队伍，鼓励生产经营单位和其他社会力量建立应急救援队伍，配备相应的应急救援装备和物资，提高应急救援的专业化水平。

这一系列方针、制度及管理体系和措施的建立，为促进安全生产工作，奠定了坚实的法律保障和制度保障。

7.1.2 矿山工程安全事故分级与处理

7.1.2.1 工程安全事故的分级

工程安全事故是指生产经营活动（工程建设施工）中造成人身伤亡或财产等直接经济损失的安全事故。工程安全事故分级由事故的严重程度和造成损失的大小确定。

7.1.2.1.1 工程事故分级依据

(1)《生产安全事故报告和调查处理条例》

2007 年 4 月 9 日国务院以中华人民共和国国务院令第 493 号发布了《生产安全事故报告和调查处理条例》自 2007 年 6 月 1 日起实施。该条例为生产经营单位在生产活动中发生的造成的人身伤亡或直接经济损失的安全事故等级划分提供了必要的依据。

(2)《煤矿生产安全事故报告和调查处理规定》

在国家公布《生产安全事故报告和调查处理条例》后，国家安全生产监督管理总局和国家煤矿安全监察局依据上述条例以及《煤矿安全监察条例》和国务院其他有关规定，一起于 2008 年颁发并实施了《煤矿生产安全事故报告和调查处理规定》。规定制定的目的，是为了规范煤矿生产安全事故报告和调查处理，落实事故责任追究，防止和减少煤矿生产安全事故。规范适用于各类煤矿，包括与煤炭生产、建设直接相关的煤矿地面生产系统、附属场所等企业和作业经营活动范围，对其他各类矿山同样有参考作用。

7.1.2.1.2 工程事故分级规定

(1) 工程事故分级

根据《生产安全事故报告和调查处理条例》规定，生产安全事故分为特别重大事故、重大事故、较大事故和一般事故 4 级。

① 特别重大事故，是指造成 30 人以上（含 30 人，下同）死亡，或者 100 人以上重伤（包括急性工业中毒，下同），或者 1 亿元以上直接经济损失的事故。

② 重大事故，是指造成 10 人以上 30 人以下（不包括 30 人，下同）死亡，或者 50 人以上 100 人以下重伤，或者 5 000 万元以上 1 亿元以下直接经济损失的事故。

③ 较大事故，是指造成 3 人以上 10 人以下死亡，或者 10 人以上 50 人以下重伤，或者 1 000 万元以上 5 000 万元以下直接经济损失的事故。

④ 一般事故，是指造成 3 人以下死亡，或者 10 人以下重伤，或者 1 000 万元以下直接经济损失的事故。

(2) 事故数据统计的相关事项

① 事故发生之日起 30 日内事故造成的伤亡人数发生变化的，应当按照变化后的伤亡人数重新确定事故等级。事故抢险救援时间超过 30 日的，应当在抢险救援结束后重新核定事故伤亡人数或者直接经济损失。重新核定的事故伤亡人数或者直接经济损失与原报告不一致的，按照重新核定的事故伤亡人数或者直接经济损失确定事故等级。

② 事故造成的直接经济损失包括：人身伤亡后所支出的费用，含医疗费用(含护理费用)、丧葬及抚恤费用、补助及救济费用、歇工工资；善后处理费用，含处理事故的事务性费用、现场抢救费用、清理现场费用、事故赔偿费用；财产损失价值，含固定资产损失价值、流动资产损失价值。

7.1.2.2 工程安全事故处理

(1) 事故的应急处理要求

① 发生事故后，事故现场有关人员应当立即报告本单位负责人；负责人接到报告后，应当于 1 h 内向事故发生地县级以上人民政府安全生产监督管理部门和负有安全生产监督管理职责的有关部门报告。

情况紧急时，事故现场有关人员可以直接向事故发生地县级以上人民政府安全生产监督管理部门和负有安全生产监督管理职责的有关部门报告。

② 事故发生单位负责人接到事故报告后，应立即启动事故相应应急预案，或者采取有效措施，组织抢救，防止事故扩大，减少人员伤亡和财产损失。

③ 事故发生后，有关单位和人员应当妥善保护事故现场以及相关证据，任何单位和个人不得破坏事故现场、毁灭证据。因事故抢险救援必须改变事故现场状况的，应当绘制现场简图并做出书面记录，妥善保存现场重要痕迹、物证。

(2) 报告事故的规定

① 安全生产监督管理部门和负有安全生产监督管理职责的有关部门接到事故报告后，应当依照事故等级，按规定向有关上级部门和本级人民政府报告事故情况，并通知公安机关、劳动保障行政部门、工会和人民检察院。

必要时，安全生产监督管理部门和负有安全生产监督管理职责的有关部门可以越级上报事故情况。

安全生产监督管理部门和负有安全生产监督管理职责的有关部门应逐级上报事故情况，每级上报的时间不得超过 2 h。

② 报告事故应包括：

a. 事故发生单位概况(单位全称、所有制形式和隶属关系、生产能力、证照情况等)；

b. 事故发生的时间、地点以及事故现场情况；

c. 事故类别(顶板、瓦斯、机电、运输、爆破、水害、火灾、其他)；

d. 事故的简要经过，入井人数、生还人数和生产状态等；

e. 事故已经造成伤亡人数、下落不明的人数和初步估计的直接经济损失；

f. 已经采取的措施；

g. 其他应当报告的情况。

③ 事故报告要求

a. 事故报告应当及时、准确、完整，任何单位和个人不得迟报、漏报、谎报或者瞒报事故。

b. 自事故发生之日起30日内，事故造成的伤亡人数发生变化的，应当及时补报。初次报告由于情况不明没有报告的，应在查清后及时续报；报告后出现新情况的，应当及时补报或者续报。事故伤亡人数发生变化的，有关单位应当在发生的当日内及时补报或者续报。

（3）事故调查与事故调查报告

① 事故调查与调查组。

a. 事故的调查由专门成立的事故调查组负责进行。

b. 根据《生产安全事故报告和调查处理条例》的规定，根据事故等级不同，事故调查分别由事故所在地所相应的省、市、县级人民政府负责，并直接组织调查组进行调查，也可以授权或委托有关部门组织事故调查组进行调查。

特别重大事故由国务院或国务院授权有关部门组织事故调查组进行调查。

未造成人员伤亡的一般事故，县级人民政府也可以委托事故发生单位组织事故调查组进行调查。

c. 事故调查组的组成。

事故调查组的组成应当遵循精简、效能的原则。

根据事故的具体情况，事故调查组由有关人民政府、安全生产监督管理部门、负有安全生产监督管理职责的有关部门、监察机关、公安机关以及工会派人组成，并应当邀请人民检察院派人参加。

特别重大事故以下等级事故，事故发生地与事故发生单位不在同一个县级以上行政区域的，由事故发生地人民政府负责调查，事故发生单位所在地人民政府应当派人参加。

事故调查组成员应当具有事故调查所需要的知识和专长，并与所调查的事故没有直接利害关系。事故调查组可以聘请有关专家参与调查。

d. 事故调查组应当坚持实事求是、依法依规、注重实效的三项基本要求和“四不放过”（即事故原因没查清不放过、责任人员没处理不放过、整改措施没落实不放过、有关人员没受到教育不放过）的原则，做到诚信公正、恪尽职守、廉洁自律，遵守事故调查组的纪律，保守事故调查的秘密，不得包庇、袒护负有事故责任的人员或者借机打击报复。

e. 事故调查组履行事故调查职责，具体包括：查明事故发生的经过、原因、类别、人员伤亡情况及直接经济损失；有隐瞒事故的，应当查明隐瞒过程和事故真相；认定事故的性质和事故责任；提出对事故责任人员和责任单位的处理建议；总结事故教训，提出防范和整改措施，并于规定时限内提交事故调查报告。

② 事故调查报告。

a. 调查报告的主要内容有：事故发生单位概况；事故发生经过、事故救援情况和事故类别；事故造成的人员伤亡和直接经济损失；事故发生的原因和事故性质；事故责任的认定以及对事故责任者的处理建议；事故防范和整改措施等。

b. 抢险救灾结束后，现场抢险救援指挥部应当及时向事故调查组提交抢险救援报告及有关图纸、记录等资料。

(4) 法律责任

① 事故发生单位对事故发生负有责任的，按事故等级分别进行罚款，并给予依法暂扣或者吊销其有关证照等处分。

② 事故发生单位主要负责人未依法履行安全生产管理职责导致事故发生的，根据事故等级按年收入比例进行罚款；属于国家工作人员的，并依法给予处分；构成犯罪的，依法追究其刑事责任。

③ 事故发生单位及其有关人员有下列行为之一的，对事故发生单位及主要负责人、直接负责的主管人员和其他直接责任人员处以罚款。属于国家工作人员的，并依法给予处分；构成违反治安管理行为的，由公安机关依法给予治安管理处罚。构成犯罪的，依法追究其刑事责任：谎报或者瞒报事故的；伪造或者故意破坏事故现场的；转移、隐匿资金、财产，或者销毁有关证据、资料的；拒绝接受调查或者拒绝提供有关情况和资料的；在事故调查中作伪证或者指使他人作伪证的以及事故发生后逃匿的。

7.1.3 安全事故应急救援体系与应急救援预案

7.1.3.1 安全事故应急体系与避灾措施

(1) 应急体系的有关要求

应急救援原则：矿山事故应急救援工作是在预防为主的前提下，贯彻统一指挥，分级负责，区域为重，矿山企业单位自救和互救以及社会救援相结合的原则。其中，做好预防工作是事故应急救援工作的基础，除平时做好安全防范、排除隐患，避免和减少事故外，要落实好救援工作的各项准备措施，一旦发生事故，能得到及时施救。

矿山重大事故具有发生突然、扩散迅速、造成的危害极大的特点，决定了救援工作必须迅速、准确和有效。采取单位自救、互救和矿山专业救援队相结合，并根据事故的发展情况，充分发挥事故单位和地方的优势和作用。

事故应急救援的基本任务：

① 立即组织营救受害人员，组织撤离或者采取其他措施保护危害区域内的其他人员，抢救遇险人员是应急救援的首要任务。

② 迅速控制危险源，尽可能的消除灾害。

③ 做好现场清理，消除危害后果。

④ 查清事故原因，评估危害程度。

应急救援行动的一般程序：接警与响应→应急启动→救援行动→应急恢复→应急结束。

接警与响应，按事故性质、严重程度、事态发展趋势及控制能力应急救援实行分级响应机制。政府按生产安全事故的可控性、严重程度和影响范围启动不同的响应等级，对事故实行分级响应。目前我国将应急响应级别划分为四个级别：Ⅰ级为国家响应；Ⅱ级为省、自治区、直辖市响应；Ⅲ级为市、地、盟响应；Ⅳ级为县响应。

(2) 避灾措施要求

国家安全监管总局 国家煤矿安监局关于印发《煤矿井下安全避险“六大系统”建设完善基本规范(试行)》的通知(安监总煤装〔2011〕33 号)和国家安全生产监督管理总局安监总管〔2010〕168 号文《金属非金属地下矿山安全避险“六大系统”安装使用和监督检查暂行规定》这两个规定明确了矿山安全避险必须具备的基本安全避险设施：煤矿井下及金属非金属地

下矿山安全避险“六大系统”(以下简称“六大系统”)是指监测监控系统、人员定位系统、紧急避险系统、压风自救系统、供水施救系统和通信联络系统。所有井工煤矿必须按规定建设完善“六大系统”,达到“系统可靠、设施完善、管理到位、运转有效”的要求。

7.1.3.2 安全事故应急救援预案

7.1.3.2.1 应急救援预案要求

2013年颁布《生产经营单位生产安全事故应急预案编制导则》(GB/T 29639—2013);2016年6月3日国家安全生产监督管理总局令第88号公布《生产安全事故应急预案管理办法》自2016年7月1日起施行,对应急救援预案提出了要求。

生产经营单位的应急预案体系主要由综合应急预案、专项应急预案和现场处置方案构成。生产经营单位应根据本单位组织管理体系、生产规模、危险源的性质以及可能发生的事故类型确定应急预案体系,并可根据本单位的实际情况,确定是否编制专项应急预案。风险因素单一的小微型生产经营单位可只编写现场处置方案。

(1) 综合应急预案

综合应急预案是生产经营单位应急预案体系的总纲,主要从总体上阐述事故的应急工作原则,包括生产经营单位的应急组织机构及职责、应急预案体系、事故风险描述、预警及信息报告、应急响应、保障措施、应急预案管理等内容。

(2) 专项应急预案

专项应急预案是生产经营单位为应对某一类型或某几种类型事故,或者针对重要生产设施、重大危险源、重大活动等内容而制定的应急预案。专项应急预案主要包括事故风险分析、应急指挥机构及职责、处置程序和措施等内容。

(3) 现场处置方案

现场处置方案是生产经营单位根据不同事故类别,针对具体的场所、装置或设施所制定的应急处置措施,主要包括事故风险分析、应急工作职责、应急处置和注意事项等内容。生产经营单位应根据风险评估、岗位操作规程以及危险性控制措施,组织本单位现场作业人员及相关专业人员共同进行编制现场处置方案。

7.1.3.2.2 应急救援预案主要内容

《生产经营单位生产安全事故应急预案编制导则》(GB/T 29639—2013)要求内容:

(1) 综合应急预案主要内容

适用范围,说明应急预案适用的工作范围和事故类型、级别;事故风险描述,简述生产经营单位存在或可能发生的事故风险种类、发生的可能性以及严重程度及影响范围等;应急响应,针对事故危害程度、影响范围和生产经营单位控制事态的能力,对事故应急响应进行分级,明确分级响应的基本原则;根据事故级别和发展态势,描述应急指挥机构启动、应急资源调配、应急救援、扩大应急等响应程序;处置措施,针对可能发生的事故风险、事故危害程度和影响范围,制定相应的应急处置措施,明确处置原则和具体要求;保障措施,明确应急响应的人力资源,包括应急专家、专业应急队伍、兼职应急队伍等,应急物资装备保障,明确生产经营单位的应急物资和装备的类型、数量、性能、存放位置、运输及使用条件、管理责任人及其联系方式等内容。

(2) 专项应急预案主要内容

针对可能发生的事故风险,分析事故发生的可能性以及严重程度、影响范围等;根据事故类型，明确应急指挥机构总指挥、副总指挥以及各成员单位或人员的具体职责，应急指挥机构可以设置相应的应急救援工作小组，明确各小组的工作任务及主要负责人职责；明确事故及事故险情信息报告程序和内容，报告方式和责任人等内容。根据事故响应级别，具体描述事故接警报告和记录、应急指挥机构启动、应急指挥、资源调配、应急救援、扩大应急等应急响应程序；针对可能发生的事故风险、事故危害程度和影响范围，制定相应的应急处置措施，明确处置原则和具体要求。

(3) 根据现场工作岗位、组织形式及人员构成，明确各岗位人员的应急工作分工和职责，事故应急处置程序。根据可能发生的事故及现场情况，明确事故报警、各项应急措施启动、应急救护人员的引导、事故扩大及同生产经营单位应急预案的衔接的程序；现场应急处置措施。针对可能发生的火灾、爆炸、危险化学品泄漏、坍塌、水患、机动车辆伤害等，从人员救护、工艺操作、事故控制、消防、现场恢复等方面制定明确的应急处置措施；明确报警负责人以及报警电话及上级管理部门、相关应急救援单位联络方式和联系人员，事故报告基本要求和内容。

7.1.3.2.3　应急救援预案管理

应急预案的管理实行属地为主、分级负责、分类指导、综合协调、动态管理的原则。

县级以上地方各级安全生产监督管理部门负责本行政区域内应急预案的综合协调管理工作。县级以上地方各级其他负有安全生产监督管理职责的部门按照各自的职责负责有关行业、领域应急预案的管理工作。

生产经营单位应急预案分为综合应急预案、专项应急预案和现场处置方案。应急预案的编制应当遵循以人为本、依法依规、符合实际、注重实效的原则，以应急处置为核心，明确应急职责、规范应急程序、细化保障措施。

应急预案的评审、公布和备案。

生产经营单位申报应急预案备案，备案所需材料由应急预案备案申报表、应急预案评审或者论证意见、应急预案文本及电子文档、风险评估结果和应急资源调查清单等组成。

每年至少组织一次综合应急预案演练或者专项应急预案演练，每半年至少组织一次现场处置方案演练。

应急预案文档封面主要包括应急预案编号、应急预案版本号、生产经营单位名称、应急预案名称、编制单位名称、颁布日期等内容。

7.1.4　矿山企业安全生产标准化

7.1.4.1　《企业安全生产标准化基本规范》(GB/T 33000—2016)

7.1.4.1.1　安全生产标准化的基本要求和作用

“安全生产标准化”要求通过建立安全生产责任制，制定安全管理制度和操作规程，排查治理隐患和监控重大危险源，建立预防机制，规范生产行为，使各生产环节符合有关安全生产法律法规和标准规范的要求，人、机、物、环(境)处于良好的生产状态，并持续改进，不断加强企业安全生产规范化建设。这一定义涵盖了企业安全生产工作的全局，是企业开展安全生产工作的基本要求和衡量尺度，也是企业加强安全管理的重要方法和手段。

7.1.4.1.2　实施《企业安全生产标准化基本规范》(GB/T 33000—2016)的意义

《企业安全生产标准化基本规范》(GB/T 33000—2016)(以下简称《基本规范》)的重要意义主要体现在有利于进一步规范企业的安全生产工作；同时也有利于进一步维护从业人

员的合法权益，以及有利于进一步促进安全生产法律法规的贯彻落实。

7.1.4.1.3 《企业安全生产标准化基本规范》(GB/T 33000—2016)的内涵

(1) 基本内容

《基本规范》的内容包括：范围、规范性引用文件、术语和定义、一般要求、核心要求等5章。核心要求这一章，第一是目标和职责，包括：企业安全生产的目标、机构和职责、全员参与、安全生产投入、安全文化建设、安全生产制度化建设；第二是制度化管理，包括：法规标准识别、规章制度、操作规程、文档管理；第三是教育培训，包括教育培训管理和人员教育培训；第四是现场管理，包括：设备设施管理、作业安全、职业健康、警示标志；第五是安全风险管控及隐患排查治理，包括：安全风险管理、重大危险源辨识和管理、隐患排查治理、预测预警；第六是应急管理，包括：应急准备、应急处置、应急评估；第七是事故查处，包括：报告、调查和处理、事故管理；第八是持续改进，包括绩效评定和持续改进。对这八个方面的内容作了具体规定。

(2)《基本规范》的主要特点

① 管理方法的先进性。采用了国际通用 PDCA 动态循环的现代安全管理模式。通过企业自我检查、自我纠正、自我完善这一动态循环的管理模式，能够更好地促进企业安全绩效的持续改进和安全生产长效机制的建立，具有管理方法上的先进性。

② 内容的系统性。《基本规范》的内容涉及安全生产的各个方面，而且这些方面是有机、系统的结合，具有系统性和全面性。

③ 较强的可操作性。《基本规范》对核心要素都提出了具体、细化的内容要求，同时要求企业在贯彻时全员参与规章制度、操作规程的制定，并进行定期的评估检查，使得规章制度、操作规程与企业的实际情况紧密结合，避免“两张皮”情况的发生，有较强的可操作性，便于企业实施。

④ 广泛适用性。《基本规范》总结归纳了煤矿、危险化学品、金属非金属矿山、烟花爆竹、冶金、机械等已经颁布的行业安全生产标准化标准中的共性内容，提出了企业安全生产管理的共性基本要求，是各行各业安全生产标准化的“基本”标准，保证了各行各业安全生产管理工作的一致性。

⑤ 管理的可量化性。《基本规范》吸收了传统标准化量化分级管理的思想，有配套的评分细则，可得到量化的评价结果，能较真实地反映企业安全管理的水平和改进方向，也便于企业有针对性地改进和完善。

⑥ 强调预测预报。《基本规范》要求企业根据生产经营状况及隐患排查治理情况，运用定量的安全生产预测预警技术，建立企业安全生产状况及发展趋势的预警指数系统。并据此对企业安全生产的目标、指标、规章制度、操作规程等进行修改完善，持续改进，不断提高安全绩效。

7.1.4.2 《金属非金属矿山安全标准化规范》(AQ/T 2050—2016)

《金属非金属矿山安全标准化规范》(AQ/T 2050—2016)(以下简称《标准化规范》)是我国金属与非金属矿山安全生产的强制性标准，是国家实行“安全生产标准化”的一部分。《标准化规范》以矿山风险控制为核心，充分体现以人为本，以提升本质安全和提高安全管理水平为目的安全方针，对矿山企业标准化建设进行全方位、全过程系统的规范。在实现的方式上，《标准化规范》注重全员参与、过程控制和持续改进，运用 PDCA 动态管理循环，是全新的矿山安全管理系统，对所有矿山企业的安全标准化和矿山安全生产管理工作都有重要的意义。《标准化规范》由“导则”、“地下矿山实施指南”、“露天矿山实施指南”、“尾矿库实施指南”、“小型露天采石场实施指南”等5个子标准组成。

(1)《标准化规范》导则

《标准化规范》导则的基本内容对非金属矿山企业建设安全标准化提出了14项总体要求，并进一步明确提出了与之相应的核心内容。14项总体要求包括：① 安全生产方针和目标；② 安全生产法律法规和其他要求；③ 安全生产组织保障；④ 危险源辨识和风险评价；⑤ 安全教育培训；⑥ 生产工艺系统安全管理；⑦ 设备设施安全管理；⑧ 作业现场安全管理；⑨ 职业卫生管理；⑩ 安全投入、安全科技和工伤保险；⑪ 检查；⑫ 应急管理；⑬ 事故、事件调查与分析；⑭ 绩效测量与评价。

(2) 安全标准化的实施原则

① 安全标准化系统建设应注重科学性、规范性和系统性原则，立足于危险源的辨识和风险评价，贯穿风险管理和事故预防的思想，并与企业其他方面的管理有机结合。

② 安全标准化的创建应确保全员参与，通过有效方式实现信息的交流和沟通，反映企业自身的特点及安全绩效的持续改进和提高。

(3)《标准化规范》导则明确了创建安全标准化的步骤，包括：准备、策划、实施与运行、监督与评价、改进与提高，并对各个步骤提出了具体内容。

(4) 安全标准化评定原则和方法

地下矿山企业评定原则和方法为：

① 评定采用标准化得分和安全绩效两个指标，其中标准化得分由14个元素(即14项总体要求)组成，每个元素的分值有100分到500分不等，总分为4 000分。每个元素的最终得分值应换算为百分制，即百分制得分=(评定时的得分/4 000)×100。

② 每个元素总分值由若干子元素组成；子元素又分为策划、执行、符合、绩效四个部分，它们分别占10%、20%、30%、40%的权重。这四个部分又分别由若干个问题组成。

③ 标准化等级分为3级，一级为最高。评分等级须同时满足标准化的两个指标要求，其划分标准见表7-1。

表7-1　企业安全标准化评定指标

评审等级	标准化得分	安全绩效
一级	≥90	评审年度内未发生人员死亡的生产安全事故
二级	≥75	评审年度内生产安全事故死亡人数在2人(不含2人)以下
三级	≥60	评审年度内生产安全事故死亡人数在3人(不含3人)以下

④ 安全标准化评定每三年至少一次。

⑤ 企业安全标准化评定等级有效期为三年。在有效期内如一级、二级、三级企业发生相应生产安全事故死亡1人(含1人)、2人(含2人)、3人(含3人)以上的，取消其安全生产标准化等级，经整改合格后，可重新进行评审。

(5) 安全标准化总体要求的核心内容介绍

① 制定和建立企业安全生产方针和目标。

a. 企业应根据“安全第一，预防为主，综合治理”的方针，遵循以人为本、风险控制、持续改进的原则，制定企业安全生产方针和目标，并为实现安全方针和目标提供所需的资源和能力，建立有效的支持保障机制。

b. 安全生产方针的内容，应包括有遵守法律法规以及事故预防、持续改进安全生产绩效的承诺，体现企业生产特点和安全生产现状，并随企业情况变化及时更新。

c. 安全生产的目的，应基于安全生产方针、现场评估的结果和其他内外部要求，应适合企业安全生产的特点和不同职能、层次的具体要求。目标应具体，可测量，并确保能实现。

② 安全生产的法律法规贯彻和组织保障。

a. 企业应建立相应的机制，识别适用的安全生产法律法规和其他要求，并能确保及时更新。这些安全生产的法律法规和其他要求应融入企业的管理制度。

b. 企业应设置安全管理机构或配备专职安全管理人员，明确规定相关人员的安全生产职责和权限，尤其是高级管理人员的职责。建立健全并执行各种安全生产管理制度。

③ 危险源辨识和风险评价。

a. 危险源辨识和风险评价是安全生产管理工作的基础，是安全标准化系统的核心和关键。危险源辨识和风险评价应覆盖生产工艺、设备、设施、环境以及人的行为、管理等各方面。危险源辨识和风险评价应随实际变化，及时评审与更新。

b. 危险源辨识和风险评价应有充足的信息，为策划风险控制措施和监督管理提供依据。

④ 安全教育培训。

安全教育培训应充分考虑企业的实际需求，使有关人员具备良好的安全意识和完成任务所需的知识和能力。

⑤ 生产工艺系统、设备设施和作业现场的安全管理。

a. 建立管理制度，控制生产工艺设计、布置和使用等过程，以提高生产过程的安全水平。通过改进和更新生产工艺系统，降低生产系统风险。

b. 建立必要的设备设施安全管理制度，有效控制设备和设施的设计、采购、制造、安装、使用、维修、拆除等活动过程的安全影响因素。

c. 应按规定执行安全设施“三同时”制度，按规定进行设备、设施的检测检验，并保证检测、检验方法的有效性。建立相应的管理档案，保存检测试验结果。

d. 加强企业作业现场的安全管理，包括对物料、设备、设施、器材、通道、作业环境的有效控制。保证作业场所布置合理，现场标识清楚。

⑥ 职业卫生管理。

a. 建立职业危害和职业病控制制度，有效控制职业病危害。

b. 通过技术、工艺、管理等手段，消除或降低粉尘、放射性等职业危害的影响。

⑦ 安全投入、安全科技和工伤保险。

a. 企业应承诺提供并合理使用安全生产所需的资源，主动研究和引进有效控制安全风险的先进技术和方法。

b. 企业应根据法律法规要求为员工缴纳工伤保险费，建立并完善工伤保险管理制度。

⑧ 应急管理。

a. 企业应识别可能发生的事故与紧急情况，确保应急救援的针对性、有效性和科学性。

b. 建立应急体系，编制应急预案。应急体系应重点关注透水、地压灾害、尾矿库溃坝、火灾、中毒和窒息等金属非金属矿山生产重大风险。

c. 应定期进行应急演练，检验并确保应急体系的有效性。

⑨ 安全检查和事故、事件调查与分析。

a. 建立和完善安全检查制度，对目标实现、安全标准化系统运行、法律法规遵守情况等进行检查，检查结果作为改进安全绩效的依据。检查的方式、方法应切实有效，并根据实际情况确定合适的检查周期。

b. 检查制度应明确有关职责和权限，调查、分析各种事故、事件和其他不良绩效表现的原因、趋势与共同特征，为改进提供依据。

c. 调查、分析过程应考虑专业技术需要和纠正与预防措施。

⑩ 绩效测量与评价。

a. 建立并完善制度，对企业的安全生产绩效进行测量，为安全标准化系统的完善提供足够信息。

b. 测量方法应适应企业生产特点，测量的对象包括各生产系统、安全措施、制度遵守情况、法律法规遵守情况、事故事件发生情况等。

c. 应定期对安全标准化系统进行评价，评价结果作为采取进一步控制措施的重要依据。安全标准化是动态完善的过程，企业应根据内外部条件的变化，定期和不定期对安全标准化系统进行评定，不断提高安全标准化的水平，持续改进安全绩效。

d. 企业内部评定每年至少进行一次。

7.1.5 矿山企业安全生产管理

7.1.5.1 矿山企业安全管理工作内容与要求

7.1.5.1.1 建筑施工安全生产管理基本内容

(1) 安全生产投入

依据《中华人民共和国安全生产法》等有关法律法规，2012 年 2 月 14 日由财政部、安全监管总局以财企〔2012〕16 号文发布了《企业安全生产费用提取和使用管理办法》，详细规定了安全费用的提取标准及安全费用的使用、监督管理。

① 安全生产费用的提取标准，矿山工程建设施工企业以建筑安装工程造价为计提依据，提取标准为建筑安装工程造价的 2.5%。

② 建设工程施工企业安全费用应当按照以下范围使用：

a. 完善、改造和维护安全防护设施设备(不含“三同时”要求初期投入的安全设施)支出，包括施工现场临时用电系统、洞口、临边、机械设备、高处作业防护、交叉作业防护、防火、防爆、防尘、防毒、防雷、防台风、防地质灾害、地下工程有害气体监测、通风、临时安全防护等设施设备支出。

b. 配备、维护、保养应急救援器材、设备支出和应急演练支出。

c. 开展重大危险源和事故隐患评估、监控和整改支出。

d. 安全生产检查、咨询、评价(不包括新建、改建、扩建项目安全评价)和标准化建设支出。

e. 配备和更新现场作业人员安全防护用品支出。

f. 安全生产宣传、教育、培训支出。

g. 安全生产适用的新技术、新装备、新工艺、新标准的推广应用支出。

h. 安全设施及特种设备检测检验支出。

i. 其他与安全生产直接相关的支出。

③ 矿山、建筑施工单位和危险物品的生产、经营、储存单位，应当设置安全生产管理机构或者配备专职安全生产管理人员。

④ 生产经营单位应当安排用于配备劳动防护用品和进行安全生产培训的经费。

⑤ 生产经营单位必须依法参加工伤社会保险，为从业人员缴纳保险费。

⑥ 生产经营单位必须为从业人员提供符合国家标准或者行业标准的劳动防护用品，并监督、教育从业人员按照使用规则佩戴和使用。

（2）安全培训

① 矿山、建筑施工单位的主要负责人和安全生产管理人员，必须具备与本单位所从事的生产经营活动相应的安全生产知识和管理能力，应经由有关主管部门对其安全生产知识和管理能力考核合格后方可任职。

② 生产经营单位应当对从业人员进行安全生产教育和培训，保证从业人员具备必要的安全生产知识，熟悉有关的安全生产规章制度和安全操作规程，掌握本岗位的安全操作技能。未经安全生产教育和培训合格的从业人员，不得上岗作业。

③ 生产经营单位采用新工艺、新技术、新材料或者使用新设备，必须了解、掌握其安全技术特性，采取有效的安全防护措施，并对从业人员进行专门的安全生产教育和培训。

④ 特种作业人员必须按照国家有关规定经专门的安全作业培训，取得特种作业操作资格证书，方可上岗作业。

⑤ 生产经营单位应当教育和督促从业人员严格执行本单位的安全生产规章制度和安全操作规程；并向从业人员如实告知作业场所和工作岗位存在的危险因素、防范措施以及事故应急措施。

（3）建立和健全安全生产规章制度

① 必须建立和健全各级安全管理保障制度。

② 对查出的事故隐患要做到“四定”，即定整改责任人、定整改措施、定整改完成时间、定整改验收人。

③ 必须把好安全生产教育关、措施关、交底关、防护关、文明施工关、检查关、验收关。

④ 必须建立安全生产值班制度，且有领导带班。

⑤ 必须建立应急救援体系及响应机制，编制重大安全事故应急预案并进行演练。

（4）严格执行安全生产“三同时”的规定

① 建设项目的安全设施，必须与主体工程同时设计、同时施工、同时投入生产和使用。安全设施投资应当纳入建设项目概算。

② 矿山建设项目和用于生产、储存危险物品的建设项目，应当分别按照国家有关规定进行安全条件论证和安全评价。施工单位在取得《安全生产许可证》后方可施工。

③ 建设项目安全设施的设计人、设计单位应当对安全设施设计负责。

④ 矿山建设项目和用于生产、储存危险物品的建设项目的安全设施设计应当按照国家有关规定报经有关部门审查，审查部门及其负责审查的人员对审查结果负责。

⑤ 矿山建设项目和用于生产、储存危险物品的建设项目的施工单位必须按照批准的安全设施设计施工，并对安全设施的工程质量负责。

⑥ 矿山建设项目和用于生产、储存危险物品的建设项目竣工投入生产或者使用前，必须依照有关法律、行政法规的规定对安全设施进行验收；验收合格后，方可投入生产和使用。验收部门及其验收人员对验收结果负责。

7.1.5.1.2　施工现场的安全管理工作

(1) 施工现场安全管理的主要内容

① 施工现场的安全管理是实施安全管理工作的主要环节，要求在施工生产活动中，采取相应的事故预防和控制措施，避免发生造成人员伤害和财产损失的事故，保证从业人员的人身安全，保证施工生产活动得以顺利进行。

② 有关施工现场安全管理的内容主要包括有参与编制安全技术措施计划、落实施工组织设计或施工方案中的安全技术措施、进行多种形式的安全检查、贯彻执行企业各项安全管理工作要求等。

(2) 施工过程中的安全管理工作要点

① 工程准备阶段。

a. 完成开工前的安全培训和技术交底工作，做好各项施工前的安全防护工作。

b. 考查施工组织设计中的施工方案，确定施工安全防护方案，制定现场安全施工的统一管理原则。

c. 根据安全管理规定并考虑天气、环境、地质条件等方面，确定现场的定期和不定期的安全检查制度、检查内容和检查重点。

d. 严格执行对各种施工机械、设备的维修保养制度、使用制度和操作规程的检查。

e. 保证施工现场的生活用房、临时设施、加工场所及周围环境的安全性。

② 工程实施阶段。

a. 检查落实安全施工交底工作、施工安全措施和安全施工规章制度。

b. 明确各施工作业阶段的安全风险内容，并保证有充分的安全预防措施，例如高空作业施工、深基础施工、高边坡施工、立井或巷道施工等。

c. 注意气候(高低温、降水)、地质和水文地质、环境条件变化对施工安全的影响，并有必要的应急预防措施。

d. 注意工程对周围环境的影响，例如基础施工可能引起周围房屋、道路的开裂、变形，井巷开挖对周围岩土状态、工程稳定、有毒气体或高压水气贮存状态的影响等。

e. 注意做好设备安全检查和安全运行工作。做好防火安全工作。

f. 坚持经常对现场人员进行安全生产教育，严格检查现场人员正确使用安全防护用品。

7.1.5.2　矿山工程施工的安全检查工作要求

7.1.5.2.1　工程施工安全检查的目的和主要形式

(1) 安全检查目的

安全检查的目的是为了预知危险和发现隐患，以便提前采取有效措施消除危险。

① 通过检查发现生产工作中人的不安全行为和物的不安全状态，分析不安全因素，从而采取对策保障安全生产。

② 通过检查预知危险，及时采取措施，把事故频率和经济损失降低到尽量低的范围。

③ 通过安全检查对施工(生产)中存在的不安全因素进行预测、预报和预防。

④ 发现施工中的不安全、不卫生问题。

⑤ 利用检查，进一步宣传、贯彻、落实安全生产方针、政策和各项安全生产规章制度。

⑥ 增强领导和群众的安全意识，纠正违章指挥、违章作业，提高安全生产的自觉性和责任感。

⑦ 可以互相学习、总结经验、吸取教训、取长补短，有利于进一步促进安全生产工作。

⑧ 掌握安全生产动态，分析安全生产形势，为研究加强安全管理提供信息依据。

(2) 安全检查形式

安全检查有多种形式：从检查组织上分为国家及各级政府组织的检查，部、委组织的行业检查和企业组织的自行检查；从具体进行的方式上分为定期检查、专业检查、达标检查、季节检查、经常性检查和验收检查。

7.1.5.2.2 安全检查的主要内容和要求

(1) 安全检查的主要内容

安全检查的主要内容是查思想、查制度、查隐患、查措施、查机械设备、查安全设施、查安全教育培训、查操作行为、查劳保用品使用、查伤亡事故处理等。

(2) 安全检查的要求

① 明确检查项目和检查目的、内容及检查标准、重点、关键部位。

要求采用检测工具进行检查，用数据说话。不仅要对现场管理人员和操作人员是否有违章指挥和违章作业行为进行检查，还应进行"应知应会"的抽查，以便彻底了解管理人员及操作人员的安全素质。

② 及时发现问题，解决问题，对检查出来的安全隐患及时进行处理。

③ 安全检查过程中发现的安全隐患必须登记，作为整改的备查依据；提供安全动态分析，根据隐患记录和安全动态分析，指导安全管理的决策。

④ 要认真、全面地进行安全评价，以便于受检单位根据安全评价结论制定对策，进行整改和加强管理。

⑤ 针对大范围、全面性的安全检查，应明确检查内容、检查标准及检查要求，并根据检查要求配备力量，要明确检查负责人，并抽调专业人员参加检查。

⑥ 针对整改部位完成整改后，要及时通知有关部门派人进行复查，经复查合格后方可进行销案。整改工作应包括隐患登记、整改、销案。

⑦ 要认真、详细地填写检查记录，特别要具体地记录安全隐患的部位、危险性程度及处理意见等。采用安全检查评分表的，应记录每项扣分的原因。

⑧ 检查人员可以当场指出施工过程中发生的违章指挥、违章作业行为，责令其改正。

⑨ 被检查单位领导应高度重视安全隐患问题，对被查出的安全隐患问题，应立即组织制订整改方案，按照"四定"(定项目、定人员、定措施、定时间)把整改工作落到实处。

⑩ 针对安全检查中发现的安全隐患，应发出整改通知书，引起整改单位重视。一旦发现有即发性事故危险隐患，检查人员应责令其立即停工整改。

7.2 矿山施工安全管理规定

7.2.1 矿山井巷施工的安全规定

7.2.1.1 立井井筒施工

7.2.1.1.1 一般规定

（1）立井锁口施工时，应当遵守下列规定：

① 风硐口、安全出口与井筒连接处应当整体浇筑，并采取安全防护措施。

② 拆除临时锁口进行永久锁口施工前，在永久锁口下方应当设置保护盘，并满足通风、防坠和承载要求。

（2）立井永久或者临时支护到井筒工作面的距离及防止片帮的措施必须根据岩性、水文地质条件和施工工艺在作业规程中明确。

（3）冬季或者用冻结法开凿井筒时，必须有防冻、清除冰凌的措施。

（4）立井井筒穿过冲积层、松软岩层或者煤层时，必须有专门措施。采用井圈或者其他临时支护时，临时支护必须安全可靠，紧靠工作面，并及时进行永久支护。建立永久支护前，每班应当派专人观测地面沉降和井帮变化情况；发现危险预兆时，必须立即停止作业，撤出人员，进行处理。

（5）立井井筒穿过预测涌水量大于 10 m^3/h 的含水岩层或者破碎带时，应当采用地面或者工作面预注浆法进行堵水或者加固。注浆前，必须编制注浆工程设计和施工组织设计。

（6）采用注浆法防治井壁漏水时，应当制定专项措施并遵守下列规定：

① 最大注浆压力必须小于井壁承载强度。

② 位于流砂层的井筒段，注浆孔深度必须小于井壁厚度 200 mm。井筒采用双层井壁支护时，注浆孔应当穿过内壁进入外壁 100 mm。当井壁破裂必须采用破壁注浆时，必须制定专门措施。

③ 注浆管必须固结在井壁中，并装有阀门。钻孔可能发生涌砂时，应当采取套管法或者其他安全措施。采用套管法注浆时，必须对套管与孔壁的固结强度进行耐压试验，只有达到注浆终压后才可使用。

（7）开凿或者延深立井时，井筒内必须设有在提升设备发生故障时专供人员出井的安全设施和出口；井筒到底后，应当先短路贯通，形成至少 2 个通达地面的安全出口。

（8）使用伞钻时，应当遵守下列规定：

① 井口伞钻悬吊装置、导轨梁等设施的强度及布置，必须在施工组织设计中验算和明确。

② 伞钻摘挂钩必须由专人负责。

③ 伞钻在井筒中运输时必须收拢绑扎，通过各施工盘口时必须减速并由专人监视。

④ 伞钻支撑完成前不得脱开悬吊钢丝绳，使用期间必须设置保险绳。

（9）使用抓岩机时，应当遵守下列规定：

① 抓岩机应当与吊盘可靠连接，并设置专用保险绳。

② 抓岩机连接件及钢丝绳在使用期间必须由专人每班检查 1 次。

③ 抓矸完毕必须将抓斗收拢并锁挂于机身。

7.2.1.1.2 冻结法凿井

① 采用冻结法施工井筒时，应当在井筒具备试挖条件后施工。

② 采用冻结法开凿立井井筒时，冻结深度应当穿过风化带延深至稳定的基岩 10 m 以上。基岩段涌水较大时，应当加深冻结深度。水文观测孔应当打在井筒内，不得偏离井筒的净断面，其深度不得超过冻结段深度。

③ 冻结井筒的井壁结构应当采用双层或者复合井壁，井筒冻结段施工结束后应当及时进行壁间充填注浆。在冲积层段井壁不应预留或者后凿梁窝。

④ 采用装配式金属模板砌筑内壁时，应当严格控制混凝土配合比和入模温度。混凝土配合比除满足强度、坍落度、初凝时间、终凝时间等设计要求外，还应当采取措施减少水化热。脱模时混凝土强度不小于 0.7 MPa，且套壁施工速度每 24 h 不得超过 12 m。

7.2.1.1.3 钻井法凿井

① 钻井设计与施工的最终位置必须穿过冲积层，并进入不透水的稳定基岩中 5 m 以上。

② 钻井临时锁口深度应当大于 4 m 且进入稳定地层中 3 m 以上，遇特殊情况应当采取专门措施。

③ 钻井期间，必须封盖井口，并采取可靠的防坠措施；钻井泥浆浆面必须高于地下静止水位 0.5 m，且不得低于临时锁口下端 1 m；井口必须安装泥浆浆面高度报警装置。

④ 泥浆沟槽、泥浆沉淀池、临时蓄浆池均应当设置防护设施。泥浆的排放和固化应当满足环保要求。

⑤ 钻井时必须及时测定井筒的偏斜度。偏斜度超过规定时，必须及时纠正。井筒偏斜度及测点的间距必须在施工组织设计中明确。钻井完毕后，必须绘制井筒的纵横剖面图，井筒中心线和截面必须符合设计。

⑥ 井壁下沉时井壁上沿应当高出泥浆浆面 1.5 m 以上。井壁对接找正时，内吊盘工作人员不得超过 4 人。

⑦ 下沉井壁、壁后充填及充填质量检查、开凿沉井井壁的底部和开掘马头门时，必须制定专项措施。

7.2.1.2 巷道施工

7.2.1.2.1 一般规定

(1) 使用耙装机时，应当遵守下列规定：

① 耙装机作业时必须有照明。

② 耙装机绞车的刹车装置必须完好、可靠。

③ 耙装机必须装有封闭式金属挡绳栏和防耙斗出槽的护栏；在巷道拐弯段装岩(煤)时，必须使用可靠的双向辅助导向轮，清理好机道，并有专人指挥和信号联系。

④ 固定钢丝绳滑轮的锚桩及其孔深和牢固程度，必须根据岩性条件在作业规程中明确。

⑤ 耙装机在装岩(煤)前，必须将机身和尾轮固定牢靠。耙装机运行时，严禁在耙斗运行范围内进行其他工作和站立行人。在倾斜井巷移动耙装机时，下方不得有人。上山施工倾角大于 20°时，在司机前方必须设护身柱或者挡板，并在耙装机前方增设固定装置。倾斜井巷使用耙装机时，必须有防止机身下滑的措施。

⑥ 耙装机作业时，其与掘进工作面的最大和最小允许距离必须在作业规程中明确。

⑦ 高瓦斯、煤与瓦斯突出和有煤尘爆炸危险矿井的煤巷、半煤岩巷掘进工作面和石门揭煤工作面，严禁使用钢丝绳牵引的耙装机。

(2) 使用凿岩台车、模板台车时，必须制定专项安全技术措施。

7.2.1.2.2 巷道施工作业

(1) 施工岩(煤)平巷(硐)时，应当遵守下列规定：

① 掘进工作面严禁空顶作业。临时和永久支护距掘进工作面的距离，必须根据地质、水文地质条件和施工工艺在作业规程中明确，并制定防止冒顶、片帮的安全措施。

② 距掘进工作面 10 m 内的架棚支护，在爆破前必须加固。对爆破崩倒、崩坏的支架必须先行修复，之后方可进入工作面作业。修复支架时必须先检查顶、帮，并由外向内逐架进行。

③ 在松软的煤(岩)层、流砂性地层或者破碎带中掘进巷道时，必须采取超前支护或者其他措施。

(2) 斜井(巷)施工时，应当遵守下列规定：

① 明槽开挖必须制定防治水和边坡防护专项措施。

② 由明槽进入暗硐或者由表土进入基岩采用钻爆法施工时，必须制定专项措施。

③ 施工 15°以上斜井(巷)时，应当制定防止设备、轨道、管路等下滑的专项措施。

④ 由下向上施工 25°以上的斜巷时，必须将溜矸(煤)道与人行道分开。人行道应当设扶手、梯子和信号装置。斜巷与上部巷道贯通时，必须有专项措施。

7.2.2 矿山运输与提升工作的安全规定

7.2.2.1 平巷和斜井运输

7.2.2.1.1 一般性要求

(1) 采用轨道运输时必须有用矿灯发送紧急停车信号的规定。非危险情况下，任何人不得使用紧急停车信号。

(2) 机车司机开车前必须对机车进行安全检查确认；启动前，必须关闭车门并发出开车信号；机车运行中，严禁司机将头或者身体探出车外；司机离开座位时，必须切断电动机电源，取下控制手把(钥匙)，扳紧停车制动。在运输线路上临时停车时，不得关闭车灯。

(3) 正常运行时，机车必须在列车前端。机车行近巷道口、硐室口、弯道、道岔或者噪声大等地段，以及前有车辆或者视线有障碍时，必须减速慢行，并发出警号。

(4) 必须定期检查和维护机车，发现隐患时及时处理。机车的闸、灯、警铃(喇叭)、连接装置和撒砂装置，任何一项不正常或者失爆时，机车不得使用。

(5) 新建矿井不得使用钢丝绳牵引带式输送机。新建、扩建矿井严禁采用普通轨斜井人车运输。

(6) 人力推车时，1 次只准推 1 辆车。严禁在两侧推车。在轨道坡度不大于 5‰时，同向推车的间距不得小于 10 m；坡度大于 5‰时，不得小于 30 m。严禁在坡度大于 7‰的巷道中用人力推车。不得在能自动滑行的坡道上停放车辆，确需停放时必须用可靠的制动器或者阻车器将车辆稳住。推车时必须时刻注意前方。在开始推车、停车、掉道、发现前方有人或者有障碍物，从坡度较大的地方向下推车以及接近道岔、弯道、巷道口、风门、硐室出口时，推车人必须及时发出警号。

(7) 使用的单轨吊车、卡轨车、齿轨车、胶套轮车、无极绳连续牵引车，应当符合下列要求：运行坡度、速度和载重，不得超过设计规定值；安全制动和停车制动装置必须为失效安全型，制动力应当为额定牵引力的1.5～2倍；必须设置既可手动又能自动的安全闸；柴油机和蓄电池单轨吊车、齿轨车和胶套轮车的牵引机车或者头车上，必须设置车灯和喇叭，列车的尾部必须设置红灯。

(8) 使用的矿用防爆型柴油动力装置，应满足以下要求：

① 具有发动机排气超温、冷却水超温、尾气水箱水位、润滑油压力等保护装置。

② 排气口的排气温度不得超过77 ℃，其表面温度不得超过150 ℃。

③ 发动机壳体不得采用铝合金制造；非金属部件应具有阻燃和抗静电性能；油箱及管路必须采用不燃性材料制造；油箱最大容量不得超过8 h用油量。

④ 冷却水温度不得超过95 ℃。

⑤ 在正常运行条件下，尾气排放应满足相关规定。

⑥ 必须配备灭火器。

7.2.2.1.2 瓦斯矿井运输设备的要求

(1) 在低瓦斯矿井进风的主要运输巷道内，可使用架线电机车，但巷道必须使用不燃性材料支护。

(2) 在高瓦斯矿井进风的主要运输巷道内，应使用矿用防爆特殊型蓄电池机车或矿用防爆柴油机车。

7.2.2.1.3 倾斜巷道运送人员的安全要求

(1) 长度超过1.5 km的主要运输平巷或者高差超过50 m的人员上下的主要倾斜井巷，应当采用机械方式运送人员。

(2) 新建、扩建矿井严禁采用普通轨斜井人车运输。生产矿井在用的普通轨斜井人车运输，必须遵守下列规定：

① 车辆必须设置可靠的制动装置。断绳时，制动装置既能自动发生作用，也能人工操纵。

② 必须设置使跟车工在运行途中任何地点都能发送紧急停车信号的装置。

③ 多水平运输时，从各水平发出的信号必须有区别。

④ 人员上下地点应当悬挂信号牌。任一区段行车时，各水平必须有信号显示。

⑤ 应当有跟车工，跟车工必须坐在设有手动制动装置把手的位置。

⑥ 每班运送人员前，必须检查人车的连接装置、保险链和制动装置，并先空载运行一次。

(3) 采用架空乘人装置运送人员时，应当遵守下列规定：

① 吊椅中心至巷道一侧突出部分的距离不得小于0.7 m，双向同时运送人员时钢丝绳间距不得小于0.8 m，固定抱索器的钢丝绳间距不得小于1.0 m。乘人吊椅距底板的高度不得小于0.2 m，在上下人站立处不大于0.5 m。乘坐间距不应小于牵引钢丝绳5 s的运行距离，且不得小于6 m。除采用固定抱索器的架空乘人装置外，应当设置乘人间距提示或者保护装置。

② 驱动系统必须设置失效安全型工作制动装置和安全制动装置，安全制动装置必须设置在驱动轮上。

③ 各乘人站设上下人平台，乘人平台处钢丝绳距巷道壁不小于 1 m，路面应当进行防滑处理。

④ 架空乘人装置必须装设超速、打滑、全程急停、防脱绳、变坡点防掉绳、张紧力下降、越位等保护，安全保护装置发生保护动作后，需经人工复位，方可重新启动。

⑤ 倾斜巷道中架空乘人装置与轨道提升系统同巷布置时，必须设置电气闭锁，2 种设备不得同时运行。

⑥ 倾斜巷道中架空乘人装置与带式输送机同巷布置时，必须采取可靠的隔离措施。

⑦ 每日至少对整个装置进行 1 次检查，每年至少对整个装置进行 1 次安全检测检验。

7.2.2.2　立井提升运输

7.2.2.2.1　提升钢丝绳

(1) 提升装置使用的钢丝绳应定期检查和定期性能检验。

(2) 缠绕式提升钢丝绳在定期检验时，安全系数小于下列规定值时应当及时更换：

① 专为升降人员用的小于 7。

② 升降人员和物料用的钢丝绳：升降人员时小于 7，升降物料时小于 6。

③ 专为升降物料和悬挂吊盘用的小于 5。

7.2.2.2.2　建井期间立井提升速度规定

① 立井中用吊桶升降人员的最大速度：使用钢丝绳罐道时不超过式(7-1)计算值，且最大不超过 7 m/s；无罐道时，不得超过 1 m/s。

$$v = 0.25\sqrt{H} \tag{7-1}$$

式中　v——最大提升速度，m/s；

H——提升高度，m。

② 在使用钢丝绳罐道时，吊桶升降物料时的最大速度不得超过式(7-2)计算值，且最大不超过 8 m/s；无罐道绳段，不得超过 2 m/s。

$$v = 0.4\sqrt{H} \tag{7-2}$$

式中　v——最大提升速度，m/s；

H——提升高度，m。

7.2.2.2.3　井口、井底安全管理

① 井口和井底车场必须有把钩工。

② 人员上下井时，必须遵守乘罐制度，听从把钩工指挥。

③ 严禁在同一罐笼内人员和物料混合提升。

7.2.2.2.4　罐笼提升

(1) 立井中升降人员应当使用罐笼。在井筒内作业或者因其他原因需要使用普通箕斗或者救急罐升降人员时，必须制定安全措施。

(2) 升降人员或者升降人员和物料的单绳提升罐笼必须装设可靠的防坠器。

(3) 罐笼和箕斗的最大提升载荷和最大提升载荷差应当在井口公布，严禁超载和超最大载荷差运行。

(4) 专为升降人员和升降人员与物料的罐笼，必须符合下列要求：

① 乘人层顶部应当设置可以打开的铁盖或者铁门，两侧装设扶手。

② 罐底必须满铺钢板，如果需要设孔时，必须设置牢固可靠的门；两侧用钢板挡严，并不得有孔。

③ 进出口必须装设罐门或者罐帘，高度不得小于 1.2 m。罐门或者罐帘下部边缘至罐底的距离不得超过 250 mm，罐帘横杆的间距不得大于 200 mm。罐门不得向外开，门轴必须防脱。

④ 罐笼内每人占有的有效面积应当不小于 0.18 m^2。罐笼每层内 1 次能容纳的人数应当明确规定。超过规定人数时，把钩工必须制止。

7.2.2.2.5 吊桶提升

(1) 建井期间吊桶提升规定

① 采用阻旋转提升钢丝绳。

② 吊桶必须沿钢丝绳罐道升降，无罐道段吊桶升降距离不得超过 40 m。

③ 悬挂吊盘的钢丝绳兼作罐道绳时，必须制定专项措施。

④ 吊桶上方必须装设保护伞帽。

⑤ 吊桶翻矸时严禁打开井盖门。

(2) 建井期间可采用吊桶升降人员，但应遵守下列规定：

① 乘坐人员必须挂牢安全绳，严禁身体任何部位超出吊桶边缘。

② 不得人、物混装。运送爆炸物品时应当执行《煤矿安全规程》第三百三十九条的规定。

③ 严禁用自动翻转式、底卸式吊桶升降人员。

④ 吊桶提升到地面时，人员必须从井口平台进出吊桶，并只准在吊桶停稳和井盖门关闭后进出吊桶。

⑤ 吊桶内人均有效面积不应小于 0.2 m^2，严禁超员。

7.2.2.3 斜井提升速度的规定

① 升降人员时的速度不得超过 $0.5\sqrt{H}$，且不超过 12 m/s。升降人员时的加速度和减速度，不得超过 0.75 m/s^2。

② 采用串车提升时，速度不得超过 5 m/s。加速度和减速度不得超过 0.5 m/s^2。

③ 采用箕斗提升时，速度不得超过 7 m/s；当铺设固定道床并采用≥38 kg/m 钢轨时，速度不得超过 9 m/s。

7.2.2.4 防坠、防砸和倾斜巷道施工与运输的安全规定

7.2.2.4.1 防坠、防砸的安全规定

(1) 井口安全设施

竖井、斜井和各水平的连接处必须按规定设置栅栏和金属网，以及阻车器。

天井、溜井、漏斗口等处，必须设有标志和照明，并分别设置盖板、护栏及格筛。

开凿竖井时，必须有防止从井口、井壁、吊盘、吊桶等处坠落废石、工具及其他材料的安全措施。

在井筒内作业或因其他原因需要使用普通箕斗或救急罐升降人员时，必须制定安全措施。

(2) 井内提升和装运要求

提升人员时，不得超员；提升物料时，不得超过规定的装满系数。

7.2.2.4.2 斜井防跑车的安全措施与规定

(1) 井口安全设施

在斜井井口或下山上口安设制造简单、使用安全可靠又便于维修保养的井口阻车器。

(2) 提升设备的安全要求

合理地选用和使用提升钢丝绳，并有专人负责日常调整垫实工作；建立严格检查制度等。

矿车连接装置应当使用强度高、不会自动脱出而且摘挂又方便的形式。

尽量采用重型钢轨保证轨道铺设质量，使串车或箕斗运行平稳，不掉道。

7.2.2.4.3 倾斜巷道的施工

① 开凿或者延深斜井、下山时，必须在斜井、下山的上口设置防止跑车装置，在掘进工作面的上方设置跑车防护装置，跑车防护装置与掘进工作面的距离必须在施工组织设计或者作业规程中明确。

② 斜井(巷)施工期间兼作人行道时，必须每隔 40 m 设置躲避硐。设有躲避硐的一侧必须有畅通的人行道。上下人员必须走人行道。人行道必须设置红灯和语音提示装置。

③ 斜巷采用多级提升或者上山掘进提升时，在绞车上山方向必须设置挡车栏。

④ 应设置防止跑车、坠物的安全装置和人行台阶。在斜井掘进工作面上方 20～40 m 处设可移式井内挡车器。

⑤ 在斜井井筒中部设固定式井内挡车器。当斜井井筒长度较大时，在井筒中部安设悬吊式自动挡车器。

⑥ 倾斜巷道的施工，采用耙斗装岩机装载时，必须固定牢靠，设置卡轨器，或应增设防滑装置。

7.2.3 井巷工程施工通风与防尘的规定

7.2.3.1 井巷工程施工通风的重要规定

7.2.3.1.1 井巷内的风质、风速要求

① 采掘工作面的进风流中，氧气浓度不低于 20%，二氧化碳浓度不超过 0.5%。

② 有害气体的浓度不超过表 7-2 的要求。

表 7-2 矿井有害气体最高允许浓度

名称	最高允许浓度/%	名称	最高允许浓度/%
一氧化碳 CO	0.002 4	硫化氢 H_2S	0.000 66
氧化氮(换算成二氧化氮 NO_2)	0.000 25	氨 NH_3	0.004
二氧化硫 SO_2	0.000 5		

注：矿井中所有气体的浓度均按体积的百分比计算。

③ 井巷中的风流速度应符合表 7-3 的要求。

表 7-3 井巷中的允许风流速度

井巷名称	允许风速/(m/s)	
	最低	最高
无提升设备的风井和风硐		15
专为提升物料的井筒		12
风桥		10
升降人员和物料的井筒		8
主要进、回风巷		8
架线电机车巷道	1.00	8
运输机巷,采区进、回风巷	0.25	6
采煤工作面、掘进中的煤巷和半煤岩巷	0.25	4
掘进中的岩巷	0.15	4
其他通风人行巷道	0.15	

7.2.3.1.2 矿井需要的风量计算及确定原则

(1) 风量计算

① 按井下同时工作的最多人数计算,每人每分钟供给新鲜风量不得少于 4 m^3。

② 按采煤、掘进、硐室及其他地点实际需要风量的总和进行计算。各地点的实际需要风量,必须使该地点的风流中的瓦斯、二氧化碳、氢气和其他有害气体的浓度,风速以及温度,每人供风量符合有关规定。

③ 按井下同时爆破使用的最大炸药量计算,每公斤一级煤矿许用炸药供给新鲜风量不得小于 25 m^3/min;每公斤二、三级煤矿许用炸药供给新鲜风量不得小于 10 m^3/min。

(2) 确定原则

① 矿井供风总的原则是既要能确保矿井安全生产的需要,又要符合经济要求。

② 按实际需要计算风量时,应避免备用风量过大或过小。根据上述要求分别计算的结果,选取其中的最大值作为矿井需要的风量。

③ 煤矿企业应根据具体条件制定风量计算方法,至少每 5 年修订 1 次。

7.2.3.1.3 通风工作的重要要求

① 掘进巷道贯通前,综合机械化掘进巷道在相距 50 m 前、其他巷道在相距 20 m 前,必须停止一个工作面的作业,做好调整通风系统的工作。贯通后,必须停止采区内的一切工作,立即调整通风系统,风流稳定后方可恢复工作。

② 进风井口必须布置在粉尘、有害和高温气体不能侵入的地方。已布置在粉尘、有害和高温气体能侵入的地方,应制定安全措施。

③ 高瓦斯、突出矿井的每个采(盘)区和开采容易自燃煤层的采(盘)区,必须设置至少一条专用回风巷;低瓦斯矿井开采煤层群和分层开采采用联合布置的采(盘)区,必须设置 1 条专用回风巷。

④ 压入式局部通风机和启动装置,必须安装在进风巷道中,距掘进巷道回风口不得小于 10 m。

⑤ 使用局部通风机通风的掘进工作面,不得停风;因检修、停电等原因停风时,必须撤

出人员，切断电源。恢复通风前，必须检查瓦斯。只有在局部通风机及其开关附近 10 m 以内风流中的瓦斯浓度不超过 0.5%时，方可人工开启局部通风机。

⑥ 矿井通风必须采用机械通风。主要通风机必须安装在地面，装有通风机的井口必须封闭严密，其外部漏风率在无提升设备时不得超过 5%，有提升设备时不得超过 15%。

⑦ 必须保证主要通风机连续运转。严禁采用局部通风机或风机群作为主要通风机使用。

⑧ 立井凿井期间的局部通风应当遵守下列规定：

a. 局部通风机的安装位置距井口不得小于 20 m，且位于井口主导风向上风侧。

b. 局部通风机的安装和使用必须满足《煤矿安全规程》的要求。

c. 立井施工应当在井口预留专用回风口，以确保风流畅通，回风口的大小及安全防护措施应当在作业规程中明确。

⑨ 巷道及硐室施工期间的通风应当遵守下列规定：

a. 主井、副井和风井布置在同一个工业广场内，主井或者副井与风井贯通后，应当先安装主要通风机，实现全风压通风。不具备安装主要通风机条件的，必须安装临时通风机，但不得采用局部通风机或者局部通风机群代替临时通风机。

主井、副井和风井布置在不同的工业广场内，主井或者副井短期内不能与风井贯通的，主井与副井贯通后必须安装临时通风机实现全风压通风。

b. 矿井临时通风机应当安装在地面。低瓦斯矿井临时通风机确需安装在井下时，必须制定专项措施。

c. 矿井采用临时通风机通风时，必须设置备用通风机，备用通风机必须能在 10 min 内启动。

⑩ 煤矿井下严禁安设辅助通风机。

7.2.3.2 井巷工程施工粉尘防治的重要规定

矿尘是指在井巷工程施工过程中产生的岩尘、煤尘和水泥粉尘的总称。矿尘的危害极大，主要表现在污染工作场所，危害人体健康，甚至引起尘肺病和皮肤病；能加速机械的磨损，缩短精密仪表的使用时间，降低工作场所的可见度，使工伤事故增多；煤尘在一定条件下还可以发生爆炸，酿成严重的灾害。针对井巷工程施工过程中产生的矿尘，其综合防尘要求与措施是：

(1) 限制作业场所空气粉尘含量

为了消除煤尘、岩尘和水泥粉尘的危害，必须采取综合措施，作业场所中的粉尘浓度、作业方式等必须符合有关规定。

(2) 制定防尘工作相关要求

① 掘进井巷和硐室时，必须采取湿式钻眼、冲洗井壁巷帮、水炮泥、爆破喷雾、装岩(煤)洒水和净化风流等综合防尘措施。

② 冻结法凿井和在遇水膨胀的岩层中掘进不能采用湿式钻眼时，可采用干式钻眼，但必须采用捕尘措施，并使用个体防尘用品。

③ 在易产生矿岩粉尘的作业地点(矿岩粉碎、岩石爆破后与装矸、水泥搅拌施工、喷混凝土等)均应采取专门的洒水防尘措施。产尘量大的设备和地点要设自动洒水装置。

④ 凿岩、出渣前，应清洗工作面 10 m 内的岩壁。

⑤ 风流中的粉尘应采取净化风流措施予以防治。

⑥ 无法实施洒水防尘的工作地点，可用密闭抽尘措施来降尘。

⑦ 对在易产生矿尘作业点的施工人员，要加强个体防护。

⑧ 全矿通风系统应每年测定一次(包括主要巷道的通风阻力测定)，并经常检查局部通风和防尘设施，发现问题时及时处理。

7.2.4 爆破工作的安全规定

7.2.4.1 爆炸材料贮存与运输的安全管理重要规定

7.2.4.1.1 爆炸材料的贮存

(1) 地面爆破器材库

地面总库的总容量，炸药不应超过本单位半年生产用量，起爆器材不应超过1年生产用量。

地面分库的总容量，炸药不应超过3个月生产用量，起爆器材不应超过半年生产用量；地面单一库房(包括硐室式库)的最大允许存药量，不应超过规定。

乡、镇所属以及个体经营的矿场、采石场及岩土工程等使用单位，其集中管理的小型爆破器材库的最大贮存量应不超过1个月的用量，并应不大于限定量。

地面临时贮存应符合相关规定。

(2) 井下爆破器材库

井下爆炸材料库应采用硐室式或壁槽式。井下爆炸材料库应包括库房、辅助硐室和通向库房的巷道。

井下炸药库距井筒、井底车场和主要运输巷道、主要硐室以及影响全矿井或大部分采区通风的风门的法线距离：硐室式的不得小于100 m，壁槽式的不得小于60 m。

库房距行人巷道的法线距离：硐室式的不得小于35 m，壁槽式的不得小于20 m。

库房与外部巷道之间必须用3条互相成直角的连通巷道相连。连通巷道相交处必须延长2 m，断面积不得小于4 m^2，在连通巷道尽头还必须设置缓冲砂箱隔墙，不得将联通巷道的延长段兼做辅助硐室使用。

每个爆炸材料库房必须有2个出口，一个出口供发放爆炸材料及行人，出口的另一端必须装有能自动关闭的抗冲击波活门；另一出口布置在爆炸材料库回风侧，可铺设轨道运送爆炸材料，该出口与库房连接处必须装有一道抗冲击波密闭门。

井下爆炸材料库必须砌碹或用非金属不燃性材料支护，不得渗漏水，并采取防潮措施。库房地面必须高于外部巷道的地面，库房和通道应设置水沟。

井下爆炸材料库的最大贮存量，不得超过该矿井3天的炸药需要量和10天的电雷管需要量。电雷管和炸药必须分开贮存。

每个硐室贮存的药量不得超过2 t，电雷管不得超过10 d的需要量；每个壁槽贮存的炸药量不得超过400 kg，电雷管不得超过2 d的需要量。

检验电雷管的电流不得超过30 mA。

库房的发放爆炸材料硐室允许存放当班待发的炸药，但其最大存放量不得超过3箱。

井下爆破材料库必须采用矿用防爆型(矿用增安型除外)的照明设备，照明线必须使用阻燃电缆，电压不得超过127 V。严禁在贮存爆炸材料的硐室或壁槽内装灯，不设固定式照明设备的爆炸材料库，可使用带绝缘套的矿灯。

任何人员不得携带矿灯进入井下爆炸材料库房内。库内照明设备或线路发生故障时，在库房管理人员的监护下检修人员可以使用带绝缘套的矿灯进入库内工作。

7.2.4.1.2 爆炸材料的装运

(1) 装卸爆炸材料

① 装卸搬运应轻拿轻放，不得摩擦、撞击、抛掷、翻滚、侧置和倒置爆破器材；装载爆炸材料应做到不超高、不超宽、不超载。

② 爆炸材料和其他货物不应混装；电雷管等起爆器材，不应与炸药在同时同地进行装卸。

③ 装卸和运输爆破器材时，不应携带烟火和发火物品。

④ 接触爆炸材料的人员，必须穿棉布或抗静电衣服。

⑤ 人力搬运爆炸材料时，每人一次只准搬送一箱，不准用肩扛人抬。

⑥ 严禁用煤气车、拖拉机、自翻车、三轮车、自行车、摩托车、拖车运输爆炸材料。

⑦ 用车辆运输雷管、硝化甘油类炸药时，装车高度必须低于车厢上缘 100 mm。用车辆运输雷管时，雷管箱不得侧放或立放，层间必须垫软垫。

(2) 在竖井、斜井运输爆破器材

① 必须事先通知绞车司机和井上、井下把钩工；禁止将爆破器材存放在井口房、井底车场或其他巷道内。

② 电雷管和炸药必须分开运送。在装有爆炸材料的罐笼或吊桶内，除爆破工或护送人员外，不得有其他人员。

③ 用罐笼运送硝化甘油类炸药或电雷管时，罐笼内只准放 1 层爆炸材料箱，不得滑动；运送其他类炸药时，爆炸材料箱堆放高度不得超过罐笼高度的 2/3。

如果将装有炸药或电雷管的车辆直接推入罐笼运送时，硝化甘油类炸药和电雷管必须装在专用的、带盖的有木质隔板的车厢内，车厢内部应铺有胶皮或麻袋等软质垫层，并只准放 1 层爆炸材料箱；其他类炸药箱可以直接放在矿车内，但堆高不得超过矿车上缘。

④ 用罐笼运输硝化甘油类炸药或电雷管时，升降速度不得超过 2 m/s；运送其他类炸药时，不得超过 4 m/s；吊桶升降速度，不论运送何种爆炸材料，都不得超过 1 m/s；司机在启动和停绞车时，应保证罐笼或吊桶不振动。

⑤ 严禁将起爆药卷与炸药装在同一爆炸材料容器内运往井底工作面。

(3) 井内矿车(列车)、汽车运输爆破器材

① 交接班、人员上下井的时间内，严禁运送爆炸材料。

② 炸药和电雷管不得在同一列车内运输。如用同一列车运输，装有炸药与装有电雷管的车辆之间，以及装有炸药或电雷管的车辆与机车之间，必须用空车分别隔开，隔开长度不得小于 3 m。

③ 爆炸材料必须由井下爆炸材料库负责人或经过专门训练的专人护送。跟车人员、护送人员和装卸人员应坐在尾车内，严禁其他人员乘车。

④ 列车的行驶速度不得超过 2 m/s。

⑤ 装有爆炸材料的列车不得同时运输其他物品或工具。

(4) 由爆炸材料库直接向工作地点用人力运送爆炸材料

① 电雷管必须由爆破工亲自运送，炸药应由爆破工或在爆破工监护下由其他人员

运送。

② 爆炸材料必须装在耐压和抗撞冲、防震、防静电的非金属容器内。电雷管和炸药严禁装在同一容器内。

③ 严禁将爆炸材料装在衣袋内。

④ 领到爆炸材料后,应直接送到工作地点,严禁中途逗留。

⑤ 携带爆炸材料上、下井时,在每层罐笼内搭乘的携带爆炸材料的人员不得超过 4 人,其他人员不得同罐上下。

⑥ 交接班、人员上下井的时间内,严禁运送爆炸材料。

7.2.4.2 爆破工作安全作业的规定

7.2.4.2.1 一般要求

(1) 所有爆破人员,包括爆破、送药、装药人员,必须熟悉爆炸材料性能和相关规程的规定。

(2) 爆破工作必须由专职爆破工担任。爆破作业必须执行“一炮三检”和“三人连锁爆破”制度,并在起爆前检查起爆地点的甲烷浓度。突出煤层采掘工作面爆破工作必须由固定的专职爆破工担任。

(3) 在掘进工作面应全断面一次起爆,不能全断面一次起爆的,必须采取安全措施。在有瓦斯或有煤尘爆炸危险的采掘工作面,应采用毫秒爆破。

(4) 装药前和爆破前有下列情况之一的,严禁装药、爆破:

① 采掘工作面的控顶距离不符合作业规程的规定,或者支架有损坏。

② 爆破地点附近 20 m 以内风流中瓦斯浓度达到或者超过 1.0%。

③ 在爆破地点 20 m 以内,矿车,未清除的煤、矸或其他物体堵塞巷道断面 1/3 以上。

④ 炮眼内发现异状、温度骤高骤低、有显著瓦斯涌出、煤岩松散、透老空等情况。

⑤ 采掘工作面风量不足。

7.2.4.2.2 爆破安全作业要求

① 装配起爆药卷时,必须在顶板完好、支架完整、避开电器设备和导电体的爆破工作地点附近进行。严禁坐在爆炸材料箱上装配起爆药卷。电雷管必须由药卷的顶部装入,严禁用电雷管代替竹、木棍扎眼。

② 装药前,首先必须清除炮眼内的岩粉(碎渣),再用木质或竹质炮棍将药卷轻轻推入,不得冲撞或捣实。炮眼内的各药卷必须彼此密接。有水的炮眼,应使用抗水型炸药。

③ 装药后必须把电雷管脚线悬空,严禁电雷管脚线、爆破母线与机械电气设备等导体相接触。

④ 严格执行“一炮三检”制度,即在装药前、放炮前和放炮后,由瓦斯检查员检查瓦斯。爆破前,爆破母线连接脚线、检查线路和通电工作,只准爆破工一人进行。

⑤ 发爆器的把手、钥匙或电力起爆接线盒的钥匙,必须由爆破工随身携带,严禁转交他人。只有爆破通电时,方可将把手或钥匙插入发爆器或电力起爆接线盒内。爆破后,必须立即将把手或钥匙拔出,摘掉母线并扭结成短路。

⑥ 爆破前,班组长必须清点人数,确认无误后,方准下达起爆命令。爆破工接到起爆命令后,必须先发出爆破警号,至少再等 5 s,方可起爆。装药的炮眼应当班爆破完毕。

⑦ 爆破后,待工作面的炮烟被吹散,爆破工、瓦斯检查工和班组长必须首先巡视爆破地

点，检查通风、瓦斯、煤尘、顶板、支架、拒爆、残爆等情况。如有危险情况，必须立即处理。

7.2.4.3 爆破事故及预防处理

7.2.4.3.1 早爆事故

（1）事故原因

爆破作业的早爆，往往会造成重大恶性事故。在电爆网路敷设过程中，引起电爆网路早爆的主要因素是爆区周围的外来电场，包括雷电、杂散电流、静电、感应电流、射频电、化学电等。不正确地使用电爆网路的测试仪表和起爆电源也是引起电爆网路早爆的原因。另外，雷管的质量问题也可能引起早爆。

雷电对爆破的影响是各种外来电场中最大、最多的。雷电引起的早爆事故多数发生在露天爆破作业，如硐室爆破、深孔爆破和浅孔爆破的电爆网路。

杂散电流是存在于起爆网路的电源电路之外的杂乱无章的电流；感应电流是由交变电磁场引起的，它存在于动力线、变压器、高压电开关和接地的回馈铁轨附近，如果电爆网路靠近这些设备，就可能引起早爆事故。

静电是指绝缘物质上携带的相对静止的电荷，例如在进行爆破作业时，如果作业人员穿着化纤或者其他有绝缘性能的工作服，这些衣服互相摩擦就会产生静电荷，积累到一定程度时就可能导致电雷管爆炸。

射频电是指由电台、雷电、电视发射台、高频设备等产生的各种频率的电磁波，如电雷管或电爆网路处在强大的射频电场内，也可能引发早爆事故。

（2）事故预防

① 杂散电流的预防。措施包括：减少杂散电流的来源，检查爆区周围的各类电气设备，防止漏电；切断进入爆区的电源、导电体等；装药前应检测爆区内的杂散电流，当杂散电流超过 30 mA 时，禁止采用普通电雷管，采用抗杂散电流的电雷管或采用防杂散电流的电爆网路，或改用非电起爆法；防止金属物体及其他导电体进入装有电雷管的炮眼中，防止将硝铵炸药撒在潮湿的地面上等；采用导爆管起爆系统。

② 静电的预防。预防静电早爆的措施：爆破作业人员禁止穿戴化纤、羊毛等可产生静电的衣物；机械化装药时，所有设备必须有可靠接地，防止静电积累；采用抗静电雷管；或在压气装药系统（当压气输送炸药固体颗粒时，可能产生静电）中采用半导体输药管；使用压气装填粉状硝铵类炸药时，特别在干燥地区，采用导爆索网路或孔口起爆法，或采用抗静电的电雷管；采用导爆管起爆系统。

③ 雷电的预防。在雷雨季节进行爆破作业宜采用非电起爆系统；在露天爆区不得不采用电力起爆系统时，应在爆破区域设置避雷针或预警系统；在装药连线作业遇雷电来临征候或预警时，应立即停止作业，拆开电爆网路的主线与支线，裸露芯线用胶布捆扎，电爆网路的导线与地绝缘，要严防网路形成闭合回路，同时作业人员立即撤到安全地点；在雷电到来之前，暂时切断一切通往爆区的导电体（电线或金属管道），防止电流进入爆区；对硐室爆破，与有雷雨时，应立即将各硐口的引出线端头分别绝缘，放入离硐口至少 2 m 的悬空位置上，同时将所有人员撤离到安全地点；在雷电来到之前将所有装药起爆。

7.2.4.3.2 盲炮事故

（1）盲炮事故原因

盲炮（又叫拒爆、瞎炮），是指因各种原因未能按设计起爆，造成药包拒爆的全部装药或部分装药。产生盲炮的原因包括雷管因素、起爆电源或电爆网路因素、炸药因素和施工质量因素等方面。

(2) 盲炮的处理

① 一般规定：

a. 处理盲炮前应由爆破技术负责人定出警戒范围，并在该区域边界设置警戒，处理盲炮时无关人员不许进入警戒区。

b. 应派有经验的爆破员处理盲炮，硐室爆破的盲炮处理应由爆破工程技术人员提出方案并经单位技术负责人批准。

c. 电力起爆网路发生盲炮时，应立即切断电源，及时将盲炮电路短路。

d. 导爆索和导爆管起爆网路发生盲炮时，应首先检查导爆索和导爆管是否有破损或断裂，发现有破损或断裂的可修复后重新起爆。

e. 严禁强行拉出炮孔中的起爆药包和雷管。

f. 盲炮处理后应再次仔细检查爆堆，将残余的爆破器材收集起来统一销毁；在不能确认爆堆无残留的爆破器材之前，应采取预防措施并派专人监督爆堆挖运作业。

g. 盲炮处理后应由处理者填写登记卡片或提交报告，说明产生盲炮的原因、处理的方法、效果和预防措施。

h. 裸露爆破的盲炮处理：处理裸露爆破的盲炮，可安置新的起爆药包(或雷管)重新起爆或将未爆药包回收销毁。发现未爆炸药受潮变质，则应将变质炸药取出销毁，重新敷药起爆。

② 浅孔爆破的盲炮处理：

a. 经检查确认起爆网路完好时，可重新起爆。

b. 可钻平行孔装药爆破，平行孔距盲炮孔不应小于 0.3 m。

c. 可用木、竹或其他不产生火花的材料制成的工具，轻轻地将炮孔内填塞物掏出，用药包诱爆。

d. 可在安全地点外用远距离操纵的风水喷管吹出盲炮填塞物及炸药，但应采取措施回收雷管。

e. 处理非抗水类炸药的盲炮，可将填塞物掏出，再向孔内注水，使其失效，但应回收雷管。

f. 盲炮应在当班处理，当班不能处理或未处理完毕，应将盲炮情况(盲炮数目、炮孔方向、装药数量和起爆药包位置，处理方法和处理意见)在现场交接清楚，由下一班继续处理。

③ 深孔爆破的盲炮处理：

a. 爆破网路未受破坏，且最小抵抗线无变化者，可重新连接起爆；最小抵抗线有变化者，应验算安全距离，并加大警戒范围后，再连接起爆。

b. 可在距盲炮孔口不少于 10 倍炮孔直径处另打平行孔装药起爆。爆破参数由爆破工程技术人员确定并经爆破技术负责人批准。

c. 所用炸药为非抗水炸药且孔壁完好时，可取出部分填塞物向孔内灌水使之失效，然后做进一步处理，但应回收雷管。

④ 硐室爆破的盲炮处理：

a. 如能找出起爆网路的电线、导爆索或导爆管，经检查正常仍能起爆者，应重新测量最小抵抗线，重划警戒范围，连接起爆。

b. 可沿竖井或平硐清除填塞物并重新敷设网路连接起爆，或取出炸药和起爆体。

7.2.4.4 爆破有害效应及控制

7.2.4.4.1 爆破有害效应

爆破有害效应是指爆破时对爆区附近保护对象可能产生的有害影响。如爆破引起的震动、个别飞散物、空气冲击波、噪声、水中冲击波、动水压力、涌浪、粉尘、有害气体等。

7.2.4.4.2 爆破有害效应的控制

(1) 爆破震动效应的控制措施

① 采用毫秒延时爆破，限制一次爆破的最大用药量。实践证明，采用毫秒延时爆破与采用瞬发爆破相比，平均降震率为50%，毫秒延时段数越多，降震效果越好。

② 采用预裂爆破或开挖减震沟槽，或在爆破体与被保护体之间钻凿不装药的单排或双排防震孔，降震率可达30%～50%。

③ 作为减震用的孔、缝和沟，应防止充水，否则将影响降震效果。

④ 在爆破设计中，可采取选择最小抵抗线方向，增加布药的分散性和临空面，采用低爆速、低密度的炸药或选择合理装药结构，以及进行爆破震动监测等措施，以控制爆破的震动效应，确保被保护物的安全，并为爆破震动可能引起的诉讼或索赔提供科学的数据资料。

(2) 爆炸空气冲击波及噪声的控制措施

空气冲击波的防护措施如下：

① 采用毫秒延时爆破技术来削弱空气冲击波的强度。

② 裸露地面的导爆索用砂、土掩盖。对孔口段加强填塞及保证填塞质量，能降低冲击波的强度影响。

③ 严格按设计抵抗线施工可防止强烈冲击波的产生。

④ 对岩体的地质弱面给予补强来遏制冲击波的产生渠道。

⑤ 注意爆破作业时的气候、天气条件；控制爆破方向并选择合理的爆破时间。

⑥ 预设阻波墙，包括水力阻波墙、沙袋阻波墙、防波排柱、木垛阻波墙等。

对爆破噪声的控制，必须从声源、传播途径和接受者三个环节采取措施。降低噪声声源是控制噪声最有效和最直接的措施。采用多分段的装药爆破方式，尽量减小一次齐爆药量，从而降低爆破噪声的初始能量。从传播途径上，通过设置遮蔽物或充分利用地形地貌，并注意方向效应，即在爆破实践中，尽量使声源辐射噪声大的方向避开要求安静的场所。

(3) 爆破个别飞散物的控制措施

① 合理确定临空面，合理选择抵抗线方向，使被保护对象避开飞石主要方向，从而最大限度地使被保护对象免受飞石危害。

② 合理设计装药结构、爆破参数和排间起爆时间。一般情况下，相邻排间延迟时间以控制在20～50 ms为好。

③ 做好特殊地形地质条件的处理。要注意避免药包位于岩石软弱夹层或基础的接打面，以避免从这些薄弱面冲出飞散物。

④ 保证填塞质量。不但要保证填塞长度，而且保证填塞密实，填塞物中避免夹杂碎石。

⑤ 采用低爆速炸药，不耦合装药、挤压爆破和毫秒延时爆破等，可以起到控制飞散物的作用。

⑥ 对爆破体采取覆盖和对保护对象采取保护措施等。

(4) 有害气体及爆破粉尘的控制措施

① 均匀布孔，控制单耗药量、单孔药量与一次起爆药量，提高炸药能量有效利用率。

② 采用毫秒延时爆破技术。

③ 使用合格炸药，尽量使炸药组分做到零氧平衡，严禁使用过期、变质炸药；根据岩石性质选择相应炸药品种，做到波阻抗匹配。

④ 做好爆破器材防水处理，确保装药和填塞质量，避免半爆和爆燃。

⑤ 应保证足够的起爆能，使炸药迅速达到稳定爆轰和完全反应。

⑥ 爆破前喷雾洒水，即在距工作面 15～20 m 处安设除尘喷雾器，在爆破前 2～3 min 打开喷水装置，爆破后 30 min 左右关闭。

⑦ 井下爆破前后加强通风，应采取措施向死角盲区引入风流。

⑧ 矿井和地下爆破时应注意预防瓦斯突出，防止产生瓦斯爆炸事故。

⑨ 井下爆破时采用湿式凿岩，工作面喷雾洒水，降低爆破粉尘；地面爆破前，对爆破体预先进行淋水处理，并提前清理爆破体内部及周围可能引起爆破粉尘的“尘源”。

7.2.5　矿山工程其他安全规定

7.2.5.1　矿井工程

7.2.5.1.1　立井特殊法施工

① 立井井筒穿过流沙、淤泥、卵石、砂砾等含水的不稳定地层，应采取特殊法施工。

② 井筒穿过特殊地层，必须编制专门的施工安全措施。

③ 钻井法开凿井筒时，钻井的设计与施工最终位置必须通过冲积层，并深入到不透水的稳定基岩中 5 m 以上；钻井临时锁口深度应当大于 4 m，且进入稳定地层中 3 m 以上，遇特殊情况应当采取专门措施；钻井期间，必须封盖井口，并采取可靠的防坠措施；钻井泥浆浆面必须高于地下静止水位 0.5 m，且不得低于临时锁口下端 1 m；井口必须安装泥浆浆面高度报警装置。

④ 当采用冻结法施工时，井筒的冻结深度应穿过风化带延深至稳定的基岩 10 m 以上，基岩段涌水较大时，应加深冻结深度。

⑤ 地质检查孔不得打在冻结的井筒内。水文观测孔打在井筒内，不得偏离井筒的净断面，深度不得超过冻结段深度。

⑥ 井筒在流沙层部位时，注浆孔深度必须小于井壁厚度 200 mm；井筒采用双层井壁支护时，注浆孔应穿过内壁进入外壁 100 mm；当井壁破裂必须采用破壁注浆时，必须制定专门措施。

⑦ 冻结立井掘进施工过程中，必须有防止冻结壁变形和片帮、断管等安全措施。

⑧ 冬季或用冻结法开凿立井时，必须有防冻、清除冰凌的措施。

7.2.5.1.2　巷道施工

(1) 掘进工作面严禁空顶作业。临时和永久支护距掘进工作面的距离，必须根据地质、水文地质条件和施工工艺在作业规程中明确，并制定防止冒顶、片帮的安全措施；距掘进工作面 10 m 内的架棚支护，在爆破前必须加固。对爆破崩倒、崩坏的支架必须先行修复，之后方可进入工作面作业。修复支架时必须先检查顶、帮，并由外向里逐架进行；在松软的煤(岩)层、流沙性地层或者破碎带中掘进巷道时，必须采取超前支护或者其他措施。

(2) 锚喷支护工作,必须遵守下列规定:

① 锚喷支护要编制专门的施工组织设计和安全技术措施。

② 喷射混凝土、砂浆时,必须采用潮料,并使用除尘机对上料口、余气口除尘。

③ 喷射前,必须冲洗岩帮;喷射后,应有养护措施。

④ 工作人员必须佩戴专用劳动保护用品。

⑤ 处理堵塞的喷射管路时,喷枪口前方及附近严禁有其他人员。

⑥ 锚喷支护作业面必须加强通风,独头掘进巷道应采取抽压混合的通风方式。

(3) 掘进巷道在揭露老空前,必须制定探查老空的安全措施,包括接近老空时必须留的煤(岩)柱厚度和探明水、火、瓦斯等内容。必须根据探明的情况采取措施,进行处理。

(4) 在揭露老空时,必须将人员撤至安全地点。只有经过检查,证明老空内的水、瓦斯和其他有害气体等无危险后,方可恢复掘进工作。

7.2.5.2 土建工程与矿物加工

(1) 土建工程的基本安全要求

① 孔洞和高度超过 0.6 m 的平台,周围应设栏杆或盖板,必要时,其边缘应设安全防护板。平台四周及孔洞周围,应砌筑不低 100 mm 的挡水围台;地沟应设间隙不大于 20 mm 的铁箅盖板。

② 长度超过 60 m 的厂房,应设两个主要楼梯。主要通道的楼梯倾角应不大于 45°;行人不频繁的楼梯倾角可达 60°。楼梯每个踏步上方的净空高度不应小于 2.2 m。楼梯休息平台下的行人通道,净宽不应小于 2.0 m。

③ 厂房内主要操作通道宽度应不小于 1.5 m,一般设备维护通道宽度应不小于 1.0 m,通道净空高度应不小于 2.0 m。

④ 通道的坡度达到 6°～12°时,应加防滑条;坡度大于 12°时,应设踏步。经常有水、油脂等易滑物质的地坪,应采取防滑措施。

⑤ 高于 10 m 的建筑物,屋顶如有可燃材料,应在室外安设离地 3 m、宽度不小于 500 mm 的固定式消防钢直梯。

⑥ 屋面须检查或经常清灰的厂房,高度大于 6 m 的,应设检修用固定式钢直梯;多层厂门房两屋面高差大于 2 m 的,应设直梯;房檐高大于 10 m 的,应在檐边设防护栏杆,小于 10 m 的,可设安全挂钩,挂钩间距应不大于 6 m。

(2) 矿物加工设备安装工程相关的安全要求

① 设备裸露的转动部分,应设防护罩或防护屏。防护罩、防护屏应分别符合《机械安全防护装置、固定式和活动式防护装置设计与制造一般要求》的要求。

② 强磁选机运转前,应将一切可能被磁力吸引的杂物清除干净,铁棍、手锤等能被磁力吸引的物体,不应带到设备周围。

③ 煤气作业区,应悬挂醒目的警告标志牌。在煤气作业区人员聚集的值班室和作业场所,应装有煤气泄漏自动警报装置。警报装置应处于良好状态,每 10 d 应至少校验一次。

④ 选矿厂电力装置,应符合《矿山电力设计规范》(GB 50070—2009)和其他有关规范、规程的要求。所有电气设备和线路,应根据对人的危害程度设置明显的警示标志、防护网和安全遮拦。电气设备可能被人触及的裸露带电部分,应设置安全防护罩或遮拦及警示牌。

⑤ 在带电的导线、设备、变压器、油开关附近,不应有损坏电气绝缘或引起电气火灾的

热源。

⑥ 选矿厂的建构筑物和大型设备,应按国家有关消防的法律法规及《建筑设计防火规范》(GB 50016—2014)的规定,设置消防设备和器材。应按生产的火灾危险性分类,合理选择建构筑物的耐火等级,并采取相应的消防措施。厂房、库房、站房、地下室,应按国家有关规定设置适当数量的安全出口。安全疏散距离和楼梯、走道及门的宽度应符合防火规范,安全疏散门应向外开启。厂区及厂房、库房应按规定设置消防水管路系统和消火栓,消火栓应有足够的水量和水压。

⑦ 放射源的安装、拆卸与使用,应由专人负责,其他人不应擅自拆卸、修理、调整放射装置。应保证有联锁装置的射线装置的完好,不应擅自拆除联锁装置。联锁装置有问题的射线装置,修好后方可使用。

⑧ 对于放射性废物,应按照国家有关放射性废物的管理规定处理。受辐射后的防护用品和工作衣物,应按规定妥善保管和处理。

7.2.5.3　机电设备运行安全

(1) 井下高压电动机、动力变压器的高压控制设备,应具有短路、过负荷、接地和欠压释放保护。低压电动机的控制设备,应具备短路、过负荷、单相断线、漏电闭锁保护装置及远程控制装置。

(2) 采用机车运输时,应遵守下列规定:

① 列车或单独机车都必须前有照明,后有红灯。

② 正常运行时,机车必须在列车前端。

③ 列车通过的风门,必须设有当列车通过时能够发出在风门两侧都能接收到声光信号的装置。

④ 同一段轨道上,不得行驶非机动车辆。如果需要行驶,必须经井下调度站同意。

⑤ 巷道内应装设路标和警标。机车行近巷道口、硐室口、弯道、道岔、坡度较大或噪声大等地段,以及前面有车辆或视线有障碍时,都必须减低速度,并发出警号。

⑥ 必须有用矿灯发送紧急停车信号的规定。非危险情况,任何人不得使用紧急停车信号。

⑦ 两机车或两列车在同一轨道同一方向行驶时,必须保持不少于 100 m 的距离。

⑧ 列车的制动距离每年至少测定 1 次。运送材料时不得超过 40 m;运送人员时不得超过 20 m。

7.3　矿山安全事故预防及灾害控制

7.3.1　矿山巷道顶板安全事故的预防

7.3.1.1　矿山巷道顶板事故的控制

(1) 充分维护围岩完整性

充分根据围岩地质条件、巷道的用途、服务年限等条件,合理设计巷道布设的岩石层位、巷道方向,巷道断面形状、断面尺寸以及科学的支护型式;巷道掘进应尽量避免对围岩的破坏,爆破作业应采用光面爆破等先进技术方法,以有利于巷道的长期稳定。

(2) 加强支护施工管理,确保支护质量

支护施工前应进行技术交底，施工过程中应严格检查和验收，确保按支护设计的质量标准和要求进行施工，保证施工质量，确保支护达到预期的效果。

巷道掘进通过破碎带、淋水地带等复杂地质区段时，应根据情况采用超前支护(前探支架、超前锚杆、注浆加固)等专门支护措施，提高支架的支撑能力。

及时发现和更换质量不合格或损坏的支架，按照施工安全规程进行巷道修复和支架更换工作；保证锚杆、锚索的支护深度，支护的合理间距和支架间的连接，保证支护(支架)的整体稳定性，防止冒顶事故的发生。

(3) 空顶保护

掘进工作面严格禁止空顶作业，距掘进工作面 10 m 内的支护在爆破前应必须加固，爆破崩倒或崩坏的支架必须先行修复；对于在坚硬岩层中不设支护的情况，必须制定安全措施。

(4) 落实“敲帮问顶”制度

严格执行安全规程的相关要求，认真落实“敲帮问顶”制度，及时发现围岩中的溜帮、活石，认真清除工作面及巷道围岩中的浮石和危石。

“敲帮问顶”要由外向内进行。“敲帮问顶”时，其他无关人员不得进入工作面。

(5) 严密监视地质地层和围岩压力的变化

通过多种检测手段检测巷道围岩状况，判断围岩的稳定状态，及时跟进支护措施。

揭露老空区前或有危险矿层前，均应编制探查的安全措施，预留安全矿岩柱，并严格按照经批准的规程作业。在采动影响大或顶板离层移动严重的巷道可采用专门的监测手段(如顶板离层观测、巷道围岩变形观测等)，为顶板控制措施的制定提供依据。

(6) 正确的施工程序

① 撤换支架和刷大巷道时，也必须由外向里逐架进行。撤换支架前，应先加固好工作地点前后的支架。

② 在独头巷道内进行支架修复工作时，巷道里面应停止掘进或从事其他工作，以免顶板冒落堵人。

③ 架设和撤除支架的工作应连续进行，支架未完工前不得中止，不能连续进行的必须在结束工作前做好接顶封帮。

7.3.1.2 巷道交岔点冒顶事故的防治

巷道交岔点冒顶事故往往发生在巷道开岔的时候，因为开岔口需要架设抬棚替换原巷道棚子的棚腿，如果开岔处巷道顶部存在与岩体失去联系的岩块，并且围岩正向巷道挤压，而新支设抬棚的强度不够，或稳定性不够，就可能造成冒顶事故，如果开岔处正好是掘巷时的冒顶处，则情况更为严重。因此，必须重视巷道交岔处的冒顶事故预防。

防治巷道开岔处冒顶的措施如下：

① 开岔口应避开原来巷道冒顶的范围。

② 提高抬棚的初撑力。必须在开口抬棚支设稳定后再拆除原巷道棚腿，不得过早拆除，切忌先拆棚腿，后支护抬棚。

③ 注意选用抬棚材料的质量与规格，保证抬棚有足够的强度。

④ 当开口处围岩尖角被挤压坏时，应及时采取加强抬棚稳定性的措施。

⑤ 锚杆、锚喷巷道开口前，必须先对开口前后 5 m 范围的巷道支护采取缩小锚杆排间

距或增加锚索进行补强支护。

7.3.2 矿井水害预防及应急处理

7.3.2.1 矿井水害的水源和涌水通道

引起矿井水害必然同时存在两个条件,即充沛的有压水源和进入矿井的水流通道。有压水指存在相对于受害地点的水头压力,水流通道可以是原有的,也可以是因施工或其他原因造成的。

7.3.2.1.1 矿井水害的水源

造成矿井水害的水源有大气降水、地表水、地下水,后者包括含水地层中的或岩溶形成陷落柱积水、老空区积水等。矿井水害可分为以下几类,如表 7-4 所示。

表 7-4　　矿井水害类型

矿井水害类型	水源	受害部位
地表水灌入矿井、工业广场和生活区	地表水、大气降水	施工中的井筒、矿井井下、工业广场或生活区
含水层中的地下水大量涌入矿井	含水层中的地下水	施工中的井筒或矿井井下
老空区积水、淤泥涌入矿井	老空区积水淤泥	矿井井下

近年来,因各种原因致使老窑积水或者老空区积水、陷落柱积水造成的水害尤为显著。

7.3.2.1.2 矿井涌水通道

涌水通道可分为两类:

(1) 地层的空隙、断裂带等自然形成的通道

① 地层的裂隙与断裂带:当岩层中节理裂隙彼此连通,即可形成裂隙涌水通道。根据断裂带贯通情况,可以把断裂带分为两类,即隔水断裂带和透水断裂带。

② 岩溶通道:岩溶空间可从细小的溶孔直到巨大的溶洞,彼此可以连通,成为沟通各种水源的通道,我国许多金属与非金属矿区,都深受其害。大的溶洞本身就是积水水源,而且有的陷落柱容易被钻孔地质勘探遗漏,形成水害的重要隐患。

③ 孔隙通道:主要是指松散地层中的粒间孔隙输水通路。此类通道可输送本含水层水入井巷,也可成为沟通地表水的通道。

(2) 由于采掘活动等人为因素诱发的涌水通道

这类通道主要是由于勘探或开采造成的,包括有巷道顶,或顶、底板因施工造成破坏而形成的裂隙通道、钻孔通道,施工的工程(如立井)沟通含水岩层,或者地表塌陷过程中造成裂隙沟通等。

7.3.2.2 矿井透水征兆

① 围岩的水汽现象:岩(煤)层变湿、挂汗、挂红,或有淋水变大,出现水叫,水色发浑。

② 围岩压力显现:顶板来压、片帮、底板鼓起或产生裂隙(裂隙出现渗水)。

③ 环境状态:空气变冷、出现雾气、出臭味等。

④ 其他现象:钻孔喷水、底板涌水、煤壁溃水等。

7.3.2.3 矿井防治水方法

7.3.2.3.1 防隔水岩(煤)柱的留设

矿井应当根据矿井的地质构造、水文地质条件、煤层赋存条件、围岩物理力学性质、开采

方法及岩层移动规律等因素确定相应的防隔水煤(岩)柱的尺寸;矿井防隔水煤(岩)柱一经确定,不得随意变动。严禁在各类防隔水煤(岩)柱中进行采掘活动。

7.3.2.3.2　排水系统设置

矿井应当配备与矿井涌水量相匹配的水泵、排水管路、配电设备和水仓等,确保矿井能够正常排水。

① 水泵——矿井井下排水设备应当符合矿井排水的要求。除正在检修的水泵外,应当有工作水泵和备用水泵。工作水泵的能力,应当能在 20 h 内排出矿井 24 h 的正常涌水量(包括充填水及其他用水)。备用水泵的能力应当不小于工作水泵能力的 70%。工作和备用水泵的总能力,应当能在 20 h 内排出矿井 24 h 的最大涌水量。检修水泵的能力,应当不小于工作水泵能力的 25%。

水文地质条件复杂或者极复杂的矿井,除符合本条第一款规定外,可以在主泵房内预留安装一定数量水泵的位置,或者增加相应的排水能力。

② 水管——水管应当有一定的备用量。工作水管的能力,应当能配合工作水泵在 20 h 内排出矿井 24 h 的正常涌水量。工作和备用水管的总能力,应当能配合工作和备用水泵在 20 h 内排出矿井 24 h 的最大涌水量。

③ 配电设备——配电设备的能力应当与工作、备用和检修水泵的能力相匹配,并能保证全部水泵同时运转。

有突水淹井危险的矿井,可以另行增建抗灾强排水系统。

水泵、水管、闸阀、排水用的配电设备和输电线路,应当经常检查和维护。在每年雨季前,应当全面检修 1 次,并对全部工作水泵和备用水泵进行 1 次联合排水试验,发现问题,及时处理。

④ 泵房——矿井主要泵房应当至少有 2 个安全出口,一个出口用斜巷通到井筒,并高出泵房底板 7 m 以上;另一个出口通到井底车场。在通到井底车场的出口通路内,应当设置易于关闭的既能防水又能防火的密闭门。泵房和水仓的连接通道,应当设置可靠的控制闸门。

⑤ 水仓——矿井主要水仓应当有主仓和副仓,当一个水仓清理时,另一个水仓能够正常使用。水仓、沉淀池和水沟中的淤泥应当及时清理,每年雨季前应当清理 1 次。

7.3.2.3.3　排水设施的其他要求

① 对于采用平硐泄水的矿井,其平硐的总过水能力应当不小于历年最大渗入矿井水量的 1.2 倍;水沟或者泄水巷的标高,应当比主运输巷道的标高低。

② 在水文地质条件复杂、极复杂矿区建设新井的,应当在井筒底留设潜水泵窝,老矿井也应当改建增设潜水泵窝。井筒开凿到底后,井底附近应当设置具有一定能力的临时排水设施,保证临时变电所和临时水仓形成之前的施工安全。

③ 对于在建矿井,在永久排水系统形成前,各施工区应当设置临时排水系统,并保证有足够的排水能力。

④ 生产矿井延深水平,只有在建成新水平的防、排水系统后,方可开拓掘进。

7.3.2.3.4　注浆堵水

(1) 井筒预注浆堵水

① 当井筒预计穿过较厚裂隙含水层或者裂隙含水层较薄但层数较多时,可以选用地面

预注浆。

② 在制定注浆方案前，施工井筒检查孔，以获取含水层的埋深、厚度、岩性及简易水文观测、抽(压)水试验、水质分析等资料。

③ 注浆起始深度，确定在风化带以下较完整的岩层内。注浆终止深度，大于井筒要穿过的最下部含水层的埋深或者超过井筒深度 10～20 m。

④ 当含水层富水性较弱时，可以在井筒工作面预注浆。

(2) 注浆封堵突水点

① 圈定突水点位置，分析突水点附近的地质构造，查明降压漏斗形态，分析突水前后水文观测孔和井、泉的动态变化，必要时需进行连通(示踪)试验。

② 探明突水补给水源的充沛程度或者来水含水层的富水性，以及突水通道的性质和大小等。

③ 封堵突水点，注浆前，做连通试验和压(注)水试验；注浆前后，做好矿井排水对比分析。

④ 编制注浆堵水方案，经企业总工程师组织审查同意后实施。

(3) 帷幕注浆堵水

① 采用帷幕注浆方案前，应当对帷幕截流进行可行性研究。帷幕注浆方案经论证确定后，应当查清地层层序、地质构造、边界条件，帷幕端点是否具备隔水层或闭合性断层及其隔水性能、地下水向矿井的渗流量、地下水流速和流向等水文地质条件。

② 编制帷幕注浆方案，经企业总工程师组织审查同意后实施。

(4) 巷道堵水

当井下巷道穿过与河流、湖泊、溶洞、含水层等存在水力联系的导水断层、裂隙(带)、陷落柱等构造时，应当探水前进。如果前方有水，应当超前预注浆封堵加固，必要时可预先构筑防水闸门或者采取其他防治水措施，否则不准施工。

过含水层段的井巷应当按照防水的要求进行壁后注浆处理。

7.3.2.3.5 井下探放水

(1) 对于采掘工作面受水害影响的矿井，应当坚持预测预报、有疑必探、先探后掘、先治后采的原则，进行充水条件分析。

(2) 水文地质条件复杂、极复杂的矿井，在地面无法查明矿井水文地质条件和充水因素时，应当坚持有掘必探的原则，加强探放水工作。

(3) 在矿井受水害威胁的区域，进行巷道掘进前，应当采用钻探、物探和化探等方法查清水文地质条件。地测机构应当提出水文地质情况分析报告，并提出水害防范措施，经矿井总工程师组织生产、安监和地测等有关单位审查批准后，方可进行施工。

(4) 采掘工作面遇有下列情况之一的，应当进行探放水：

① 接近水淹或者可能积水的井巷、老空或者相邻煤矿。

② 接近含水层、导水断层、暗河、溶洞和导水陷落柱。

③ 打开防隔水煤(岩)柱进行放水前。

④ 接近可能与河流、湖泊、水库、蓄水池、水井等相通的断层破碎带。

⑤ 接近有出水可能的钻孔。

⑥ 接近水文地质条件复杂的区域。

⑦ 采掘破坏影响范围内有承压含水层或者含水构造、煤层与含水层间的防隔水煤(岩)柱厚度不清楚可能发生突水。

⑧ 接近有积水的灌浆区。

⑨ 接近其他可能突水的地区。

探水前应当确定探水线并绘制在采掘工程平面图上。

(5) 采掘工作面探水前,应当编制探放水设计,确定探水警戒线,并采取防止瓦斯和其他有害气体危害等安全措施。探放水钻孔的布置和超前距离,应当根据水头高低、岩(煤)层厚度和硬度等确定。探放水设计由地测机构提出,经矿井总工程师组织审定同意,按设计进行探放水。

(6) 布置探放水钻孔应当遵循的规定包括:

① 探放老孔水、陷落柱水和钻孔水时,探水钻孔成组布设,并在巷道前方的水平面和竖直面内呈扇形。钻孔终孔位置以满足平距 3 m 为准,厚煤层内各孔终孔的垂距不得超过1.5 m。

② 探放断裂构造水和岩溶水等时,探水钻孔沿掘进方向的前方及下方布置。底板方向的钻孔不得少于 2 个。

③ 上山探水时,一般进行双巷掘进,其中一条超前探水和汇水,另一条用来安全撤人。双巷间每隔 30～50 m 掘 1 个联络巷,并设挡水墙。

(7) 井下探放水应当使用专用的探放水钻机。严禁使用煤电钻探放水。在安装钻机进行探水前,应当符合下列规定:

① 加强钻孔附近的巷道支护,并在工作面迎头打好坚固的立柱和拦板。

② 清理巷道,挖好排水沟。探水钻孔位于巷道低洼处时,配备与探放水量相适应的排水设备。

③ 在打钻地点或其附近安设专用电话。

④ 依据设计,确定主要探水孔位置时,由测量人员进行标定。负责探放水工作的人员亲临现场,共同确定钻孔的方位、倾角、深度和钻孔数量。

⑤ 在预计水压大于 0.1 MPa 的地点探水时,预先固结套管。套管口安装闸阀,套管深度在探放水设计中规定。预先开掘安全躲避硐,制定包括撤人的避灾路线等安全措施,并使每个作业人员了解和掌握。

⑥ 钻孔内水压大于 1.5 MPa 时,采用反压和有防喷装置的方法钻进,并制定防止孔口管和岩(煤)壁突然鼓出的措施。

(8) 在探放水钻进时,发现煤岩松软、片帮、来压或者钻眼中水压、水量突然增大和顶钻等透水征兆时,应当立即停止钻进,但不得拔出钻杆;应当立即向矿井调度室汇报,派人监测水情。发现情况危急,应当立即撤出所有受水威胁区域的人员到安全地点,然后采取安全措施,进行处理。

(9) 探放老空水前应当首先分析查明老空水体的空间位置、积水量和水压。探放水孔应当钻入老空水体,并监视放水全过程,核对放水量,直到老空水放完为止。当钻孔接近老空时,预计可能发生瓦斯或者其他有害气体涌出的,应当设有瓦斯检查员或者矿山救护队员在现场值班,随时检查空气成分。如果瓦斯或者其他有害气体浓度超过有关规定,应当立即停止钻进,切断电源,撤出人员,并报告矿井调度室,及时处理。

(10) 钻孔放水前,应当估计积水量,并根据矿井排水能力和水仓容量,控制放水流量,防止淹井;放水时,应当设有专人监测钻孔出水情况,测定水量和水压,做好记录。如果水量突然变化,应当及时处理,并立即报告矿调度室。

7.3.2.4 矿井水害应急处理与救援

7.3.2.4.1 矿井水灾应急处理原则

① 受困人员和应急救援人员的安全优先。

② 防止事态扩大优先和保护环境优先。

③ 必须了解突水的地点、性质,估计突出水量,静止水位,突水后涌水量,影响范围,补给水源及有影响的地面水体。

④ 掌握灾区范围、事故前井下人员分布,矿井中有生存条件的地点及进入该地点的可能通道,以便迅速组织抢救。

⑤ 按积水量、涌水量组织强排水,同时堵塞地面补给水源。

⑥ 加强排水和抢救中的通风,防止有害气体从淹水区突然涌出,切断灾区电源,防止采空区积聚的瓦斯引爆。

⑦ 排水、侦察灾情和抢险过程中,要防止冒顶、掉底伤人和二次突水。

⑧ 搬运和抢救遇险人员时,要防止突然改变伤员已适应的环境和生存条件,造成不应有的伤亡。

7.3.2.4.2 矿井水灾应急预案及实施

(1) 一般性要求

① 矿山企业、矿井应当根据本单位的主要水害类型和可能发生的水害事故,制定水害应急预案和现场处置方案。应急预案内容应当具有针对性、科学性和可操作性。处置方案应当包括发生不可预见性水害事故时,人员安全撤离等具体措施,每年都应当对应急预案修订完善并进行1次救灾演练。

② 矿井管理人员和调度室人员应当熟悉水害应急预案和现场处置方案。

③ 矿井应当设置安全出口,规定避水灾路线,设置贴有反光膜的清晰路标,并让全体职工熟知,以便一旦突水,能够安全撤离,避免意外伤亡事故。

(2) 水情报告与水情处理

① 现场发现水情的作业人员,应当立即向矿井调度室报告有关突水地点及水情,并通知周围有关人员撤离到安全地点或升井。

② 矿井调度室接到水情报告后,应当立即启动本矿井水害应急预案,根据来水方向、地点、水量等因素,确定人员安全撤离的路径,通知井下受水患影响地点的人员马上撤离到安全地点或者升井,向值班负责人和矿井主要负责人汇报,并将水患情况通报周边所有矿井。

③ 当发生突水时,矿井应当立即做好关闭防水闸门的准备,在确认人员全部撤离后,方可关闭防水闸门。

④ 矿井应当根据水患的影响程度,及时调整井下通风系统,避免风流紊乱、有害气体超限。

⑤ 水害事故发生后,矿井应当依照有关规定报告政府有关部门,不得迟报、漏报、谎报或者瞒报。

7.3.2.4.3 排水恢复及恢复后的工作

(1) 排水恢复中的工作

① 恢复被淹井巷前，应当编制突水淹井调查报告。报告应当包括下列主要内容：

a. 突水淹井过程、突水点位置、突水时间、突水形式、水源分析、淹没速度和涌水量变化等。

b. 突水淹没范围，估算积水量。

c. 预计排水中的涌水量。查清淹没前井巷各个部分的涌水量，推算突水点的最大涌水量和稳定涌水量，预计恢复中各不同标高段的涌水量，并设计恢复过程中排水量曲线。

d. 提供分析突水原因用的有关水文地质点（孔、井、泉）的动态资料和曲线，水文地质平面图、剖面图，矿井充水性图和水化学资料等。

② 矿井恢复时，应当设有专人跟班定时测定涌水量和下降水面高程，并做好记录；观察记录恢复后井巷的冒顶、片帮和淋水等情况；观察记录突水点的具体位置、涌水量和水温等，并作突水点素描；定时对地面观测孔、井、泉等水文地质点进行动态观测，并观察地面有无塌陷、裂缝现象等。

③ 排除井筒和下山的积水及恢复被淹井巷前，应当制定防止被水封住的有害气体突然涌出的安全措施。排水过程中，应当有矿山救护队检查水面上的空气成分；发现有害气体，及时处理。

(2) 恢复后的工作

矿井恢复后，应当全面整理淹没和恢复两个过程的图纸和资料，确定突水原因，提出避免发生重复事故的措施意见，并总结排水恢复中水文地质工作的经验和教训。

7.3.3 矿山施工火灾预防与控制

7.3.3.1 矿井火灾特点

凡发生在井下的火灾，以及发生在井口附近、但危害到井下安全的火灾，都称为矿井火灾。

(1) 矿井火灾的发生原因

矿井发生火灾的原因可以分为两种：一是外部火源引起的火灾，称为外因火灾；二是可燃矿物（主要是煤）本身的物理化学性质所致的火灾，也称为内因火灾。因此，矿井火灾分为外因火灾和内因火灾两类。

① 外因火灾——外因火灾多半是人为因素造成，包括因为井下人员明显违章，或者由于疏忽和操作不当引起。如在井下拆卸矿灯、爆破放明炮、违章电焊或者气焊以及没有严格执行规定的防范措施等，甚至违章在井下吸烟等，都可能引起井下火灾。井下电气设备使用不当或设备维修不到位而短路，造成电弧火花，也可引起井下火灾。还有违反操作规程和违章爆破，例如用明火或动力线放炮，火药变质、放糊炮等，也是可以是引起井下火灾的原因。

有时外因引起的明火是很小的，但是由于巷道中空气条件的限制，就会引发大火；相反，矿井瓦斯、煤尘的燃烧或爆炸，因为引燃井下可燃物而形成矿井火灾。

外因火灾一般发生在井口附近、井下硐室、采掘工作面和有电缆的木支架巷道等处。

② 内因火灾——内因火灾主要是指煤炭自燃。当煤炭具有自燃性时，它与空气接触后能氧化生热，如果散热条件不好，就会引起自燃。内因火灾主要发生在采空区、冒顶处和压酥的煤柱中，其中采空区自然发火占矿井自然火灾的80％。

(2) 矿井火灾的特点

① 井下电气设备多,坑木等易燃物多,尤其是在煤矿中,到处是可以引燃煤和煤粉,而且井下空间小,巷道中存在明显的空气流,这些条件本身就决定了火灾的易发性特点。

② 在有瓦斯煤尘爆炸危险的矿井中,矿井火灾可能引起瓦斯煤尘爆炸事故,从而会扩大灾情,这也是井下火灾严重性和灾难性的一个方面。

③ 受井下巷道的风流影响,井下火情极易蔓延发展,不仅会酿成大火,而且由于产生的大量有害气体弥漫井下,严重威胁矿工的生命安全;同时,由于井下巷道的通路条件,避灾人员难以确定灾情地点和情况,难于躲避和疏散;另外井下人员又集中,这些增加了井下火灾的灾难性;井下条件同样也增加了救灾的困难。

④ 由于引起矿井火灾的原因很多,因此火灾的性质也会有多样性,例如电气失火、油料起火、瓦斯爆炸形成的火灾及煤炭自燃等,于是救灾方法也不同,使救灾变得复杂。

⑤ 井下不仅巷道风流影响火情,而且大火会产生火风压力,助长风流或改变井下风流流向。这就会使得判断灾情和火势情况发生一定困难,因此井下遇到火灾后,对风流的正确判断也是矿井火灾急救的一项关键工作。

⑥ 产生再生火源。炽热含挥发性气体的烟流与相近巷道新鲜风流交汇后燃烧,使火源下风侧可能出现若干再生火源。

7.3.3.2 矿山工程施工火灾的预防和救灾

绝大部分因矿井施工引起的火灾属于外因火灾。因此这里主要介绍矿井的外因火灾和地面施工火灾的预防和救灭火内容。

(1) 施工现场预防火灾要点

① 编制的施工组织设计、施工图及各种施工技术应满足防火要求,以及临时建筑设施的搭设、施工场地物资堆放等均应符合防火要求。

② 施工场地应制定有严格的防火制度,并认真执行和坚持日常的管理与检查。

③ 加强对火情危险地点的看管控制。严格对焊、割点和焊、割作业的安全管理;禁止明火取暖,严格对电热器具的管理,严禁在防火区随意点火、取火。

④ 提高消防意识,加强对火工品管理,加强对火灾的防备工作,按规定配备必要的消防设备;保证消防通道安全畅通。

⑤ 合理选用建筑材料。必须在有火灾危险区域使用明火时应制定专门措施并应完成相应的批准手续。

(2) 矿井火灾预防要点

除上述施工现场预防火灾的要求外,矿井施工火灾预防还应注意以下问题:

① 矿山井上、下,都必须根据具体情况制定有严格的防灭火制度,并定期检查;

② 矿山必须设置地面设有消防水池和井下消防管路系统。地面水池如和生产、生活用水共享,应有专门的措施确保消防用水。井下、消防管路系统必须每隔 100 m 设置支管和阀门,但在带式输送机巷道中应每隔 50 m 设置支管和阀门。

③ 所有临时建筑物结构材料应满足防火要求,矸石山、木料场等设施的布设应符合安全距离的规定,并严格防止烟火入井;井口、易燃易爆等危险物品存放地(炸药库、油脂库等),以及矸石山、料场等地都应有严格的防火措施和制度,配备足够的消防器具。

④ 工业场地内的井口房、通风机房附近 20 m 内不得有烟火或用火炉取暖。变电所、井

口房等电器设施工作场所，应定期进行安全检查，严防有明火现象。井下和井口房内不得从事电焊、气焊和喷灯焊接等工作。如果必须在井下主要硐室、主要进风巷或井口房内进行焊接，每次都必须制定安全措施，并应遵守相关规定。

⑤ 井筒、平硐与各水平的连接处及井底车场，主要绞车道与主要运输巷、回风巷的连接处，井下机电设备硐室，主要巷道内带式输送机前后两端各 20 m 范围内，都必须用不燃性材料支护。

⑥ 绞车房、空气压缩机房、配变电所、主要通风机房、木材厂、充电室等要害场所，必须按规定布设足够的防火器材和灭火沙；井下胶带运输机必须使用阻燃胶带，并设有温度控制和自动洒水等安全装置。

⑦ 井下爆破作业应严格执行相关安全规程、操作规程、作业规程的有关规定，严防止爆破引火。

⑧ 井下火药发放硐室、井底车场、候车室、变电所、泵房、绞车硐室应按规定配备足够的防火沙和灭火器，相应的机电硐室应按规定设置防火门。

⑨ 井下工作人员应严肃对待和严加防范井下火灾的发生，认真执行作业规程和操作规程，同时还必须熟悉灭火器材的使用方法，并熟悉本职工作区域内灭火器材的存放地点。

（3）矿山建设防灭火相关规定

2011 年国家安全生产监督管理总局发布了《煤矿建设安全规范》（AQ1083—2011），针对煤矿建设的特点，对煤矿建设防灭火工作提出了严格、规范的要求，成为指导矿山建设防灭火工作的法规性重要依据。以下列出矿山井下施工涉及的重要防灭火要求内容。

① 井下严禁使用灯泡取暖和使用电炉。

② 井下和井口房内不得从事电焊、气焊和喷灯焊接等工作。如果必须在井下硐室、巷道和井口房内进行电焊、气焊和喷灯焊接等工作时，每次必须制定安全措施。项目由一家施工单位总承包的，由施工单位负责人审批，由两家及以上施工单位承包的，由建设单位负责人审批，并遵守下列规定：

a. 指定专人在场检查和监督。

b. 电焊、气焊和喷灯焊接等工作地点前后两端各 10 m 的井巷范围内应是不燃性材料支护，并有专人负责喷水。上述工作地点应至少备有 2 个灭火器。

c. 在井口房、井筒和倾斜巷道内进行电焊、气焊和喷灯焊接等工作时，必须在工作地点的下方用不燃性材料设施接收火星。

d. 电焊、气焊和喷灯焊接等工作地点的风流中，瓦斯浓度不得超过 0.5%，只有在检查证明作业地点附近 20 m 范围内巷道顶部和支护背板后无瓦斯积存时，方可进行作业。

e. 电焊、气焊和喷灯焊接等工作完毕后，工作地点应再次用水喷洒，并有专人在工作面检查 1 h，发现异状，立即处理。

f. 在有煤（岩）与瓦斯（二氧化碳）突出危险的矿井中进行电焊、气焊和喷灯焊接时，必须停止突出危险区内的一切工作。煤层中未采用砌碹或喷浆封闭的硐室和巷道中，不得进行电焊、气焊和喷灯焊接等工作。高瓦斯、煤（岩）与瓦斯（二氧化碳）突出矿井，严禁在回风流中进行电焊、气焊和喷灯焊接等工作。

③ 揭露新煤层时，建设单位必须对煤层的自燃倾向性进行鉴定。

④ 在容易自燃和自燃的煤层中施工时，必须建立自燃发火预测预报制度。

⑤ 在容易自燃和自燃的煤层中施工时，对出现的冒顶区必须及时进行防火处理，并定期检查。

⑥ 任何人发现井下火灾时，应视火灾性质、灾区通风和瓦斯情况，立即采取一切可能的方法直接灭火、控制火势，并迅速报告调度室。调度室在接到井下火灾报告后，应立即按应急预案通知有关人员组织抢救灾区人员和实施灭火工作。

值班调度和现场区、队、班组长应按应急预案规定，将所有可能受火灾威胁地区中的人员撤离，并组织人员灭火。电气设备着火时，应首先切断其电源；在切断电源前，只准使用不导电的灭火器材进行灭火。

抢救人员和灭火过程中，必须指定专人检查瓦斯、一氧化碳、煤尘、其他有害气体和风向、风量的变化，还必须采取防止瓦斯、煤尘爆炸和人员中毒的安全措施。

7.3.4　矿山煤层及瓦斯爆炸灾害的预防及应急处理

一个矿井只要有一个煤(岩)层发现瓦斯，该矿井即为瓦斯矿井。预防和控制煤与瓦斯爆炸是煤矿施工与生产安全管理的重要工作内容之一。

7.3.4.1　基本知识

(1) 矿井的瓦斯等级

根据《煤矿安全规程》的规定，按矿井相对瓦斯涌出量、绝对瓦斯涌出量和瓦斯涌出形式，矿井瓦斯等级分三类：

① 低瓦斯矿井。同时满足以下条件：矿井相对瓦斯涌出量≤10 m^3/t，矿井绝对瓦斯涌出量≤40 m^3/min，矿井任一掘进工作面绝对瓦斯涌出量≤3 m^3/t，矿井任一采煤工作面绝对瓦斯涌出量≤5 m^3/t。

② 高瓦斯矿井。矿井相对瓦斯涌出量＞10 m^3/t，或矿井绝对瓦斯涌出量＞40 m^3/min，或矿井任一掘进工作面绝对瓦斯涌出量＞3 m^3/t，或矿井任一采煤工作面绝对瓦斯涌出量＞5 m^3/t。

③ 突出矿井。每年必须对矿井瓦斯等级和二氧化碳涌出量进行鉴定，报省(自治区、直辖市)负责煤炭行业管理的部门审批，并报省级煤矿安全监察机构备案。

(2) 瓦斯爆炸的条件

当同时具备下列三个条件时就会发生瓦斯爆炸：

① 空气中瓦斯浓度达到5％～16％；

② 要有温度为650～750 ℃的引爆火源；

③ 空气中氧含量不低于12％。

7.3.4.2　预防和控制煤矿瓦斯爆炸灾害的技术措施

在瓦斯爆炸必须具备的三个条件中，对于矿井来讲最后一个条件是始终具备的，所以预防瓦斯爆炸的措施主要就是防止瓦斯积聚和杜绝或限制火源、高温热源的出现。

(1) 防止瓦斯积聚

瓦斯积聚是指采掘工作面及其他巷道内体积大于0.5 m^3的空间内积聚的瓦斯浓度达到2％的现象。防止瓦斯积聚的方法有：① 加强通风。② 认真进行瓦斯检查与监测。③ 及时处理积聚的瓦斯。

(2) 防止瓦斯引燃

防止瓦斯引燃的原则是杜绝一切非生产需要的热源，严格管理和控制生产中可能产生的热源，防止其产生或限制其引燃瓦斯的能力。其主要措施有：

① 严禁携带烟草和点火物品下井；入井人员严禁穿化纤衣服；井下严禁使用电炉；严禁拆开矿灯，照明要使用防爆安全灯；井口房、抽瓦斯泵房以及通风机房周围 20 m 以内禁止出现明火；井下需要进行电焊、气焊和喷灯焊接时，应严格审批手续，并遵守《规程》的有关规定。对井下火区必须加强管理。

② 加强放炮和火工品管理，采掘工作面爆破必须使用水炮泥。在有瓦斯和煤尘爆炸危险的煤层进行爆破作业时，采掘工作面都必须使用取得产品许可证的煤矿许用炸药和煤矿许用电雷管。使用煤矿许用毫秒延期电雷管时，最后一段的延期时间不得超过 130 ms。炮眼的装药量和封泥量必须遵守安全爆破的相关要求；煤矿井下严禁明火、普通导爆索、非电导爆管爆破和放明炮；严禁裸露爆破。装药前和爆破前，必须检查瓦斯。只有在放炮地点附近 20 m 以内风流中瓦斯浓度低于 1%时，才允许装药放炮。

③ 井下电气设备的选用应符合规程规定；井下防爆电气设备的运行、维护和修理，必须符合防爆性能的各项技术要求；井下不得带电检修、搬迁电气设备(包括电缆和电线)。

④ 防止机械摩擦火花引燃瓦斯。

⑤ 避免高速移动的物质产生的静放电现象。保持矿井环境温度在 40 ℃以下。

(3) 瓦斯检查员的工作要求

大量事实说明，几乎所有的瓦斯爆炸事故都与瓦斯检查工的违章、违纪和未能采取有效措施有直接关系。为此，要求瓦斯检查工必须做到：

① 遵章守纪，不准空、漏、假检，在井下指定地点交接班，严格执行《煤矿安全规程》关于巡回检查和检查次数的规定。

② 十分清楚地了解和掌握分工区域各处瓦斯涌出状况和变化规律。

③ 对分工区域瓦斯较大、变化异常的重点部位和地点，必须随时加强检查，密切注视。对可能出现的隐患和险情，要有超前预防意识。

④ 要能及时发现瓦斯积聚、超限等安全隐患，除立即主动采取具有针对性的有效措施进行妥善处理外，要通知周围作业人员和向区队长、地面调度汇报。

⑤ 对任何违反《煤矿安全规程》中关于通风、防尘、放炮等有关规定的违章指挥、违章作业的人员，都要敢于坚决抵制和制止。

7.3.4.3 发生瓦斯爆炸、燃烧及窒息事故后的应急处理和安全注意事项

矿井一旦发生瓦斯爆炸事故，井下人员及财产处于极度危险境地，必须尽快组织抢救，刻不容缓。但救灾抢险还必须遵守一定的原则和程序，避免盲目指挥、愚昧蛮干而造成不必要的损失和人员伤亡。

救灾的基本原则是："沉着指挥，科学决策，协调行动，安全快速"。

具体的处理程序是：首先应设法撤离灾区人员，抢救遇难人员；切断灾区电源；通知救护队；迅速成立救灾指挥部，启动应急救援预案，设立若干抢救组各行其责；尽快恢复通风系统，排除爆炸产生的有毒有害气体，寻找遇难人员。

在处理瓦斯爆炸事故的过程中必须注意：

① 切断灾区电源时，应防止切断电源可能产生电火花，引起再次爆炸。

② 正确调度通风系统，尽快排除灾区的有害气体，控制事故范围，这是处理瓦斯爆炸事故的关键。

③ 安全快速地恢复掘进巷道或无风区域的通风，避免再次爆炸。

7.3.5 矿山机电安全事故的预防

7.3.5.1 机械与电器设备使用

① 机械使用必须按照出厂说明书规定的性能、承载能力和使用条件，正确操作，合理使用，严禁超载或任意扩大使用范围。

② 电器设备的每个保护接地或保护接零点必须用单独的接地(零)线与接地干线(或保护零线)相连接，严禁中串。严禁利用大地作为工作零线，不得借用机械本身作为工作零线。

③ 严禁带电作业或采用预约停送电的方式进行电气检修。检修前必须先切断电源并在电源开关上挂"禁止合闸，有人工作"的警告牌。警告牌的挂、取应有专人负责。

④ 机械运行中严禁接触转动部位和进行检修。

⑤ 设备运行或作业中，除驾驶室外，机械设备外部上的任何地方不得乘坐或站立人员。

⑥ 禁止人员在起重设备下方停留、工作或通过。严禁起重物长期悬挂空中。起重作业中遇突然停电，应将所有控制器拨到零位，断开电源总开关，采取措施将重物降到地面。

7.3.5.2 电气设备运行

(1) 爆炸危险场所的电气线路与防爆电气设备

① 电气线路。爆炸危险场所的电气线路应敷设在危险性较小的区域，并避开各种可能的伤害。所敷设的低压电缆和绝缘导线之额定电压不得低于 500 V，且应有足够充裕的载流量，导线截面符合最小允许值。线路不应在爆炸危险场中有中间接头；架空线路不得在爆炸危险场所中跨越，且应与其边界保持相当的距离；爆炸场所内的配线应严格遵守相应的各项要求。

在爆炸危险场所内的线路与设备之接地保护应选用高灵敏度的漏电继电器或漏电开关。接地电阻要严格按要求予以保证，对防雷接地和防静电接地都应严格实施。

② 电气防爆。在爆炸危险场所使用的防爆电气设备，必须有经国家有关部门指定的鉴定单位检验合格证，并有明显的永久性防爆标志。防爆电气设备等级应当与爆炸性危险场所等级划分相符。

防爆设备分为两类：Ⅰ类是矿用的电气设备，适用于含甲烷混合物的爆炸环境；Ⅱ类是工厂用防爆电气设备，适用于含有除甲烷外的其他各种爆炸性混合物环境。煤矿井下常用的防爆电气设备有隔爆型、增安型、本质安全型，蓄电池机车通常用防爆特殊型。防爆电气设备各种类型标志见表 7-5。

表 7-5 防爆电气设备各种类型标志表[据《爆炸性环境》(GB 3826—2000)]

类型	标志	类型	标志
隔爆型	d	充砂型	q
增安型	e	浇封型	m
本质安全型	i	无火花型	n
正压型	p	气密型	h
充油型	o	特殊型	s

③ 防爆电气设备安全管理。防爆电气设备应根据制造所规定的产品使用技术条件，专

人操作、使用运行和维护保养。设备上的保护装置、闭锁装置、监视、指示装置等不得任意拆除。

检查设备时,禁止解除保护、联锁和信号;禁止在故障停电后强行送电;禁止在防爆设备外带电对接电线;禁止使用能产生火花的工具。清理设备内部时应断电,在确认设备内部符合动火条件时方可送电。

防爆电气设备应当有日常的运行维护检查、定期检查、检修。通过日常运行维护检查及时发现设备可能出现的异常现象;定期检查则着重于保证设备的防爆性能。防爆电气设备的检修应在指定的专业修理单位进行。

上一级安全技术部门和本单位的安全技术部门,应组织与爆炸危险场所电气安全有关的各级领导干部和职工进行电气安全法规与管理基本知识的培训,合格后方可上岗操作。

(2) 电气安全标志

电气安全标志是保证用电安全的一个重要因素。例如由于导线颜色标志不明,误将火线接至设备外壳,引起操作者触电,甚至死亡等事故。

电气安全标志分颜色标志和图形标志。颜色标志用以标志不同性质或用途的电器材料,或标志地域的安全程度;图形标志用以告诫。

① 禁止标志。用于制止某种危险行动,如"禁止启动"、"禁止入内"、"禁止合闸,有人工作"等。

② 警告标志。用于提醒和注意避免发生危险,如"当心触电"、"当心高压"、"当心电缆"等。

(3) 指令标志

用于指示人们必须遵守的规则,如"必须穿绝缘鞋"、"必须穿防静电服"等。

(4) 提示标志

表示安全目标方向及安全措施,如"安全通道方向"、"已接地"等。

7.3.5.3 机电安全事故预防措施

① 检查、检修、安装、挪移机电设备时,禁止带电作业,必须遵循验电、放电、封线(装设短路地线)的顺序进行工作。

② 从事高压电气作业时,必须有 2 人以上工作,操作高压设备时一人监护,一人操作,严格执行停送电制度。

③ 采掘工作面电缆、照明信号线、管路应按《煤矿安全规程》规定悬挂整齐。使用中的电缆不准有"鸡爪子"、"羊尾巴"、明接头。加强对采掘设备用移动电缆的防护和检查,避免受到挤压、撞击和炮崩,发现损伤后及时处理。

④ 在有架线的地点施工或从矿车装卸物料时,应先停电;不能停电时,长柄工具要平拿、平放,操作时不准碰到架线,以防触电。

7.3.5.4 维修电气设备时的注意事项

① 电气维修工作业前应检查、清点应带的工具、仪表、零部件、材料,检查验电笔是否灵敏可靠。

② 检查、检修、安装、挪移机电设备时,禁止带电作业,必须遵循验电、放电、封线(装设短路地线)的顺序进行工作。

③ 从事高压电气作业时,必须有 2 人以上工作,操作高压设备时一人监护,一人操作,

严格执行停送电制度。

④ 同一供电系统和同一控制系统有多人同时工作时，必须注意互相之间的影响和相互之间的安全。凡因停送电影响他人安全的地点应按下列规定执行：一般不准同时作业，需要在停电的线路上进行多项作业时，应分别办理停电手续。必须同时工作时，要分别挂停电牌，并指定专门联系人负责联系各相关工作环节的进度，各环节均结束工作且人员撤离后方可送电。

⑤ 检漏继电器跳闸后，应查明跳闸原因和故障性质，及时排除后才能送电，禁止在甩掉检漏继电器的情况下对供电系统强行送电。

⑥ 凡有可能反送电的开关必须加锁，开关上悬挂"小心反电"警示牌。如需反送电时，应采取可靠的安全措施，防止触电事故和损坏设备。

8 工程项目现场管理

8.1 工程项目招标投标管理

8.1.1 矿山工程施工招标投标管理要求

8.1.1.1 招标投标管理基本要求

8.1.1.1.1 招标投标基本原则

招标投标活动应当遵循公开、公平、公正和诚实信用的原则。

(1) 工程项目招标投标的性质

招标投标是指业主提供工程发包、货物或服务采购的条件和要求，邀请众多投标人参加投标并按照规定程序从中选择交易对象的一种市场交易行为。

工程投标是指各投标人依据自身能力和管理水平，按照工程招标文件规定的统一要求递交投标文件，以争取获得实施资格。

(2) 关于工程项目实行招投标的规定

对必须招标的项目，任何单位和个人不得将其化整为零或者以其他任何方式规避招标。

8.1.1.1.2 招投标工作形式的规定和程序

(1) 招投标工作形式

《招标投标法》规定招标方式为公开招标和邀请招标两类。只有不属于法规规定必须招标的项目才可以采用直接委托方式。

(2) 招投标的基本程序

招投标工作的基本程序包括招标、投标、开标、评标、定标五个程序。

8.1.1.2 矿山工程常见的招投标项目内容及其类型

8.1.1.2.1 矿山工程常见的招投标项目内容

目前矿山工程项目采用招投标形式的内容，已包括从策划、实施到培训、竣工等全部过程。根据招投标内容涉及范围不同，招投标有许多不同形式；由于矿山工程的复杂性特点，目前某些招投标形式尚开展较少。

8.1.1.2.2 矿山工程常见的招投标项目类型

(1) 项目招标承包

这是为择优选择项目进行的招标。国家或行业主管部门，或集资单位组成的董事会负责组织这一类招标。当项目投资得到落实，招标部门公开提出所要建设矿山项目的技术和经济目标进行招标。

(2) 项目建设招标总承包

项目总承包即从可行性研究、勘察设计、组织施工、设备订货、职工培训直到竣工验收，全部工作交由一个承包单位完成。这种承包方式要求项目风险小、承包单位有丰富的经验和雄厚的实力，目前它主要适用于洗煤厂、机厂之类的单项工程或集中住宅区的建筑群等，也有少部分的整个矿井进行总承包试点。

(3) 阶段招标承包

这是把矿山工程项目某些阶段或某一阶段的工作分别招标承包给若干单位。如将矿井建设分为可行性研究、勘察设计、施工、培训等几个阶段分别进行招标承包。这是目前多数项目采用的承包方式。

(4) 专项招标承包

这是指某一建设阶段的某一专门项目，由于其专业技术性较强，需由专门的企业进行建设，如立井井筒凿井、各种特殊法凿井等，进行的专项招标承包。也有对提升机、通风机、综采设备等实行专项承包的做法。

8.1.2 矿山工程施工招标条件与程序

8.1.2.1 矿山工程项目招标条件及实施招标的方式

8.1.2.1.1 矿山工程项目招标应具备的条件

允许建设方进行矿山工程项目招标，必须符合以下要求：

(1) 建设工程立项批准

矿山工程项目立项必须是国家或者当地政府已经列入资源开发区域的项目，具有符合等级要求的勘察报告和资源评价，以及环境影响评估报告，并已具备开发条件，批准立项。

(2) 建设行政主管部门批准

已经完成符合施工要求的设计和图纸工作，并经相应的安全部门、环境管理部门审核同意；履行且完成报建手续，并经行政主管部门批准。

(3) 建设资金落实

建设资金已经落实或部分落实，符合规定的资金到位率；具有相关银行的资金或贷款证明。

(4) 建设工程规划许可

已完成建设用地的购置工作，以及必要的临时施工用地规划和租赁工作，取得建设工程规划许可。

(5) 技术资料满足要求

完成必要的补充勘察工作，有满足施工要求的地质资料和相应的设计和图纸。井筒施工必须有符合要求的井筒检查孔资料。

(6) 法律、法规、规章规定的条件

8.1.2.1.2 招标内容和实施招标的方式

(1) 招标内容

矿山工程施工招标可以对一个单位工程项目招标，如矿井、选矿厂、专用铁路或公路等，也可以是一个或几个单位工程内容的招标，如井筒项目、巷道项目、厂房或办公楼等建(构)筑物。

一个矿井项目可以对若干单位工程分别招标。同类性质的项目可以由一家或几家施工单位承包，两种形式各有利弊，这涉及建设单位和施工单位的组织能力和施工能力。

(2) 实施招标的方式

可以采用自行招标或委托招标的方式进行招标。招标人如具有编制招标文件和组织评标能力，可向有关行政监督部门进行备案后自行办理招标事宜。

8.1.2.2　招标文件与招标工作的基本程序

8.1.2.2.1　招标文件的基本要求

(1) 内容全面

招标文件应标的明确、介绍内容清晰，能最大限度满足投标人所需的全部资料和需求。

(2) 条件合理

招标文件提出的各种要求合理、公正，符合惯例，考虑各方经济利益。

(3) 标准和要求明确

招标文件应明确交代：① 投标人资质、资格标准；② 工程的地点、内容、规模、费用项目划分、分部分项工程划分及其工程量计算标准；③ 工程的主要材料、设备的技术规格和质量及工程施工技术的质量标准、工程验收标准，投标的价格形式；④ 投标文件的内容要求和格式标准，投标期限要求，标书允许使用的语言；⑤ 相关的优惠标准，合同签订及执行过程中对双方的奖、惩标准，货币的支付要求和兑换标准；⑥ 投标保证金、履约保证金等的标准；⑦ 招标人授予合同的基本标准等。

(4) 内容统一和文字规范简练

8.1.2.2.2　招标程序及其相关注意事项

招标的一般程序如下：组织招标机构→编制招标文件→发出招标通告或邀请函→投标人资格预审→发售招标文件→组织现场踏勘、召开标前会议→接受投标书→开标→初评→技术评审→商务评审→综合评审报告→决标→发出意向书→签订承包合同。

招标人在矿山工程招标程序中应注意的事项主要有：

(1) 资格预审

资格预审的目的：一是保证投标人能够满足完成招标工作的要求；二是优选综合实力较强的申请投标人。

根据《中华人民共和国招标投标法实施条例》(2012 年 2 月 1 日起实施)，招标人采用资格预审办法对潜在投标人进行资格审查的，应当发布资格预审公告和编制资格预审文件。依法必须进行招标的项目的资格预审公告和招标公告，应当在国务院发展改革部门依法指定的媒介发布。在不同媒介发布的同一招标项目的资格预审公告或者招标公告的内容应当一致。指定媒介发布依法必须进行招标的项目的境内资格预审公告、招标公告，不得收取费用。编制依法必须进行招标的项目的资格预审文件和招标文件，应当使用国务院发展改革部门会同有关行政监督部门制定的标准文本。

招标人应当按照资格预审公告、招标公告或者投标邀请函规定的时间、地点发售资格预审文件或者招标文件。资格预审文件或者招标文件的发售期不得少于 5 日。招标人应当合理确定提交资格预审申请文件的时间。依法必须进行招标的项目提交资格预审申请文件的时间，自资格预审文件停止发售之日起不得少于 5 日。

资格预审应当按照资格预审文件载明的标准和方法进行。国有资金占控股或者主导地位的依法必须进行招标的项目，招标人应当组建资格审查委员会审查资格预审申请文件。资格审查委员会及其成员应当遵守《招标投标法》及其实施条例有关评标委员会及其成员的规定。资格预审结束后，招标人应当及时向资格预审申请人发出资格预审结果通知书。未通过资格预审的申请人不具有投标资格。通过资格预审的申请人少于3个的，应当重新招标。

招标人可以对已发出的资格预审文件或者招标文件进行必要的澄清或者修改。澄清或者修改的内容可能影响资格预审申请文件或者投标文件编制的，招标人应当在提交资格预审申请文件截止时间至少3日前，或者投标截止时间至少15日前，以书面形式通知所有获取资格预审文件或者招标文件的潜在投标人；不足3日或者15日的，招标人应当顺延提交资格预审申请文件或者投标文件的截止时间。潜在投标人或者其他利害关系人对资格预审文件有异议的，应当在提交资格预审申请文件截止时间2日前提出；对招标文件有异议的，应当在投标截止时间10日前提出。招标人应当自收到异议之日起3日内作出答复；作出答复前，应当暂停招标投标活动。

(2) 现场考察和标前会议

招标人通过现场考察和标前会议，使投标人充分了解工程项目的现场自然条件、施工条件以及周围环境条件；同时，也是使双方进一步具体了解各自的合同责任和权利。

(3) 开标和决标

确定中标人前，招标人不得与投标人就投标价格、投标方案等实质性内容进行谈判。招标人应该根据评标委员会提出的评标报告和推荐的中标候选人确定中标人，也可以授权评标委员会直接确定中标人。

8.1.3 矿山工程施工投标条件与程序

8.1.3.1 矿山工程施工投标条件和投标程序

8.1.3.1.1 工程施工项目投标条件与要求

招标人针对招标项目的具体情况，可以提出各种不同的招标要求。通常投标人应满足的招标条件和要求的内容有以下几个方面：

(1) 企业资质等基本要求

为保证实现项目的目标，招标人一般都对投标商有资质及相关等级要求，并有相关营业范围的企业营业执照、项目负责人的执业条件等。

(2) 技术要求

投标人应满足招标人相关的技术要求，具体体现在投标书对招标文件的实质性响应方面。投标书应能显示投标人在完成招标项目中的技术实力，满足标的要求的好坏和程度，符合招标书关于标的的技术内容，包括项目的工程内容及工程量、工程质量标准和要求、工期、安全性等方面，以及设备技术条件，尤其是专业性强的招标项目，招标人往往会要求投标人出示相关业绩证明。

(3) 资金条件

满足资金条件包括投标人具有完成项目所需要的足够资本，招标人为保险起见，还会要求投标人应有一定的注册资本金。除此之外，投标时还应提交足够的投标担保，以及获取项目时的履约担保等要求。

(4) 其他条件

招标人还可以根据项目要求提出一些考核性要求或其他方面的专门性要求，例如项目的投标形式(总承包投标，或不允许联合体承包投标等)，要求投标人有良好的商务信誉和没有经营方面的不良记录等。

8.1.3.1.2　投标书编制的基本要求

投标人应按照招标文件的规定编制投标书，投标文件应当明确：① 投标函；② 投标人资格、资信证明文件；③ 投标项目方案及说明；④ 投标价格；⑤ 投标保证金或其他形式的担保；⑥ 招标文件要求具备的其他内容。

8.1.3.1.3　投标程序及其执行要点

① 投标文件应在规定的截止日期前密封送达投标地点，截止期后到达的投标文件将会被拒收。接收投标书后，投标人有权要求招标人或其代理人提供签收证明。

② 投标人可以在投标文件截止日之前书面通知招标人，表达投标人的撤标、补充或者修改投标文件的意愿和做法。

③ 评标委员会或招标人将认定与招标文件有实质性不符的投标文件为无效文件。

④ 开标应当按照规定时间、地点和程序，以公开的方式进行。投标人可以对唱票进行必要的解释，但是不能超过投标文件的范围或改变投标文件的实质性内容；投标人的解释内容将被记录在案，作为评标考虑的一方面内容。

⑤ 评标委员会可以要求投标人对投标文件中含义不明确的地方进行必要的澄清，但澄清不得超过投标文件的范围或改变投标文件的实质性内容。

8.1.3.2　投标报价的基本要求及其策略

8.1.3.2.1　投标报价的基本要求

(1) 投标报价的地位

投标报价是承包企业对招标工作的响应，是获得工程项目的主要竞争方式，是投标获胜的关键因素，尤其是报价工作，在评标的份额中占有较大的比重。投标报价工作既体现了企业在招标项目中的实力，也反映了其竞争的智慧。

(2) 投标报价工作的基本要求

项目投标是以获取项目并通过项目为企业获取利益为目的，因此，投标报价要做到对招标人有较大的吸引力，也要考虑使项目在满足招标项目对工程质量和工期要求的前提下，获取自身利益的最大化。

投标文件是投标人对项目能力的展示，投标文件应当对招标文件提出的实质性要求和条件作出响应。投标程序应满足招标文件的要求。

低报价是最常用的报价策略，但是按规定，投标人不得以低于成本的报价竞标。

8.1.3.2.2　矿山工程项目报价及其策略

投标策略主要来自投标企业经营者的决策魄力和能力，以及对工程项目实践经验的积累和对投标过程中突发情况的反应。在实践中常见的投标策略有：

提出改进技术或改进设计的新方案，或利用拥有的专利和工法显示企业实力。

以较快的工程进度缩短建设工期，或有实现优质工程的保证条件；利用低利策略等。

8.1.3.2.3　拟定投标报价

(1) 确定投标报价的基本工作

这是投标报价的基础工作，一般分为两个步骤，首先是确定基础单价，然后是编制工程单价。

(2) 其他费用的确定要点

① 风险费用估计。在确定风险费时，要考虑可能存在的风险形式和具体内容。矿山工

程项目常有的风险项目有：

由合同形式决定的风险，如固定总价合同在工程成本上估价精确程度较低时或合同中工程量计算准确程度较低时的风险；当项目工期长，则存在材料价格、借贷等风险情况时应考虑市场风险。

矿山工程项目常遇到有地质复杂、勘探不充分的情况，因此，因地质条件引起的风险常常是矿山工程项目考虑的内容。

由项目的技术复杂程度、对工程的熟悉程度等因素影响技术风险。

风险费是容易引起争议的内容，因此在确定风险费用时要有依据，不与合同内容矛盾、重复。

② 利润的确定。利润的确定和企业施工水平有关，和投标环境以及投标策略紧密联系。

(3) 投标报价的一般技巧

拟定投标报价应该与投标策略紧密结合，灵活运用。投标报价的一般技巧主要有：

① 愿意承揽的矿山工程或当前自身任务不足时，报价宜低，采用“下限标价”；当前任务饱满或不急于承揽的工程，可采取“暂缓”的计策，投标报价可高。

② 对一般矿山工程投标报价宜低；特殊工程投标报价宜高。

③ 对工程量大但技术不复杂的工程投标报价宜低；技术复杂、地区偏僻、施工条件艰难或小型工程投标报价宜高。

④ 竞争对手多的项目报价宜低；自身有特长又较少有竞争对手的项目报价可高。

⑤ 工期短、风险小的工程投标报价宜低；工期长又是以固定总价全部承包的工程，可能有一定风险，则投标报价宜高。

⑥ 在同一工程中可采用不平衡报价法，并合理选择高低内容；但以不提高总价为前提，并避免畸高畸低，以免导致投标作废。

⑦ 对外资、合资的项目可适当提高。当前我国的工资、材料、机械、管理费及利润等取费标准低于国外。

8.2 工程项目合同与索赔管理

8.2.1 矿山工程施工合同文件

8.2.1.1 施工合同文件的构成

(1) 矿山工程合同文件的构成

矿山工程合同文件与普通建筑工程合同文件构成是一样的，一般包括合同协议书、中标通知书、投标函及投标函附录、专用合同条款、通用合同条款、技术标准和要求、图纸、已标价工程量清单以及其他合同文件等。

合同协议书是承包人中标后按规定时间与发包人签订的合同协议书。招标人、中标人应按招标文件及投标文件订立合同协议。除法律另有规定或合同另有约定外，双方在合同协议书上签字并盖法人章后，合同即生效。

中标通知书具有法律效力，招标人与投标人应按中标通知书内容落实执行。

投标函和投标函附录是合同的重要组成部分，是合同内容的依据。

技术标准和要求、图纸以及已标价工程量清单是实施合同的标准，是工程量确定和结算的依据；图纸还包括发包人按合同约定提供的任何补充和修改的图纸、配套的说明。

其他合同文件是指经合同双方确认并同样具有法律效力的合同文件。

(2) 合同的优先顺序

组成合同的各项文件应互相解释，互为说明。除专用合同条款另有约定外，合同文件解释权的优先顺序是：合同协议书、中标通知书、投标函及投标函附录、专用合同条款、通用合同条款、技术标准和要求、图纸、已标价工程量清单、其他合同文件。

8.2.1.2　施工合同书的主要内容

(1) 通用合同条款

通用合同条款是根据法律、法规及项目实施所要求的一般性规定，通用于建设工程施工的条款。通用条款一般是由国家相关部门或地方政府等制订的合同文件范本中的内容。

(2) 专用条款

专用条款是发包人与承包人结合具体工程实际，经协商达成一致意见的条款，是对通用条款的具体化和补充。

专用条款是合同谈判的重点，合同双方应充分考虑工程具体情况和特殊要求，补充说明双方在责、权、利等方面的要求和关系界定。

8.2.1.3　施工合同签订的要点

(1) 关于工程内容和范围及性质的确认

工程承包内容和范围就是合同的标的，合同会谈中如果涉及工程内容和范围在文本合同中未明确的，或者是相关的修改等内容，必须以“合同补遗”或“会议纪要”等方式作为合同附件并说明该合同附件是构成合同的一部分。

对于一般的单价合同，在谈判时双方应共同确定工程量的“增减量幅度”，以明确工程量变更部分的限度。否则，承包商有权要求进行单价调整。

(2) 合同价款或酬金条款的确认和价格调整条款的确认

当合同价款形式尚未确定而尚可采用浮动价格、可调价格或成本加酬金等方式时，应根据项目条件，综合自身技术和能力及项目风险性等方面因素，考虑企业利益来确认。

由于矿山工程建设工期相对较长、不稳定因素多，确定价格调整条款对于承包商而言更显得重要。

(3) 付款方式的确定

付款方式往往和工程进度联系在一起。主要形式有工程预付款、工程进度款、竣工结算和退还保留金等，合同应明确支付期限和要求。

(4) 合同变更

矿山工程由于其特殊性，特别是地质情况的不确定性，其内容变更也会更加频繁，因此矿山工程的合同变更会显得更加重要。

矿山工程合同通常都有约定的地质条件及相关环境。比如立井施工会有井筒最大涌水量的约定，如果超过一定的涌水量，除了增加施工难度和成本外，还有可能引起施工工艺的重大变化，比如增加工作面预注浆或是改成冻结法施工；或者是复杂的二三期工程施工过程中发现地质资料没有达到预期的目标而进行工作面探水、瓦斯等额外工作，都是矿山工程合同变更的依据。

特殊情况下，比如立井施工合同，井筒深度增加超过原设计钢丝绳、提升吊挂系统所能施工的范围，施工单位就必须更换钢丝绳、提升吊挂系统等，从而增加大量的临时设施费用，此时就应进行价格和工程量的调整。

(5) 工程质量与验收

工程质量应满足相应国家规范、标准及相关行业规范要求。矿山工程验收一般分为月度验收和中间验收、隐蔽工程验收和竣工验收等。

(6) 隐蔽工程

由于矿山工程地质环境的复杂多变，经常出现额外的工程变化，比如冒顶、探水、注浆等。因为所有的地质变化引起的额外工程最终都会被覆盖，在工程完工后都很难再加确认，所以这些工程多数以隐蔽工程出现。这部分工程量有时会占合同比例较高，严格来说，在合同约定的地质条件之外变化超过一定的比例都属于合同变更的范畴，因此，隐蔽工程的约定通常是合同谈判的一个重要部分。

由于矿山工程的隐蔽工程量大，且隐蔽工程直接牵涉到后续工序的进行，如果建设单位或者监理单位不能及时进行验收，将严重影响施工进度。因此，隐蔽工程验收的及时性是矿山工程合同的重要内容。隐蔽工程验收可以按一般规定的程序和限时要求执行，也可以双方专门约定。

(7) 关于工期和维修期的确认

确定工期，包括开工日期和竣工日期。确定工期时，应充分考虑工程的实际情况，除应考虑自身准备工作必要时间外，还要注意开工的季节影响。

承包商应充分表达因发包方原因产生的工程量增减、设计变更以及其他非承包商原因或不可抗力对工期产生的不利影响，承包商有合理要求追赔工期(及工程款)的权利。

(8) 安全施工

矿山工程施工属于高危行业，安全事故造成的损失和影响通常都是巨大的，因此，安全施工是矿山工程的重要指标，也理所当然成为合同内容的重要一部分。通常现场安全责任的主体是发包单位，施工单位承担自身现场管理的安全责任。承包人应遵守工程建设安全生产有关管理规定，严格按安全标准组织施工，并随时接受行业安全检查人员依法实施的监督检查，采取必要的安全防护措施，消除事故隐患。由于承包人安全措施不力造成事故的责任和因此发生的费用，由承包人承担；给发包人造成损失的应按实赔偿。因发包人原因导致的安全事故，由发包人承担相应责任和发生的费用。

(9) 关于违约责任的确定

违约责任是合同的关键条款之一，没有规定违约责任，则合同对于双方难以形成有效的法律约束，难以圆满地确保履行，发生争执也难以解决。

8.2.2 矿山工程施工合同变更和计价方法

8.2.2.1 合同变更的基本要求

① 合同变更的期限为合同订立之后到合同没有完全履行之前。

② 合同变更是对原合同部分内容的变更或修改；变更一般需要有双方当事人的一致同意。

③ 合同变更依据合同的存在而存在，合同变更应属于合法行为；合同变更不得具有违法行为，违法协商变更的合同属于无效变更，不具有法律约束力。

④ 合同变更须遵守法定的程序和形式。《合同法》规定，经过当事人协商一致，可以变更合同。按照行政法规要求，变更合同还应依据法律、行政法规的规定办理手续。

⑤ 合同变更并没有完全取消原来的债权债务关系，合同变更涉及的未履行的义务没有消失，没有履行义务的一方仍须承担不履行义务的责任。

8.2.2.2　矿山工程合同变更的范围

矿山工程合同变更是指矿山工程施工合同的当事人就变更权利义务关系的协议。合同变更的范围包括：

① 对合同中任何工作工程量的改变。

② 任何工作质量或其他特性的变更。

③ 工程任何部分标高、位置和尺寸的改变。

④ 增减合同约定的部分工作内容。

⑤ 进行永久工程所必需的任何附加工作、永久设备、材料供应或其他服务的变更。

⑥ 改变原定的施工顺序或时间安排。

⑦ 承包人在施工中提出的合理化建议。

⑧ 其他变更。

8.2.2.3　矿山工程合同变更的程序

(1) 业主(监理工程师)申请的变更

在矿山工程颁发工程接受证书前的任何时间，业主(监理工程师)可以发布变更指示或以要求承包商递交建议书的任何一种方式提出变更。

(2) 承包商申请的变更

承包商可以对合同内任何一个项目或工作向业主(监理工程师)提出详细变更请求报告。但未经业主(监理工程师)批准，承包商不得擅自变更。

8.2.2.4　矿山工程合同变更的计价方法

(1) 确定方法

矿山工程项目因设计局部修改、工程施工中受客观条件变化而修改施工图设计、不超过本单项工程预备费费率部分的“三材”、设备、其他材料和工资所增加的价差、隐蔽工程量增加、材料代用所增加的费用、井巷工程施工措施巷道工程量增加及其他各种原因，均可能导致工程量的变更。

除合同另有约定外，应按照下列办法确定：

① 工程量清单漏项或由于设计变更引起新的工程量清单项目，其相应综合单价由承包方提出，经发包人确认后作为结算的依据。

② 由于设计变更引起工程量增减部分，属合同约定幅度以内的，应执行原有的综合单价；增减的工程量属合同约定幅度以外的，其综合单价由承包人提出，经发包人确认后作为结算的依据。

③ 由于工程量的变更，且实际发生了规定以外的费用损失，承包人可提出索赔要求，与发包人协商确认后，给予补偿。

(2) 确定程序

承包人首先在工程变更确定后 14 d 内，提出变更工程价款的报告，经工程师确认后调整合同价款，在双方确定变更后 14 d 内承包人不向工程师提出变更工程价款报告的，视为该项变更不涉及合同价款的变更。工程师应在收到变更工程价款报告之日起 14 d 内予以确认，工程师无正当理由不确认的，自变更工程价款报告送达之日起 14 d 后视为变更工程价款报告已被确认。工程师不同意承包人提出的变更价款的，按合同规定的有关争议解决的约定处理。

8.2.3　矿山工程项目施工风险管理

8.2.3.1　风险与矿山工程项目施工的风险内容

随社会的发展人们对风险的认识一直也在进步，有关风险的许多观念也在不断发展。但是，风险问题对社会的影响却越来越大，这就是掌握风险问题的意义。

(1) 风险与工程项目的关系

在经济范畴里，风险就是指在一定环境下和一定期限内客观存在的、影响企业或者项目实现目标的各种不确定事件。根据利益的观念，风险就是人们期望的利益目标与实际可能结果存在的差异，有差异就是存在风险。这种差异是由于存在某种不确定性造成，可以是风险事件本身的不确定，也可以是事件造成的损失不确定。

(2) 风险要素和处置

风险的要素由风险事件发生的可能性与事件发生后果的严重性构成。分析事件发生的概率及其严重程度，是风险评估的基础。风险评估是指风险事件客观作用的结果，不考虑人为影响的内容。风险评估是风险管理的一个核心内容。

风险的处理过程，从风险识别开始，然后风险分析与评估、建立应对计划和应对措施、实施风险管控，实现避免风险、减少风险损失的目标。

8.2.3.2　工程项目的风险内容和矿山工程项目风险特点

(1) 工程项目风险内容

从风险的成因而言，工程项目一般会有社会风险、自然风险、经济风险、技术风险。这些风险中具体内容，有的是对社会具有普遍影响，有的是主体参与项目后而存在，即项目主体将自身处于了风险之中，如项目的工期、质量、安全、成本等风险。

① 社会风险是指由社会环境因素引起对项目的风险，如区域性停电停水、突发的社会事件等。物价变动、货币通胀等也是社会风险，或者也可列入经济风险。

② 自然风险通常是指由自然界的一些灾害现象或灾害条件所引起，包括如地震、泥石流、暴雨以及恶劣的地质、水文条件对工程项目可能的威胁等。除此之外，地下环境也存在有风险，这是矿山工程较多所涉及的自然风险内容。

③ 经济风险是施工企业(包括矿山工程施工企业)较多会遇到的形式，例如受市场因素影响或者企业经营决策、合同等原因引起的风险；其中合同风险更是企业着重要关注的内容。

造成合同风险的原因：一是合同文本存有隐患，如合同的法律条款不全或表达不准，合同内容不明确、合同条文表述模糊或有遗漏，合同双方的责权不清等；二是有违法违规行为将企业或个人置于风险之中，或由工作差错或企业能力不足造成(工期、质量、安全、费用等)违约引起的风险。

④ 技术风险存在于整个项目过程中，包括从决策技术方案开始到施工、竣工移交、质保。引起工程项目技术风险的主要原因是技术方案合理性和施工的技术能力适应性，引起工程质量、工期等问题。例如一种新技术的选择与运用，如果存在有适用性、完整性、可靠性

的疑问，往往会获得适得其反的结果。

(2) 矿山工程项目施工风险的特殊性

矿山工程项目(主要指矿山井下项目)存在两种风险状态引起项目风险特殊性：一种是井下自然环境的不确定性；一种是一些技术效果的不确定性。表现在：

① 目前的勘探技术还不能将地层赋存状况完全调查清楚，一些资料提供的地质结构形式、状态是依据推测或理论分析的结论，可能会出现对地质条件判断的偏差甚至错误。

② 地层环境中存在许多灾害因素，如地层压力、有害气体、涌水、放射性元素的辐射等，这些因素随地下开发还会发生运动和变化，现有监测技术还不能完全把握灾害的赋存和发生状况；

③ 受地层性质的复杂性影响，当前一些工程设计所必需的地质、荷载参数还难以准确定量，如一些岩层特性参数、围岩压力参数、涌水量等。

④ 受施工条件复杂性的限制，井下施工技术的效果或者其影响会存在一定的盲目性或不确定性，如支护能力的大小和可靠性、爆破施工对围岩损伤程度大小、堵水施工的可行性和效果、灾害预防或急救措施的效能大小等。

8.2.3.3 矿山工程风险预防和应对

(1) 风险预防

风险预防是一系列风险决策措施的依据和基础。风险预防的措施包括回避风险，即对存在严重风险的采取直接放弃项目的利益措施；风险预防的重要措施还在于项目合同前的预措施，包括掌握合同对方信息(调查对方信誉度、经济能力等)、对合同条款(尤其是附加条款)的审核(合法性、完整性、责权的清晰和公平对称性、明确而合理的违约处理、合同格式正确、合同内容无歧义等)、采取必要的担保措施(信誉担保、经济担保、合同承诺的签字等)。

(2) 矿山工程项目风险控制的一些具体措施

① 工程项目风险控制措施的重要一环是充分发挥和利用法律法规和合同，它们不仅是项目施工管理的依据，也是解决矛盾的基石；法律、合同可以保障双方的合法利益，约束、制裁各种违法违规行为；可以认可或补偿一些风险损失，合理偿还因对方引起风险损失，解决费用支付的矛盾以及处理分包单位、材料供应单位等第三方等的责任风险问题，尤其是通过索赔，向风险的责任人索赔损失费用的争议、

② 完善的施工组织设计是实现合同目标的基础，是保证项目施工能按期、按质、安全地完成项目要求的纲领性文件，也是避免项目风险的关键。因此，施工组织设计应有正确的施工方案，合理的组织措施，有解决项目各项施工难题的详细安排和合理措施，保障项目顺利完成。

③ 项目涉及的施工规程、安全规程以及其他规范、规定的内容，不仅是保证施工质量和施工安全的重要措施和强制性要求，也包含了矿山工程施工的一些避免风险或减少风险的做法和要求，因此遵守相关的规程、规定的要求，也是项目施工风险控制的有效手段。典型的例子就是施工规程中“有疑必探”的防水害要求。

④ 矿山工程也可以采用风险转移、风险分散等措施，包括采用合作承包或者分包、购买保险、要求合伙人的担保等。另外，为抵销或者减少损失，根据矿山工程的特殊性，也可以考虑在项目的合同中根据具体的风险内容设立风险保证金。

8.2.4 矿山工程施工索赔与管理

8.2.4.1 工程索赔的基本含义和索赔方法

索赔是指合同一方因对方不履行或未正确履行合同规定义务或未能保证承诺的合同条件，而遭受损失后向对方提出的补偿要求。

(1) 索赔文件的编制内容

索赔文件应包括四个部分：

① 综述部分：说明索赔事项的过程，承包人为该事项付出的努力和附加成本，承包人的具体索赔要求。

② 论证部分：逐项论证索赔的理由。

③ 索赔款项(或工期)计算部分。

④ 证据部分。

(2) 索赔程序

① 意向通知。承包人首先必须在索赔事件发生后的 28 d 内向工程师发出索赔意向通知，声明将对此事件索赔。

② 提交索赔报告和有关资料。在索赔意向通知提交后的 28 d 内，或在业主(监理工程师)同意的其他时间范围内，承包人应递送正式的索赔报告。

③ 索赔报告评审。业主(监理工程师)接到承包人的索赔报告和索赔资料后，应认真研究、审核承包人报送的索赔资料，以判定索赔是否成立，并在 28 d 内予以答复。

④ 确定合理的补偿额。

(3) 业主的索赔

业主也可因承包人未能按合同约定履行自己的义务或发生错误而给业主造成损失时，按合同约定向承包人提出索赔。

8.2.4.2 项目施工索赔管理

(1) 索赔理由

施工项目索赔的理由，包括因发包人违反合同、发生工程变更(含承包人提出并经批准的变更)、监理工程师对合同文件的歧义解释、技术资料不确切、由于不可抗力导致施工条件的改变、发包人延误支付等(可见《建设工程项目管理规范》规定)原因给承包人造成时间、费用损失等情况，均可提出索赔要求。

(2) 索赔事件成立的条件

① 与合同对照，事件已造成了承包人工程项目成本的额外支出，或直接工期损失。

② 造成费用增加或工期损失的原因，不属于合同约定的承包人的行为责任或风险责任。

③ 承包人按合同规定的程序提交索赔意向通知和索赔报告。

(3) 索赔依据和证据

① 索赔依据是指索赔行为的合法性。只要存在索赔事由，相应各种法律法规(包括合同法等)支持索赔行为，它体现了市场的平等性，这也是工程建设惯例。

② 索赔依据包括与合同有关的文件，包括合同文件本身以及发包人与承包人有关工程的洽商、变更等书面协议或文件等。

③ 索赔证据应具有真实、有效、及时、全面且相互关联的特点。这些材料通常是与施工

过程的信息和记录有关。因此，收集施工过程的资料和做好施工资料的管理是索赔工作的基础。

8.3 工程项目施工环境管理

8.3.1 矿山施工环境与文明施工要求

8.3.1.1 矿山工程项目的环境影响问题与相关施工要求

(1) 矿山工程项目的环境影响问题

① 生态环境破坏影响：矿山建设过程中由于地下空间的开采和疏干排水，导致地下水失衡，引起区域性地下水位大幅度下降，造成地面水资源短缺，耕地荒漠，造成严重的生态环境破坏。

② 地质结构破坏影响：矿山建设过程中由于部分地层被挖空，地层压力和地质结构失衡，造成地层结构变形破坏，并且这种影响一直会延展到地面。局部地面沉降使耕地沉陷，不仅会危及地面原有建(构)筑物，以致村庄道路搬迁、房屋破坏，而且会导致山体开裂、崩塌、滑坡，大范围对地面自然环境的破坏，威胁着矿区地面建筑物和人员安全。

③ 废弃物排放污染影响：大量施工泥浆等废水、废渣和废气的排放，直接有害于施工人员。矿山工程施工人员在狭小的工作面直接面对岩尘(或煤尘)、粉尘、有毒有害气体、放射性毒害以及带有腐蚀性的地下水等，对施工人员身心健康和职业病的危害是非常严重的。开挖出来的矿山固体废弃物(矸石等矿山废渣和工业垃圾)的排放，不仅侵占场地和农田，还造成对矿区周围的大气、水质、土壤的恶化，破坏植被和生态景观；有的废弃物还带有放射性，危害更是严重。因此矿山废渣和工业垃圾的处理也是矿山工程环境保护、避免生活水源污染和生存环境破坏的重要内容。

(2) 施工过程中的环境保护工作要求

① 优化工程设计。新开发矿区(矿井)，应在充分做好环境影响评价的前提下，力求对一切与环境相关的工程进行优化设计，将对环境的影响降到最低且可控。

② 矿井主体工程设计。应在矿井地面工业场地布置上进行改革，按照建立生产、生产服务和生活服务三条线的设想，将矿区生产组织按功能划分为若干系统。用专业化、集中化、企业化和系统化的原则进行全面规划。

③ 环境保护工程的设计。环境保护工程应在环境影响评价基础上，满足环境保护要求，并应有环境保护部门审查同意。

④ 坚持环境工程项目的施工及其验收的正规程序，确保环保工程如期建成投产，严格执行“三同时”政策。凡是排放“三废”和污染环境的建设项目，必须严格保证环境保护工程与主体工程同时设计、同时施工、同时投入生产和使用。

8.3.1.2 矿山工程项目的环境影响评价

8.3.1.2.1 环境影响评价形式

环境影响评价是指对规划和建设项目实施后可能造成的环境影响进行分析、预测和评估，提出预防或者减轻不良环境影响的对策和措施，进行跟踪监测的方法和制度，是法律规定在项目规划和建设前必须要完成的工作。

环境影响评价有三种形式：

① 可能造成重大环境影响的，应当编制环境影响报告书，对产生的环境影响应有全面评价。

② 可能造成轻度环境影响的，应当编制环境影响报告表，对产生的环境影响应有分析或者专项评价。

③ 对环境影响很小的，应当填报环境影响登记表。

建设项目的环境影响报告书应当包括建设项目概况、建设项目周围环境现状、建设项目对环境可能造成影响的分析及预测和评估；建设项目环境保护措施及其技术、经济论证，建设项目对环境影响的经济损益分析；对建设项目实施环境监测的建议；环境影响评价的结论等。

涉及水土保持的建设项目，还必须有经水土行政主管部门审查同意的水土保持方案。

8.3.1.2.2　建设项目环境影响评价管理要求

(1) 评价机构及其要求

① 进行环境影响评价的机构，应当经国务院环境保护行政主管部门考核审查合格，具有一定的资质证书。

② 评价机构应按照其资质等级和评价范围，从事环境影响评价服务；评价机构应对其评价结论负责。

③ 为项目进行环境影响评价提供技术服务的机构，不得与负责审批建设项目环境影响评价文件的环境保护行政主管部门或者其他有关审批部门存在任何利益关系。

④ 项目的环境影响报告书或者环境影响报告表，应当由具有相应资质的机构编制，评价机构不得受人指定。

(2) 建设环境影响评价文件的审批管理

① 建设项目的环境影响评价文件，由建设单位报环境保护行政主管部门审批；建设项目有行业主管部门的，其环境影响报告文件应经行业主管部门预审后，报环境保护行政主管部门审批。

② 建设项目的环境影响评价文件经批准后，建设项目的性质、规模、地点、采用的生产工艺或者防治污染、防止生态破坏的措施发生重大变动的，建设单位应当重新编制并报批建设项目的环境影响评价文件。

③ 建设项目的环境影响评价文件自批准之日起超过5年方决定该项目开工建设的，其环境影响评价文件应当报原审批部门重新审核。

④ 建设项目的环境影响评价文件未经审查或者审查后未予批准的，该项目审批部门不得批准其建设，建设单位不得开工建设。

(3) 环境影响的后评价与管理要求

① 在项目建设、运行过程中产生不符合经审批的环境影响评价文件的情形的，建设单位应当组织环境影响的后评价，采取改进措施，并报原环境影响评价文件审批部门和建设项目审批部门备案；原环境影响评价文件审批部门也可以责成建设单位进行环境影响的后评价，采取改进措施。

② 环境保护行政主管部门应当对建设项目投入生产或者使用后所产生的环境影响进行跟踪检查，对造成严重环境污染或者生态破坏的，应当查清原因、查明责任。对属于为建设项目环境影响评价提供技术服务的机构编制不实的环境影响评价文件的，或者属于审批

部门工作人员失职、渎职，对依法不应批准的建设项目环境影响评价文件予以批准的，依法追究其法律责任。

8.3.1.3 现场文明施工管理

8.3.1.3.1 现场文明施工管理的主要内容

(1) 封闭管理要求

① 工地周围应连续设置密闭的围挡，其高度与材质满足规定要求。

② 施工现场进出口应设大门和必需的标牌。应有门卫室，设警卫人员，制定值班制度。

(2) 现场环境条件

① 工地地面应做硬化处理；工地有完善的排水设施和排污措施，无积水。

② 建筑材料、半成品、成品、构配件、料具按总平面布置堆放并挂牌标识。

③ 仓库设专人管理，有收、发、存等管理制度，账、卡、物相符。

(3) 生活与服务

① 场区布置合理，施工作业区与办公区须划分明显，场地整洁，服务卫生。

② 有足够的急救措施和急救器材、保健医药箱以及急救人员。

③ 有防尘、防噪声措施。

8.3.1.3.2 矿井施工环境管理

(1) 井口与井底管理

① 井口、井底管理制度，入井制度及各工种岗位责任制和警示牌齐全。

② 井口棚及井口库房整洁卫生；井口与井底有必要的护栏、灭火器材，阻车器、托罐等安全设施可靠。

③ 井口的信号装置应声光兼备，绞车房设有电视监控。

④ 行人通道有必要的安全警示信号。

(2) 作业场所管理

① 井下作业场所有规范的、符合现场实际且现场作业人员必须熟悉的“三图一表”，即施工断面图、炮眼布置三视图、爆破作业图表和避灾路线图。

② 井下爆破作业必须执行“一炮三检”和“三人联锁”放炮制度；爆破作业由爆破专业人员持双证上岗；爆破工必须按照爆破说明书进行爆破作业；严格执行安全作业和防尘措施。

③ 做好顶板管理工作。严格执行掘进工作面控顶距离的规定，严格执行敲帮问顶制度；掘进巷道内无空帮现象，失修巷道要及时处理。

8.3.1.3.3 文明施工要求

(1) 地面文明施工要点

① 建立文明施工责任制，责任分区、挂牌负责，做到施工现场清洁、整齐。

② 工人操作地点和周围必须清洁整齐。不得在施工现场熔融沥青或者焚烧会产生有毒有害烟尘和恶臭气体的物质。

③ 混凝土及矿石、矸石在运输过程中，要做到不漏不剩，若有洒、漏，要及时清理。

(2) 矿井文明施工要点

① 妥善处理施工泥浆水，未经处理不得直接排入城市排水设施和河流；禁止将有毒有害废弃物用作土方回填；定点进行废矿石、矸石等排放，并符合卫生和环境保护的要求。

② 坚持做好井下卫生工作，保持井下清洁，做到井下主要场所和通道无淤泥、无积水、

无杂物。

③ 水沟畅通，盖板齐全、稳固、平整；井下作业区材料堆放整齐。

④ 严格执行井下施工和施工环境的降尘措施，有噪声、振动的机械作业时，应采取有效的控制措施。

⑤ 井下施工管理和避灾路线指示牌板等标识设施齐全规范、整洁清晰、悬挂位置合理。

8.3.2 矿山施工职业健康与环境保护的相关规定

8.3.2.1 一般性规定的主要内容

(1) 施工环境的要求

① 施工现场必须采用封闭围挡，高度不得小于 1.8 m。施工现场的施工区域应与办公、生活区划分清晰，并有隔离措施。

② 施工现场的临时用房选址合理，并符合安全、消防等要求。

③ 施工组织设计中应有防治大气、水土、噪声污染和改善环境卫生的有效措施；施工企业应采取有效的职业病防护措施，为作业人员提供必备的防护用品，对从事有职业病危害作业的人员应定期进行体检和培训。

(2) 卫生工作要求

① 施工企业应做好作业人员的饮食卫生以及防寒、防暑、防煤气中毒、防疫等工作。

② 施工企业应制定有施工现场公共卫生突发事件的应急预案。

8.3.2.2 环境保护工作要点

(1) 防尘

① 施工现场土方作业应采取防止扬尘措施。施工现场的土方应集中堆放，主要道路必须进行硬化处理。

② 拆除建(构)筑物时应采用隔离、洒水等措施，并定期清理废弃物。施工现场严禁焚烧各类废弃物。

③ 施工现场的水泥和其他易飞扬的细颗粒建筑材料应密闭存放或采取覆盖措施；混凝土搅拌场所应采取封闭、降尘措施。

(2) 防止水土污染

① 施工污水应经现场设置的排水沟、沉淀池，并经沉淀后方可排入污水管网或河流。

② 施工的油料和化学溶剂等物品应存放在现场专门设置的库房。废弃的油料和化学溶剂应集中处理，不得随意倾倒。

(3) 防治施工噪声污染

① 施工现场应按照国家标准制定降噪措施。强噪声施工设备宜设置在远离居民区的一侧，并有降低噪声措施。

② 确需夜间进行超过噪声标准施工的工程，在施工前由建设单位提请有关部门批准。

(4) 环境卫生

① 施工现场的临时设施所用建筑材料应符合环保、消防要求。

② 施工现场宿舍应保证有必要的生活空间、卫生设施和生活条件。食堂必须有卫生许可证，炊事人员必须持身体健康证上岗。

③ 施工现场作业人员发生法定传染病、食物中毒或急性职业中毒时，必须在 2 h 内向现场所在地相关部门报告。对传染病应及时采取隔离措施等，由卫生防疫部门进行处置。

8.3.2.3 矿山工程施工场地的健康与环境保护

8.3.2.3.1 矿山工程施工环境条件

矿山工程的施工环境条件问题包括噪声,粉尘,高、低温度,辐射污染等。

① 噪声影响。矿山工程施工中用到许多重型设备,并存在大量高压、冲击、滚磨、碰撞等过程,如压风机、凿岩机、钻机等。这些设备在使用过程中产生的噪声,不仅污染环境,而且在一些相对封闭的环境中,如井下,其恶劣程度十分严重,对附近施工人员的身心健康有严重危害。

② 粉尘污染影响。矿山工程的粉尘污染主要包括各种矿尘以及岩石粉尘等。这些粉尘多数是施工直接产生的内容,如凿岩、爆破、挖掘等,也有的如施工时的水泥粉尘等。由于井下空间有限,因此对作业环境中的人员会产生重大的危害。

③ 高温工作条件问题。当前一些施工矿井,尤其是南方,或者深矿井条件,施工过程已经遇到了甚至是40°左右的高温环境,这不仅严重限制了施工人员工作能力的发挥,也严重影响了施工人员的身心健康;解决井下高温施工条件已经成为一些矿井的重要而困难的任务。

④ 低温工作环境问题。矿井采用冻结法施工时还将遇到－10 ℃甚至更低的低温工作条件,这时低温防护就成为一项重要的劳动保护工作。

⑤ 辐射危害。在开发一些具有辐射性矿物(铀矿)的施工过程中,施工人员往往会受到这些矿物的辐射性影响。因此辐射性防护是开发辐射性矿物(铀矿)施工中的一项重要工作内容。

8.3.2.3.2 施工环境保护与人员防护

施工环境保护,包括采用先进的施工技术,严格遵循施工中的卫生、环保要求,加强施工地点通风、洒水和其他井下的环境控制措施和环境保护。施工中严格执行有关卫生防护的规定。

(1) 地面场地的环境保护

① 场地临时设施应尽量满足生产区与生活办公区分离的要求,布局合理。

② 有污染的设施尽量远离其他工作区域和取主导方向的下风位置。

③ 矿山工程项目现场要重点监管可能造成污染大、扬尘大的工作,注意对危险化学品、易燃易爆物品和有毒有害物质的运输防护和加工处理工作。

④ 及时清除建筑垃圾,防止废矿石和矸石对环境的污染,严格防止有害物质和有害气体、灰尘的扩散,做好施工噪声的防护工作。

⑤ 炸药库、油脂库的设置符合安全要求,严格爆破施工的安全警卫工作。

(2) 井下环境保护

① 确保井下通风系统安全运行,保证工作面的风量、风质符合要求。严格风门管理,维持风筒完好,并有专人检查和维修。

② 井下应设置专门的洒水或喷雾装置,定时、定点洒水或喷雾。

③ 坚持井下清洁工作。

④ 井下应采用湿式凿岩和湿喷混凝土。

⑤ 井下凿岩应推广使用液压凿岩设备。

⑥ 坚决落实工作面降尘防尘措施,做好井下高温的降温措施。

(3) 个人防护

加强个人防护,包括对粉尘、放射性辐射、噪声等的防护。

做好个人劳动卫生防护工作;做好职业病防护工作。

8.3.3 矿山工程施工废物处理

8.3.3.1 矸石、废石的处理

8.3.3.1.1 处理场地与设施

(1) 处理场地与排放要求的主要内容

① 矿山的剥离物、废石、表土及尾矿等,必须运往废石场堆置排弃或采取综合利用措施,不得向江河、湖泊、水库和废石场以外的沟渠倾倒。

② 对可能形成矿山泥石流等整体稳定性差的废石场,严禁布置在可能危及露天采矿场、井(硐)口等工业场地和居住区、交通干线等要地的上方;当需布置在一般性建(构)筑物的上方时,应征得有关部门同意。

③ 凡具有利用价值的固(液)体废物必须进行处理,最大限度地予以回收利用。对有毒固(液)体废物的堆放,必须采取防水、防渗、防流失等防止危害的措施,并设置有害废物的标志。

④ 严禁在城市(或规划的)生活居住区、文教区等界区内建设排放有毒有害的废气、废水、废渣(液)、恶臭、噪声、放射性元素等物质(因子)的工程项目。

⑤ 排土场必须覆土植被。如果排土场有发生滑坡和泥石流等灾害的,必须进行稳定处理。

(2) 相关设施规定的主要内容

① 防治污染和其他公害的设施必须与主体工程同时设计、同时施工、同时投产和使用。

② 废石场应设置截水沟和导水沟,防止外部水流入废石场,防止泥石流危及下游环境。

③ 输送含有毒有害或有腐蚀性物质的废水沟渠、管道,必须采取防止渗漏和腐蚀的措施。

④ 露天采矿场和排土场的废水含有害物质时,应设置集水沟(管)进行收集和处理。

⑤ 散尘设备必须配置密封抽风除尘系统。

8.3.3.1.2 处理方法

(1) 堆积和排弃

① 对有利用价值的矸石、矿石,应因地制宜地加以综合利用,加工利用实施应与主体工程同时设计、协调投产。

② 对含硫高和其他有害成分的矸石应经处理后排弃。

③ 粗粒干尾矿(煤矸石)的输送和堆积方法有:采用箕斗或矿车倒卸在锥形尾矿堆上;用铁路自动翻车运输尾矿向尾矿场倾卸;用架空索道将尾矿运至索道下方的尾矿场;用移动胶带运输机输送尾矿至露天扇形底的尾矿堆场等。

(2) 尾矿和矸石的利用

① 煤矸石可用于发电,生产水泥、矸石砖、免烧砖、空心砌块、建筑陶瓷、轻骨料、充填材料、回收高岭土,生产岩棉,生产农用肥料,回收黄铁矿等。

② 回收能源。煤矸石的热值为 800～8 000 kJ/kg,在粉煤灰和锅炉渣中也常含有 10% 以上的未燃尽炭,可从中直接回收炭或用以烧制砖瓦。某些有机废物可通过一定的配料制

取沼气回收能源。

③ 固体废物常含有一定量植物生长的肥分和微量元素，并具有改良土壤结构的作用，如：自燃后的煤矸石所含的硅、钙等成分，可增强植物的抗倒伏能力，起硅钙肥的作用；粉煤灰形似土壤，透气性好，它不仅对酸性或黏性土壤以及盐碱地有改良作用，还可以提高土壤上层的表面湿度，以及促熟和保肥作用。

8.3.3.2　尾矿固体废弃物的处理

8.3.3.2.1　*尾矿处理的管理规定及处理方法*

(1) 管理规定

① 必须执行防治污染和其他公害的设施与主体工程同时设计、同时施工、同时投产和使用的规定。

② 选矿厂必须有完善的尾矿处理设施，严禁尾矿排入江、河、湖、海。

③ 尾矿设施设计，对有现实利用价值的尾矿要考虑综合利用的要求；充分回收利用尾矿澄清水，少向下游排放；尾矿贮存设施必须有防止尾矿流失和尾矿尘飞扬的措施。

④ 输送含有毒有害或有腐蚀性物质的废水沟渠、管道，必须采取防止渗漏和腐蚀的措施。

⑤ 尾矿库失事可能使下游重要城镇、工矿企业或铁路干线遭受严重灾害者，其设计等级可以提高一级。

⑥ 贮存铀矿等有放射性或有害尾矿，失事后可能对下游环境造成极其严重危害的尾矿库，其防洪标准应予以提高，必要时其后期防洪可按可能最大洪水进行设计。

⑦ 尾矿坝渗出水中有害成分超标时，应在坝下游设截渗坝和渗水回收泵站，将渗漏水返回使用或达标后排放。

⑧ 向下游排放的尾矿水，其水质如达不到国家工业“三废”排放标准时，应设计尾矿水处理系统。

(2) 处理方法

① 凡具有利用价值的固(液)体废物必须进行处理，最大限度地予以回收利用。对有毒固(液)体废物的堆放，必须采取防水、防渗、防流失等防止危害的措施，并设置有害废物的标志。

② 选金工艺流程的选择，除其工艺本身的技术经济合理外，还应考虑“三废”处理技术的可能性和可靠性。选金工艺中应优先选用易于进行“三废”处理，并有成熟的处理经验的选金工艺，新建选矿厂不得采用混汞法选金工艺。

③ 处理细粒含水尾矿的设施，一般由尾矿水力输送、尾矿库和排水(包括回水)三个系统组成。水力输送系统可选择确定自流或压力输送或两者联合输送，将尾矿送至尾矿库，也可将尾矿先经浓缩回水后，再用砂泵—管道送至尾矿库。

8.3.3.2.2　*尾矿的综合利用*

选矿尾矿可对共生、伴生有价矿物再选综合回收，实现尾矿污染“减量化”。也可整体深加工实现“资源化”开发利用，包括作非金属矿利用、尾矿制砖、制作尾矿砂加气混凝土、作井下充填料、作建筑用砂等方面。

8.3.3.3　放射性防护标准与防护方法

8.3.3.3.1　*辐射防护标准和防护主要方法*

(1) 辐射防护标准与要求

2003年我国开始实施的《电离辐射防护与辐射源安全基本标准》(GB 18871—2002)，是国家卫生部、环保总局和核工业总公司根据六个国际组织的相关标准所颁发的关于电离辐射防护和辐射源安全的基本要求内容。该标准详细规定了辐射的职业控制要求、实践控制的主要要求等内容，包括放射性矿物开采、选冶，放射性物质的加工，核设施，废物管理设施，实践过程和潜在照射的剂量限制，以及防护的最优化，实物保护，纵深保护、良好的工程实践内容，监测与验证等方面，还包括了对辐射的非密封源工作场所进行了分级的划分；标准同时还明确了辐射领域的防护与安全工作方面的责任内容与责任人员。

(2) 辐射防护的主要方法

人体受到辐射照射的途径有两种：一种是人体处于空间辐射场的外照射，如封闭源的γ、β射线和医疗透视的X光照射等；另一种是摄入放射性物质，对人体或对某些器官或组织造成的内照射，如铀矿工人吸入氡及其离子体等。辐射的防护方法，因辐照方式的不同而有区别。

① 外照射的防护方法。可采取缩短受辐照时间，或加大与辐射源间的距离，或根据受照时间长短和距离远近，采用对辐射源进行屏蔽或对受照者进行屏蔽，如佩戴橡胶或铅质手套、围裙和防护眼罩等。

② 内照射的防护方法：a. 稀释、分散法：对气态或液态放射性污染物，可采用稀释、分散法(如大容量通风换气等)降低其活度水平，减少其可能进入人体的剂量。b. 包容、集中法：将分散的放射性物质贮存于具有工程防护设施的专门结构内，尽量减少其向外的释放。

8.3.3.3.2　放射性污染防治技术对策

有关矿山工程的放射性废物处理的技术对策要点如下：

(1) 政策与一般措施

① 提高设计质量，减少核三废的产生量。

② 加强科学管理，提高操作水平；减少废液产量，并减小其体积，扩大复用范围。

③ 积极革新和改造工艺生产线，尽可能采用固化三废处理方法，把三废消灭在工艺流程之中。

(2) 废气、废水、放射性废物处理

① 核设施排出的放射性气溶胶和固体粒子，必须经过滤净化处理，达到国家排放标准。

② 铀矿外排水必须经回收铀后复用或净化后排放；水冶厂废水应适当处理后送尾矿库澄清，上清液返回复用或达标排放。放射性废水的排放应不超过单位治理设施的核定限值和年排放限值。

③ 采用填埋废矿石、覆土、植被作无害化处理等方法妥善处理固体放射性废物。

8.3.4　矿山工程施工现场管理与调度

8.3.4.1　矿山施工现场管理工作

矿山工程项目的现场管理体系应体现企业管理层和项目管理层对项目管理活动的参与，体现项目管理中的计划、实施、检查、处理及其持续改进的每一个进程，体现项目管理的规律。企业应利用现场管理制度来保证项目按规定程序运行。

目前矿山建设项目现场管理一般采取职能制的组织形式，实行项目经理负责制。项目经理全面负责施工过程中的现场管理，并根据工程规模、技术复杂程度和施工现场的具体情况，建立相应的项目经理部和施工现场管理责任制，并组织实施落实。

8.3.4.1.1　施工现场主要管理方法

(1) 标准化管理方法

标准化管理就是按标准和制度进行现场管理，实现管理程序、管理方法、管理效果、场容场貌、考核方法标准化的标准化管理。

(2) 核算方法

核算方法是指对现场管理的有关内容进行核算，如进行业务核算、统计核算和会计核算。

(3) 检查和考核方法

检查和考核方法是通过不断检查管理的实际情况，对比计划或标准，根据对比的结果对现场管理状况进行评价和考核并改进管理工作。

8.3.4.1.2　现场管理实施方法

施工现场管理一般采取动态管理与静态管理相结合的方法。静态管理就是通过制定各种规章制度、考核办法，定期检查、考核。动态管理就是对施工现场按照相关规章制度、考核办法进行不定期检查、突击检查、日常检查等。

检查的直接依据就是根据各级管理机构和管理人员责任，企业法定代表人根据现场要求与项目经理签订“项目经理目标责任书”，项目经理部编制“项目管理实施规划”，实施项目开工前的准备和施工期间的过程管理，一直到项目竣工验收、竣工结算、清理各种债权债务、移交工程和资料。

现场管理也要不断地进行优化，要有按计划反馈的循环过程，在实践中总结现场管理的经验，使现场管理向深层发展，并不断优化组合生产力要素，使其合理有效地运行，充分发挥企业管理的整体功能。

8.3.4.1.3　施工现场管理的内容

现场工作是完成项目合同内容的最直接、最主要的场所。因此，其管理的内容几乎涉及施工过程的全部内容，包括项目开始合理规划施工用地；进行施工总平面设计及过程中的动态调整；现场工作管理和检查，建立文明的施工现场；项目完成后的清场转移等。

矿山工程项目的现场管理工作的重点应着手于以下几个方面：

(1) 现场制度管理

① 要求现场配备充分的专业工程技术人员、设置安全生产管理机构和有专职安全生产监管人员。项目部管理人员应具备必要的资质证书，包括安全资格证书等。

② 特种作业人员持有特种作业操作证并持证上岗；特种作业人员数量按规定配备并满足安全生产需要；所有井下作业人员都必须凭入井证下井。

③ 坚持日生产(调度)会议制度，坚持安全生产会议记录制度，坚持安全检查、安全隐患排查及整改记录，重大隐患、重大危险源建档登记管理制度，事故应急救援制度，安全奖惩制度，安全操作管理制度，安全生产标准化制度等。

④ 项目部必须有安全投入计划，且按计划投入到位，有安全投入明细台账。

⑤ 项目部应编制安全教育与培训计划，安排和落实职工培训工作。

⑥ 坚持执行和落实管理干部下井制度和领导下井带班制度。

(2) 现场技术管理

① 矿山施工现场应有矿井地质、水文地质报告；施工图纸必须经过会审并有记录；项目

开工前必须经过工程处及公司组织开工验收；按规定编制、报批施工组织设计；必须做到一工程一措施，施工及地质条件变化时有补充措施。

② 施工现场必须建立完善的安全工程技术档案，及时填绘图纸，反映工程实际情况。

③ 要求及时、准确地完成巷道施工的中腰线标定，重要巷道的开口应有标定工作设计图和可靠的测量起算数据；巷道开口时必须对作为起算数据的上一级导线（点）进行检测；贯通测量应有设计、审批、总结；坚持巷道开口、贯通、停头、复工及工程进度等通知单制度；贯通通知单应按规定提前送达调度室和有关部门；测量原始资料和成果记录规范、完整。

④ 必须有建设方提供的地质报告书；坚持作业规程中有掘进工作面的地质及水文地质说明；巷道施工前，地质预报（预想剖面图、地质及水文地质说明）应及时送达调度室和有关部门。

(3) “一通三防”和防治水管理

“一通三防”是指通风、防瓦斯、综合防尘和防灭火。

① 坚持在施工煤矿矿井的一期工程时，在现场设有专职通风瓦斯管理人员和检查人员；施工矿井二、三期工程时，设立通风队。矿井必须有完整的独立通风系统。

② 建立、健全并严格落实“一通三防”管理制度和安全工作责任制。

③ 随时了解矿井通风、有害气体含量，防（消）尘情况等并认真记录，坚持日报表、月报表，审批后报送各有关单位。

④ 施工无有害气体的其他矿井时，必须执行金属非金属地下矿山安全规程。

⑤ 做好综合防尘工作。

⑥ 制定矿井防火措施和制度，符合国家有关防火的规定。

⑦ 矿井应有完善的井下水文地质资料，有旧巷积水区、相邻报废积水小矿、断层、陷落柱、富水带范围、补给途径等专门资料。

⑧ 编制防治水中长期规划和年度计划，并认真组织实施。配备满足工作需要的防治水专业技术人员，配齐专用探放水设备，建立专门的探放水作业队伍，建立健全防治水各项制度，装备必要的防治水抢险救灾设备。

⑨ 定期进行防治水隐患排查，防治水工程必须有施工设计，并按规定程序审批，工程结束后应有总结；防治水工作必须坚持“有疑必探”的原则。

⑩ 根据矿井具体情况，建立预防洪水的预警措施。每年雨季前对防排水设施进行全面检查，制定防治水措施。

(4) 其他重要管理工作

① 提升运输系统管理。建立完善的机房管理制度并严格遵守，落实提升系统的安全、正常运行措施。

② 立井施工悬吊系统管理。

③ 火工品管理。地面临时爆破材料库符合安全规程规定，且经当地政府授权部门批准；必须建立爆破材料领退制度、电雷管编号制度和爆破材料丢失处理办法。

④ 现场材料、设备管理。

⑤ 现场雨期“三防”和冬季“五防”管理工作。

8.3.4.2 矿山施工现场调度工作

8.3.4.2.1 施工现场调度工作的地位和内容

(1) 施工现场调度工作的作用

施工现场调度工作是落实施工作业计划的一个有力措施，通过调度工作及时解决施工中发生的各种问题，并预防可能发生的问题。施工调度工作还应对现场变化和作业计划不准确的地方做出及时和合理的响应，避免对工程质量、进度等工作的耽误和影响。

(2) 施工现场调度工作的主要内容

① 督促检查施工项目、单位工程、分部及分项工程施工准备落实情况。

② 督促检查施工计划的执行情况，根据工程进展的需要合理组织生产要素的及时供应和清退工作，确保工程的顺利进行。

③ 检查和调节地面和地下工作平面及空间关系。

④ 检查和处理施工项目参与的各方主体之间以及企业内部各职能部门之间的协作配合关系。

⑤ 及时发现施工过程中临时的突发性问题，并妥善处理，加强生产中薄弱环节的管理。

⑥ 组织施工项目生产调度会议，传达上级决定，检查调度会议决议的执行情况，解决存在的问题。

8.3.4.2.2 *施工现场调度工作的原则和方法*

(1) 施工现场调度工作的依据

施工现场调度工作基础是施工组织设计、施工作业计划、施工项目管理规划、上级文件和指示。调度部门一般无权改变作业计划的内容，特殊情况时，可通过一定程序，经技术部门同意后进行。

(2) 施工现场调度原则

① 安全第一，生产第二。

② 重点工程和竣工工程优先于一般工程；交用期限迟的工程服从于交用期限早的工程；小型或结构简单的工程服从于大型或结构复杂的工程。

③ 施工现场调度工作必须做到准确、及时、严肃、果断，避免超越或取代其他职能部门的工作。

④ 依据施工计划、施工组织措施、施工项目管理规划、上级指示和文件进行工作。

⑤ 从全局出发，保证施工项目管理规划的落实和项目生产经营目标的实现。

⑥ 掌握第一手资料，充分利用现代化工具和科学手段，实现迅速、准确的调度。

(3) 施工现场调度的基本方法

搞好调度工作的关键在于掌握现场第一手资料，并熟悉各个施工具体环节。

除了危及工程质量和安全行为应当机立断、必须及时处理和汇报外，一般应采取调度工作制度来管理。调度工作制度按方式可分为日常调度制度、专业调度制度、调度会议制度。

① 日常调度制度。包括调查研究制度和日常检查制度。前者重点放在经常深入现场，研究现场状况及关键问题，及时解决；后者重点放在检查原始记录及各工序日完成情况。

② 专业调度制度。包括调度值班制度、调度报告制度、现场调度制度及班前班后小组会制度。调度值班要认真交接班，做好发现及处理问题的书面记录；调度报告制度可采取日、旬、月、季等定期或不定期制度，书面报告安全、质量、进度、物资供应与消耗、定期或专项调查等情况。

③ 调度会议制度。包括日施工调度汇报制度、调度电话会议制度、周(或旬)施工调度会议制度或计划平衡会议制度、现场不定期专题会议制度等。

8.4　工程项目技术档案管理

8.4.1　技术档案内容及管理要求

工程项目技术档案是记录和反映工程设计、生产技术、基本建设和科学研究等活动的具有一定时间保存价值，并按规定的归档制度保管起来，作为真实的历史记录的技术文件资料，技术档案来源于技术资料，却不同于技术资料。技术资料是通过收集、复制和通过交流、馈赠、购买等方式获得的技术文件资料，是企业技术方面的参考资料；而技术档案是本企业在工程建设中自然形成的技术文件转化而来的，是工程施工的直接成果，对施工起到指导和依据作用。

8.4.1.1　矿山工程技术档案的内容

8.4.1.1.1　施工组织管理技术档案

施工组织管理技术档案包括施工组织设计资料、技术管理资料、施工总结材料；施工中重大技术决策、技术措施；科研成果、技术改造和革新资料；上级主管部门颁发的指令、决定、决议文件；相关的技术标准、规范及各种管理制度；重大质量、安全事故及其损失情况；施工日志等。

8.4.1.1.2　工程技术资料档案

① 全部设计图纸和相关资料，包括初步设计、施工图、设备清单、工程概算、预算及其调整文件；施工图纸会审记录，设计修改文件和设计变更通知单。

② 施工文件和施工图纸，包括工程竣工图纸和竣工单位工程一览表；材料、构件的出厂合格证书；主体结构和重要部件的试件、试块及焊接试验资料，设备、材料检验验收资料；质量检查记录和质量事故处理记录，隐蔽工程资料和验收记录；工程质量检查合格证书。

③ 施工过程中的全部地质测量资料，包括矿山地质、水文地质、工程地质、测量记录资料和作为本工程项目施工的永久性基点坐标资料；建筑物、构筑物的测量定位资料和沉陷观察、裂缝观测、变形观测记录及处理情况。

④ 设备系统资料，包括设备的出厂合格证书与验收资料；生产厂家所提供的使用、维护、操作、保养、注意事项等方面的图文资料；施工中的设备及系统调试、试压、试运转记录。

⑤ 竣工验收交接报告书和工程决算。

8.4.1.1.3　工程进度交换图纸

为便于上级部门掌握施工进度和工程情况（包括地质、水文条件的变化，施工方案的重大改变，安全、质量事故等影响正常施工的因素），矿山工程实行工程图纸交换制度。工程图纸交换制度是矿山工程特有的一种技术档案管理制度。工程进度交换图纸主要有：

（1）井巷工程施工交换图

井筒工程施工交换图主要填制有井筒掘进进度、地质与水文地质条件及其变化情况，施工方案的重大变化，以及安全、质量事故记录。

巷道开拓工程施工交换图是在井筒、井底车场、大巷及达到设计能力的采区巷道等图纸中，绘制出年、月计划和经实测而来的当月巷道进度。当因地质或其他原因造成实际掘进巷道与设计图纸有出入时，要加注有关变化的原因和情况。

（2）工业场地建筑工程交换图

工业场地建筑工程交换图以设计的矿井工业广场总平面布置图为依据，绘制和标明在建与竣工的各单位工程，并注明其建筑面积或体积、层数、开工时间和竣工时间。

(3) 选矿厂工程

选矿厂及其他矿区辅助配套工程项目的建筑安装工程施工交换图，以设计平面布置图及主要工艺系统的设备布置图为依据，绘制土建施工和设备安装进度情况。

8.4.1.2　矿山工程技术档案管理要求

工程技术档案属于基本建设档案，是科技档案中的一个种类。基本建设档案包括基本建设工程的规划、设计档案、基本建设施工档案和以竣工图为核心的工程竣工档案。

8.4.1.2.1　工程技术档案的特点

(1) 专业性

工程技术档案(科技档案)专业性的特点是指工程技术档案形成于特定的专业技术领域，是相应的专业技术活动的产物，它集中表现在形成领域、形成过程、记录方式和内容性质四个方面。

(2) 成套性

工程技术档案(科技档案)成套性的特点，同样是由科技生产活动的特点所决定的。科技生产活动的开展都是以一个独立的项目或基于某一特有的现象进行的。围绕一个独立科技记载和反映不同工作阶段的不同内容相区别，又以总体的科技程序和科技内容紧密衔接，构成了一个反映该项科技生产活动的论据相互间密不可分的有机整体。

(3) 现实性

工程技术档案(科技档案)现实性特点，是档案具有现实使用性。其档案文件在其归档以后，像其他档案一样具有凭证功能，用来进行历史查考；还具有继续指导以后科研和生产的重要特点。由于矿山工程与生产系统具有相似性和延续性的特点，因此，矿山工程技术档案的现实性特点更为突出。

8.4.1.2.2　工程技术档案管理要求

技术档案管理工作是一种专业性的管理，是在企业总工程师领导下，由专人和专门机构采用科学的方法对档案进行管理。管理工作具有下面几个性质：

(1) 专业性

技术档案工作是项专业性工作，尽管技术档案是各种不同专业和不同工作活动的记录和产物，各有其不同的特点，但其工作都遵循着收集、整理、保管、鉴定、利用等的共同规律和原则，从而形成带有自己完整体系的专业性工作。

(2) 管理性

工程技术档案工作是企业管理的组成部分，起着企业技术管理工作的部分职能。

(3) 服务性

技术档案工作直接服务于技术管理、生产管理、科学研究、设计组织管理，起着技术后勤和技术保障的作用。

(4) 机要性

机要性是所有档案工作特点的反映。科技档案是科技生产活动的真实记录，客观地记录了相关科技生产活动的过程与成果，是再现原有科技生产活动的依据。随着社会信息化程度的日益提高，信息逐步成为一种重要的战略资源，如果失去对信息资源的控制和支配，国家、单位、个人的利益将受到威胁。

针对工程技术档案管理工作的特殊性，工程技术档案管理的要求是：

① 工程技术档案管理工作应随矿山工程项目施工进度及时收集、整理，并按立卷要求进行归类，认真书写，字迹清楚，项目齐全、准确、真实，有关责任方签字盖章。

② 工程技术档案应实行技术负责人负责制，逐级建立健全施工资料管理责任制，并配备专人负责施工资料的填报、收集、整理等工作。

③ 工程技术档案要接受建设单位、监理单位的监督检查。工程竣工验收前将施工资料整理、汇总并移交建设单位。

8.4.2　工程竣工资料及移交要求

8.4.2.1　矿山工程竣工资料分类和质量要求

8.4.2.1.1　矿山工程竣工移交资料的分类和汇总

(1) 矿山工程竣工资料的分类

矿山工程竣工资料一般可分为：

① 单位工程竣工验收资料；

② 单位工程质量控制资料；

③ 单位工程观感质量检查资料；

④ 单位工程施工总结整理等。

(2) 矿山工程竣工资料的汇总组卷工作一般原则

① 汇总、组卷应遵循工程文件的自然形成规律，保持卷内文件的有机联系，便于档案的保管和利用。

② 一个建设工程由多个单位工程组成时，工程竣工资料应按单位工程汇总、组卷。

③ 工程竣工资料中的工程质量控制资料按单位工程、分部工程、专业、阶段等为单位汇总、组卷；工程质量验收评定资料、工程观感质量检查资料按单位工程、专业等汇总、组卷；竣工图按单位工程、专业等汇总、组卷。

8.4.2.1.2　矿山工程竣工资料的质量要求

① 工程竣工资料应为原件。

② 竣工资料的内容及其深度必须符合国家相关的技术规范、标准和规程要求。

③ 工程竣工资料的内容必须真实、准确，与工程实际相符合。

④ 工程竣工资料应能长久保留，不得使用易褪色的材料书写、印制。

⑤ 工程竣工资料应字迹清楚，图样清晰，图表整洁，签字盖章手续完备。

⑥ 工程竣工资料卷内目录、案卷内封面应采用70 g以上白色书写纸制作，统一采用A4幅面。

8.4.2.1.3　施工项目竣工验收资料的组成

(1) 开工准备阶段技术文件

① 开工报告；

② 设计交底、图纸及会审记录；

③ 技术(安全)交底记录。

(2) 单位工程质量评定资料

① 单位工程质量等级认证书；

② 单位工程质量等级施工单位自评业主、监理检验记录。

(3) 单位工程竣工质量验收资料

① 单位工程竣工报告；

② 单位工程竣工验收证书。

(4) 工程测量记录

(5) 各种通知、记录及质量处理结果资料

① 建设(监理)单位通知、指令、认定记录、报告及处理资料；

② 工程质量监督站各种通知、处理措施、处理结果资料。

(6) 各种质量保证资料和证明

(7) 各类设计文件、竣工图纸

① 施工图；

② 设计变更通知单；

③ 竣工图。

8.4.2.2　矿山工程项目竣工资料移交要求

矿山工程竣工移交资料，代表了项目从策划到项目建成、试生产整个过程的全部历史，是以图纸、文字和其他文件材料等载体形式表示的项目成果的结晶；它是工程验收以及今后生产、维护、改扩建的依据，是生产单位长期保存的重要技术档案。资料的移交工作，也是项目建设过程的技术总结。因此，移交的资料必须要准确、完整、系统，符合国家有关档案资料管理和验收的相应要求。

建设项目(矿井、露天、选矿厂、电厂等)工程竣工验收合格后，应按工程施工合同约定的时间，由施工单位向建设单位移交工程竣工资料，并及时办理移交手续。

参 考 文 献

[1] 全国一级建造师执业资格考试用书编写委员会. 建设工程项目管理[M]. 北京:中国建筑工业出版社,2017.

[2] 全国一级建造师执业资格考试用书编写委员会. 矿业工程管理与实务[M]. 北京:中国建筑工业出版社,2017.

[3] 全国二级建造师执业资格考试用书编写委员会. 建设工程施工管理[M]. 北京:中国建筑工业出版社,2016.

[4] 全国二级建造师执业资格考试用书编写委员会. 矿业工程管理与实务[M]. 北京:中国建筑工业出版社,2016.

[5] 成虎,陈群. 工程项目管理(第四版)[M]. 北京:中国建筑工业出版社,2015.

[6] 王建平,靖洪文,刘志强. 矿山建设工程[M]. 徐州:中国矿业大学出版社,2007.

[7] 东兆星. 井巷工程[M]. 徐州:中国矿业大学出版社,2005.

[8] 刘刚. 井巷工程[M]. 徐州:中国矿业大学出版社,2005.

[9] 田建胜,屈凡非,刘刚. 井巷设计与施工技术[M]. 徐州:中国矿业大学出版社,2009.

[10] 路耀华,崔增祁. 中国煤矿建井技术[M]. 徐州:中国矿业大学出版社,1995.

[11] 崔云龙. 简明建井工程手册(上、下册)[M]. 徐州:中国矿业大学出版社,1995.

[12] 国家安全生产监督管理总局,国家煤矿安全监察局. 煤矿安全规程(2016)[M]. 北京:煤炭工业出版社,2016.

[13] 国家安全生产监督管理总局. 煤矿防治水规定[M]. 北京:煤炭工业出版社,2009.

[14] 中国煤炭建设协会. GB 50511—2010 煤矿井巷工程施工规范[S]. 北京:人民出版社,2011.

[15] 中国煤炭建设协会. GB 50213—2010 煤矿井巷工程质量验收规范[S]. 北京:计划出版社,2010.

[16] 中国中煤能源集团公司. AQ1083—2011 煤矿建设安全规范[S]. 北京:煤炭工业出版社,2010.

[17] 中国冶金建设协会. GB 50086—2015 岩土锚杆与喷射混凝土支护工程技术规范[S]. 北京:计划出版社,2015.

[18] 中国工程爆破协会,等. GB 6722—2014 爆破安全规程[S]. 北京:中国标准出版社,2015.

[19] 中国安全生产协会,等. GB/T 33000—2016 企业安全生产标准化基本规范[S]. 北京:中国质检出版社,2016.

[20] 中国安全生产科学研究院,等. AQ/T 2050—2016 金属非金属矿山安全标准化规范[S]. 北京:煤炭工业出版社,2016.

参考文献